韓国水田農業の
競争・協調戦略

李 裕敬

日本経済評論社

目次

　　図表一覧　　　　　　　　　　　　　　　　　　　　　　　　　viii

序章　研究の背景と目的……………………………………………………　1

　　1.　問題の所在　　　　　　　　　　　　　　　　　　　　　　　1
　　2.　韓国における農業組織化と既往研究　　　　　　　　　　　　3
　　　　(1)　農業法人の制度分析に関する先行研究　5
　　　　(2)　農業法人の実態分析に関する先行研究　6
　　　　(3)　地域農業の組織化に関する先行研究　8
　　　　(4)　経営成長のための協調戦略の必要性　9
　　　　(5)　本書の目的と課題　10
　　3.　農業経営における協調戦略の理論的枠組み　　　　　　　　11
　　　　(1)　農業経営成長の概念整理　11
　　　　(2)　経営成長における「外部主体との関係性の構築」　12
　　　　(3)　協調戦略の理論的枠組み　14
　　4.　本書の構成　　　　　　　　　　　　　　　　　　　　　　17

第1章　韓国における水田農業の構造変化……………………………　21

　　1.　はじめに　　　　　　　　　　　　　　　　　　　　　　　21
　　2.　韓国農業の現状　　　　　　　　　　　　　　　　　　　　22
　　　　(1)　食料自給率と農業のシェア　22
　　　　(2)　農耕地の現状　23
　　　　(3)　農家人口と農外従事　25
　　　　(4)　農家経済　31

    (5) 担い手の現状　32

    (6) 新たな担い手としての農業法人　34

  3. 水田農業の構造変化　37

    (1) 水田保有農家の動向　37

    (2) 水田面積規模別農家数と水田面積の推移　39

    (3) 農地賃貸借の動向　41

    (4) 大規模稲作農家の現況と特徴　45

    (5) 稲作農家の経営収支　47

    (6) 水田における作業受委託市場の動向　52

    (7) 親環境米生産の展開　60

    (8) 稲作農家の組織化と多角化の動向　65

  4. 米市場における新しい動向　68

    (1) 米流通における変化　68

    (2) 米消費パターンの変化　70

    (3) 生協の著しい成長　73

  5. 小括　75

第2章　稲作経営におけるネットワークの構造……………………79

  1. はじめに　79

  2. 稲作農家のネットワークの特徴と構造　82

    (1) 調査方法と調査対象農家の特徴　82

    (2) ネットワークの構造　83

    (3) 小括　94

  3. 稲作農家のソーシャル・ネットワークと経営の関係性　95

    (1) 課題設定　95

    (2) ネットワークによる農家類型化と特性　98

    (3) 類型別のネットワークと経営形態の特徴　103

  4. 小括　113

第3章 大規模稲作農家の存立条件……………………………… 121
　　―韓国慶尚北道慶州市安康平野を事例に―

1. はじめに　121
2. 調査方法と調査対象地の概要　123
3. 安康邑と江東面における大規模稲作農家　124
   - (1) 経営概要　124
   - (2) 規模拡大過程　126
4. 規模拡大タイプと農地提供者の特徴　128
   - (1) 自作型農家　128
   - (2) 借地型農家　128
   - (3) 作業受託型農家　130
5. 規模拡大における経済的条件　134
   - (1) 農地購入による規模拡大　134
   - (2) 借地による規模拡大　135
   - (3) 作業受託地による規模拡大　136
6. 小括　137

第4章 農業法人の現状と特徴……………………………………… 141

1. はじめに　141
2. 農業法人の現状　142
   - (1) 農業法人制度　142
   - (2) 農業法人の現状　145
   - (3) 農業法人の特徴と今後の課題　150
3. 稲作における農業法人の実態と類型　152
   - (1) 稲作農家の実態　152
   - (2) 農業法人の実態　156
   - (3) 類型別法人の経営成果の比較　166

4. 小括　168

第5章　作業受託型農業法人における協調戦略　171

　　1. はじめに　171
　　2. 分析の理論的枠組み　173
　　3. 作業受託型農業法人における経営維持・事業拡大要因　175
　　　(1) 設立と事業展開　175
　　　(2) 新事業の導入プロセス　179
　　　(3) 組織経営の維持・事業拡大の要因　184
　　4. 作業受託型稲作経営の作業委託者に対する協調戦略　186
　　　(1) パートナーシップの形成条件　186
　　　(2) 作業委託農家の意向　188
　　　(3) K社のパートナーシップ形成プロセス　191
　　5. 小括　196

第6章　流通型農業法人における協調戦略　199

　　1. はじめに　199
　　2. 調査対象事例と調査方法　199
　　3. 親環境米の生産・流通・販売事業における協調戦略　200
　　　(1) 対象事例の地域概況　200
　　　(2) JS法人設立と事業拡大のプロセス　200
　　　(3) JS法人と会員農家の関係　203
　　　(4) JS法人と農協の関係　205
　　　(5) 法人の導入設備と政府補助金実績　206
　　　(6) JS法人と販売先の関係　206
　　　(7) JS法人の長期運営における経営戦略と成長要因　211
　　4. 流通型法人のサプライチェーンにおける協調戦略　212
　　　(1) 各主体の連携関係の形成プロセス　212

(2) 関連主体間における役割と機能　220
  (3) 生産者連合会の管理体制と会員農家の動向　223
  (4) H 生産者連合会・P 営農組合法人・H 消費者連合における
    組織間関係　228

終章　韓国における稲作経営の協調戦略と今後の課題……………… 233
  1. 稲作経営の協調戦略　233
  2. 稲作経営の今後の課題　238

あとがき　241
索引　244

図表一覧

【序章】
表 0-1　韓国農政における年代別の育成主体と政策の方向
図 0-1　韓国における年代別の農業生産組織
図 0-2　農業経営の事業拡大の範囲(左)とパートナーシップのタイプ(右)

【第1章】
表 1-1　農地面積と耕地利用（1970-2010 年）
表 1-2　作物別耕地面積と耕地利用率（1970-2010 年）
表 1-3　韓国の農業と農家人口の推移（1970-2010 年）
表 1-4　農家構成員数別農家の特性（2010 年）
表 1-5　農業以外従事分野と従事期間別農家人口（2005 年，2010 年）
表 1-6　耕地規模別農家数（1970-2010 年）
表 1-7　韓国の農家所得の推移（1970-2010 年）
表 1-8　営農後継者保有農家動向（2000-05 年）
表 1-9　営農形態別の農業所得（2005 年）
表 1-10　農業法人数の動向（2001-10 年）
表 1-11　事業類型別農業法人数（2005-10 年）
表 1-12　常時雇用者数別の農業法人数（2010 年）
表 1-13　水田保有農家の特性（2000-10 年）
表 1-14　水田面積規模別農家数（1990-2010 年）
表 1-15　水田面積規模別農家の水田耕作面積（1990-2005 年）
表 1-16　規模階層別借地面積の割合（1995-2005 年）
表 1-17　規模階層別水田農家の借地率別農家割合（1995-2010 年）
表 1-18　賃貸農家と地主の特性（1995-2007 年）
表 1-19　賃貸農家（地主）の水田貸出理由（2007 年）
表 1-20　10ha 以上の大規模稲作農家の耕地面積（2005 年）
表 1-21　10ha 以上の大規模稲作農家の特性（2005 年）
表 1-22　稲作農家の経営収支（2005 年，2010 年）
表 1-23　稲作農家の米生産部門の経営収支（1990-2010 年）
表 1-24　韓国と日本の米生産費（2010 年）
表 1-25　水田規模階層別の 10a 当たり生産費指数動向（1990-2010 年）

表 1-26　作業別自作・委託営農の動向（1990-2010 年）
表 1-27　作業別自作・委託営農面積（2000-05 年）
表 1-28　農家特性別作業別自作・委託営農現況（2010 年）
表 1-29　稲作における主要農作業の機械化率（1985-2010 年）
表 1-30　稲作における主要農業機械の農家所有台数と普及率（1980-2010 年）
表 1-31　農業機械別の年間作業面積（2004 年）
表 1-32　10ha 以上規模階層の主要農業機械の所有状況（2005 年）
表 1-33　10ha 以上規模階層の作業委託状況（2005 年）
表 1-34　親環境米生産農家の動向（2000-10 年）
表 1-35　親環境米の生産状況（2009 年実績）
表 1-36　親環境米の栽培方法別にみた投入資材と投入労働時間
表 1-37　親環境米の栽培方法別にみた 10a 当たり所得
表 1-38　親環境米の販売先（2005 年）
表 1-39　稲作農家の生産組織参加動向（2000-10 年）
表 1-40　面積規模別・経営主年齢別稲作農家の生産組織参加動向（2005 年）
表 1-41　稲作農家の事業多角化の動向（2005-10 年）
表 1-42　面積規模別・経営主年齢別稲作農家の事業多角化の動向（2005 年）
表 1-43　消費者の米購入先の動向（2003-10 年）
表 1-44　米の購入先の選択理由と決定要因（2010 年）
表 1-45　消費者の米ブランドの認知度（2003-07 年）
表 1-46　消費者の親環境米と機能性米の認知度（2007 年）
表 1-47　消費者の親環境米の購入先（2005 年）
表 1-48　韓国の 2 大生協の会員数と供給額の動向（1990-2010 年）
図 1-1　韓国の食料自給率の推移（1981-2010 年）
図 1-2　農地価格の動向（1996-2008 年）
図 1-3　稲作農家の米生産部門の経営収支推移（1990-2010 年）
図 1-4　米生産費の構成比別の動向（1990-2010 年）
図 1-5　水田面積規模別のコンバイン所有農家の割合（1990-2005 年）
図 1-6　米の流通経路の変化（2000 年，2010 年）

【第 2 章】
表 2-1　調査対象農家の経営の特徴
表 2-2　ネットワークメンバーの形成契機による関係分類
表 2-3　稲作農家の農地確保先
表 2-4　稲作農家の労働力調達先
表 2-5　稲作農家の生産技術・経営全般における相談先
表 2-6　稲作農家の販売に関する相談先
表 2-7　稲作農家の直売に関する相談先
表 2-8　稲作農家の日常生活における相談先

表 2-9　ネットワーク類型別農家の特性
表 2-10　ネットワーク類型別農家の栽培作物と経営形態
表 2-11　ネットワーク類型別農家のネットワークの特徴
図 2-1　仏堂マウルの親環境米作目班のネットワーク
図 2-2　ソンハク作目班のメンバー間の関係
図 2-3　ネットワークによる農家類型化
付表　調査農家の経営概況とネットワーク分類表
【第3章】
表 3-1　韓国の地域別耕地規模別農家数の動向（2000-09年）
表 3-2　調査農家の経営概要
表 3-3　調査農家の規模拡大過程
表 3-4　借地における地主の特徴
表 3-5　作業受託地の拡大過程（K1農家の事例）
表 3-6　作業委託者の特徴（K1農家の事例）
表 3-7　調査農家の10a当たり農業所得（米部門）と土地純収益
表 3-8　作業委託者と受託者の10a当たり農業所得
図 3-1　K社の作業受託地の圃場図（2008年度実績）
【第4章】
表 4-1　韓国における農業法人制度
表 4-2　農業法人数の動向
表 4-3　農業法人の設立年次別・法人形態別動向
表 4-4　事業形態別・設立年次別の農業法人数
表 4-5　事業形態別法人の経常利益分布（2005年）
表 4-6　事業形態別法人の従業員1人当たり売上高（2005年）
表 4-7　優秀経営法人と長期運営法人の経営成果
表 4-7　優秀・長期運営法人の出資における特徴
表 4-9　優秀・長期運営法人の事業形態別数
表 4-10　稲作農家の経営概況
表 4-11　稲作農家の農地に対する意向調査結果
表 4-12　稲作における農業法人の概要
表 4-13　稲作における農業法人の類型化
表 4-14　類型別農業法人の経営成果（2006年）
図 4-1　稲作における農業法人の類型別運営体系
【第5章】
表 5-1　作業受託と経営受託の長所と短所
表 5-2　K社の構成員と担当業務
表 5-3　K社の事業部門別売上高（2010年実績）
表 5-4　組織メンバーの液肥散布事業による収入額（2008年実績）

表 5-5　K 社の事業における作業委託側と作業受託側の相互関係
表 5-6　長期委託農家に対するアンケート調査結果
表 5-7　K 社と作業委託者とのパートナーシップ形成プロセス
表 5-8　水稲全作業委託農家の特性
表 5-9　K 社の事業部門別委託農家数と特徴
表 5-10　水稲全作業受委託と転作作物の収益比較
図 5-1　K 社の年間作業スケジュール
図 5-2　トウモロコシサイレージ事業の導入プロセスと主体間関係
図 5-3　液肥散布事業の導入プロセスと主体間関係
図 5-4　飼料用麦生産事業の導入プロセスと主体間関係
図 5-5　K 社の新事業の導入プロセスと主体間関係図
図 5-6　K 社の事業経営における諸主体間との関係図
図 5-7　K 社の水田全作業受託面積の動向

【第 6 章】
表 6-1　JS 法人の出資者の特徴
表 6-2　JS 法人と会員農家の関係
表 6-3　JS 法人の経営戦略の変化過程
表 6-4　JS 法人の事業運営の沿革
表 6-5　H 生産者連合会，H 消費者連合，P 営農組合法人の沿革と連携関係
表 6-6　P 営農組合法人の子会社
表 6-7　P 営農組合法人の経営成果（2008-10 年）
表 6-8　H 生産者連合会の会員数（1999-2011 年）
表 6-9　H 生産者連合会の会議・教育業務の実績（2010 年）
表 6-10　H 生産者連合会員の脱退と加入状況（2010 年）
表 6-11　H 生産者連合会の会員農家数と面積の比較（1999 年，2011 年）
表 6-12　H 生産者連合会の地域別稲作会員数と面積（2010 年）
図 6-1　JS 法人と会員農家・農協・販売先諸主体の関係
図 6-2　JS 法人の親環境米栽培（無農薬団地）のマニュアル（2011 年）
図 6-3　P 営農組合法人を核とする親環境資源循環型地域農業モデル
図 6-4　P 営農組合法人の組織体制と事業部門
図 6-5　H 生産者連合会・P 営農組合法人・H 消費者連合間の組織間関係と役割
図 6-6　P 営農組合法人の売上高の推移（2001-10 年）
図 6-7　P 営農組合法人の品目別売上高（2006-10 年）
図 6-8　H 消費者連合の組合人数および供給額の推移（1996-2010 年）
図 6-9　H 生産者連合会の組織体制

序章
研究の背景と目的

1. 問題の所在

　経済発展につれて第1次産業から第2次産業，第3次産業へ就業人口と国民所得のウェイトがシフトするという「ペティ=クラークの法則」（コーリン・クラーク）[22]のように，韓国の農業も高度経済成長の中で比較劣位産業へとその地位を低下させている．また，経済発展と工業化に誘引された農業労働力の流出，後継ぎ層の他産業への就業という流れの中で，従来の零細な家族経営が国際的な農産物市場の自由競争の中に投げ込まれつつある．とくに零細分散錯圃の上で営まれ，しかも農地の価格や借地料水準の高い水田農業では，農産物市場の国際化の中で，競争力のある新たな農業経営体の育成が緊急の課題になっている．

　さらに，近年では稲作を取り巻く消費構造，流通構造も大きく変貌しつつある．例えば消費に関しては，消費者の米消費の減少と有機米（親環境米）の選好など安全性に対する消費者ニーズが形成されており，一方，流通に関しては，量販店のシェアが増大するとともに，産地では生産・出荷部門における農家の組織化が進められている．

　これに対して農政サイドでは，農家間の連携や組織化を政策的に進めてきており，個別経営単位の共同・協同化による大規模農業経営体の育成を進めてきた．その農政を年代別にみると，1960年代までの基本路線は，自己完結的な自立経営を確立するための個別経営の大規模化の推進であった．地域

表 0-1　韓国農政における年代別の育成主体と政策の方向

時期	主要内容	経営体政策の主体と方向
1950年代	農地改革による自作農の創設	家族経営
1960年代	・家族経営を補完する協業経営体の制度導入 ・協業農場のモデル事業の推進と失敗	家族経営＋生産組織
1970年代	・セマウル運動のスタート ・農業機械の共同利用組織 ・品目別の作目班組織の結成	家族経営＋生産組織
1980年代	・機械化営農団の結成 ・特産団地の育成事業	家族経営＋生産組織
1990年代	農業法人制度の導入	家族経営＋組織経営体
2000年代	・品目別の産地流通組織の育成 ・地域農業クラスター ・新活力事業，郷土産業の育成	地域農業の組織化
2009年	・市・郡単位の流通会社 ・品目別の代表組織の育成	地域農業の組織化
2010年	・マウル共同事業体（マウル企業）の育成	地域農業の組織化

出所：朴文浩・金テゴン・崔ガンソック（2009）：「地域農業主体の確立と育成方案」，韓国農村経済研究院．
注：元の表に筆者が加筆したものである．

　農業組織の原型は70年代から育成された作目班であるが，80年代になるとマウル単位のセマウル営農会の組織化を推進し，続いて90年代に入ってからは2戸以上の複数農家の協業・協同による農業法人経営体の育成を推進してきた．

　しかし，90年代には，上層への農地流動化の不振による個別経営体の規模拡大の限界，農業労働力の高齢化による個別経営の自己完結性の喪失，また，零細規模経営では農産物市場の環境変化に対応するための技術革新や知識導入が困難であるといった問題が表面化してきた．その結果，個別農業経営を取り巻く規模の零細性，労働力の高齢化といった問題を克服するために，個別経営単位ではなく，地域を単位とし，地域資源を組織的に連携・統合するトータルな農業システムの構築が取り上げられ，「個別農家の組織化」から「地域農業の組織化（連携化）」へとその政策方針が転換された．例えば，

近年，農業政策上で重点的に育成・推進されているのが農村のマウルや地域を単位とした「マウル共同事業体（マウル企業）」と「地域農業クラスター」である．

しかし，これまでの「農業法人」「地域農業クラスター事業団」や「マウル企業」は，生産現場で実在する組織や組織化を支援するために提示された組織体ではなく，むしろ，農業行政による一方的な提案・導入というモデル事業によるところが大きい．

2. 韓国における農業組織化と既往研究

日本の村落（集落）では，いくつかの地縁による近隣集団（組，小字）が包含され，集落内の神社や祭りが集落の象徴となり，地域の人々の統率を促すことで，組織化された団体の機能を有している．しかし，韓国の集落には「相互扶助」の強い日本の地縁集団に該当する小集団は存在せず，あるとしても，組織性のない近隣関係にすぎない．換言すると，日本ではいくつかの組や小字の小集団が集まり1つの集落を形成しているが，韓国ではそのような機能をもたない単に農家が集合しただけの集落である[26]．また，朝鮮時代の韓国の集落は，居住地部分は明確に外部と区分されているものの，耕地，非耕地部分の境界が存在しなかった．したがって，韓国では集落という固有の領域が不確定であるため，共同義務も独自の機能も存在しないし，集落で執行する業務も極めて限定されたものであった．すなわち，集落は開放的で参入退出が自由であり，共同体的性格を有したものではなかった．また，集落内に同業者の組織が存在するものの，その加入強制力はない．しかも，こうした同業者組織の中には葬儀費用などの捻出のための目的別任意団体が存在しただけで，農業生産技術の発展や農家経営の強化を目的とする共同体の形成は極めて弱かった[43]．

韓国の農業における農業組織化の端緒をたどると，1960年代には，農家の自発的な動きによる集落内の労働力の共同利用および機械の共同購入・利

用組織であるドゥレ，プマシ，契などの組織があった[44]．しかし，これらの組織は主として同族や血縁集団に限られ，集落をベースとした組織へと発展するものではなかった．

政策上で協業経営が論議されたのは，1962年に農林部の「農業構造改善審議会」において，自立経営体育成の一環として「協業農業」の概念が提示されてからである．これにより，政府の事業として全国5カ所に「協業農場」が設立された．また，これを皮切りに民間による協業農場の開設が全国の数カ所で進められた．しかし，当時の協業農場は，個別農家の自発的な組織化に対する要求というよりは，政府主導的または農民運動的な要素が強かったこともあり，ほとんどの農場は軌道にのらずに失敗した[19]．

1970年代になると，農協が農家との事業連携を図ることを目的に「作目班」と呼ばれる組織を農家に結成させ，重点的に育成した．作目班とは，自然集落または耕地集団別に同じ作物を栽培する20～50戸の農家を組織化した共同作業，共同購入，共同利用，共同販売などを行う組織である．しかし実際には，共同作業よりは，むしろ流通部門の強化を目的に組織化されたものが多い[1]．なお，崔[25]は，「作目班」を社会集団論的な観点から見ると，農業を取り巻く環境の変化に対応していく農村社会の利益集団であると位置づけている．

1980年代になると，政府主導による農業機械化事業が推進され，農業機械の共同利用組織を助長することで，農村における労働力不足問題の解決や農業機械の利用効率の向上を図る「機械化営農団」が重点的に育成された．しかし，多くの「機械化営農団」は，農業機械の「共同所有」および「共同利用」という目的が名目だけであって，農家間の協力関係は非常に弱かったという指摘が多い．

作目班と機械化営農団は，1990年までに全国でそれぞれ8,800班および2万6,000集団が結成されたが，1990年に農業法人制度が導入されるとともに，作目班が「営農組合法人」へ，機械化営農団が「委託営農会社（現：農業会社法人）」へと法人化する動きが多くみられた．

序章 研究の背景と目的　　5

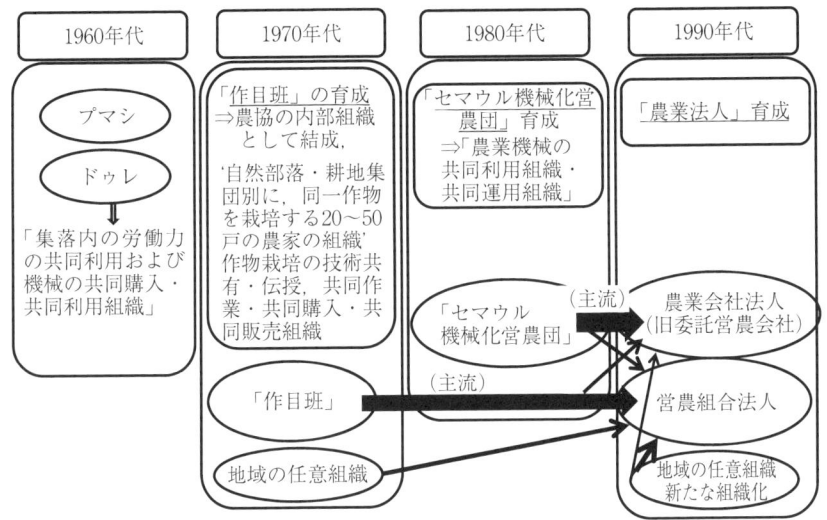

図 0-1　韓国における年代別の農業生産組織

　しかし，こうした農業法人は，農家が自身の経営とは別途に設立する形態が多かったため，法人経営が軌道に乗らなくなると解散するケースが多かった．また，1995年前後には政府が農業補助金の優先対象として農業法人の育成を推進したため，各地でこの補助金を目当てにした法人設立の過熱現象がおき，形式だけ法人化するケースも多く見られた．

(1) 農業法人の制度分析に関する先行研究

　農業法人の制度分析に関する既往研究として，まず，金・朴・鄭[8],[10]，金・朴・李[11]がある．これらの研究は主に営農組合法人制度の導入を契機として協業経営の性格が変質したことについて問題を提起している．特に営農組合法人が本来の目的である生産段階の協業化による有利性を追求するのではなく，農産物の流通など生産以外の分野への参入が活発になっていること，そのため農協や農業団体組織と競争関係に置かれていることなどを問題点として指摘している．また，法人経営の問題点としては，組合員の小規模な出

資規模と政策補助金に依存した資本金体質を指摘している．

朴・全[35]は，事業計画書の検討のみで新設法人に対する政策支援が行われることの問題点を指摘した．また，農業法人の収益性の低下や小規模な資本金が経営成果不振の要因であると指摘し，経営安定のためには，技術革新と資本蓄積を基本とした経営基盤強化，ならびに会計管理や資金管理など経営管理能力を高める必要性を強調した．

金・金[21]は売上高規模による主要金融および経営指標の相関関係を分析し，売上高50億ウォンで経営指標が最も効率的になることを明らかにした．それに基づいて成長段階（資金支援および投資の活性化段階，資本および技術基盤の強化段階，ブランド育成および輸出市場の多様化段階別）に沿った支援が必要であることを強調し，農業法人活性化のための政策案を提示した．しかし，提示された政策案には，具体的な対策が明示されていない．

金・朴[18]は，農業法人制度自体を研究の重点におき，制度運営における諸問題を明らかにした．まず，既存の農業法人を農業生産法人と農業サービス法人に区分し，新しい法人制度の必要性を強調した．また，「有限営農法人」という家族経営規模の有限責任経営体を新しい法人制度として導入することを提案した．また，企業的な農業経営を目指した大規模農業法人と家族経営に近い小規模の農業法人を区分し，それぞれに重点をおいた経営体育成対策の必要性を主張した．

李[2]は，農業法人を農業生産，加工，流通の各法人に類型化し，DEAモデルを用いて類型別の投入・産出の効率性に関する計量分析を行い，各類型の経営改善方策を提言した．

(2) 農業法人の実態分析に関する先行研究

金・鄭・金[7]は，専業農家の農家所得のうち借地からの所得が大きい割合を占めていること，専業農家と委託営農会社（現：農業会社法人）が受託作業地において競合関係になった場合は，専業農家が不利な立場になること，つまり，委託営農会社が競争優位にあることを明らかにし，委託営農会社と

専業農家の育成推進政策における調整の必要性を強調した．

また，委託営農会社の運営形態を，①専業農家が共同で出資して共同で運営する形態，②形式のみ共同で法人化して個別で出資・運営する形態，③共同出資をして設立した後に個別で運営する形態の3つに整理した．さらに，委託営農会社の経営収支の改善策として，事業における多角化を提案した．

安[1]は，1994年の制度改正により委託営農会社制度から農業会社法人制度へ転換されることに備え，委託営農会社の政策的支援の在り方について提案した．また，委託営農会社が農産物の生産・加工・流通部門へ参入（農業生産組織の経営多角化）するに当たり，農協などの中間組織との摩擦が生じることのないよう適正調整が必要であると強調した．

金・朴・李[8],[9],[10]は，農業法人制度の導入初期における営農組合法人の実態を明らかにするため，設立して1年が経過した営農組合法人を調査対象に経営分析を行った．その結果，営農組合法人の出資規模が小さいこと，組合型法人と会社型法人の間には，経営的な効果などの差異が存在しないこと，そして経営者の企業経営に対する認識不足があることなどを指摘した．また，農業法人を「生産組合型」と「流通組合型」に区分するとともに，政策支援において明確な差を設けるよう提案した．しかし，ここでは生産型と流通型の区分基準などについての具体的な提示はなされていない．

朴・全[35]は，農業法人を生産型・流通型・加工型・サービス型の4タイプの事業類型に分け，各類型別に発展モデルを提示し，それに適合する支援政策を提案した．また，農業法人を地域農業の中心として発展するよう誘導することを基本方向とすべきであると提言した．さらに，既に設立されている営農組合法人と農業会社法人の間で，組織形態の変更ができないことを指摘し，設立後でも農業法人の事業の性格が変更された場合，それに伴う法人形態の変更ができるよう農業法人制度を改正することを提案した．

金・金・趙[15]は企業的な農業経営の事例分析を通じて，農業法人の企業化の可能性を検討し，政策面での改善方策として，農業法人に対する政策資金の支援要件の緩和と農業法人に関わる税制改定など，農業法人に対する支援

の強化の必要性を強調した．

(3) 地域農業の組織化に関する先行研究

横[40]は，産地流通事業が競争力を確保するためのもっとも重要な方策として，農家の組織化を提案した．農家の垂直的統合関係が構築されることで，生産履歴など情報の共有化が容易になるとともに，品質管理が効率的に行われるようになるためである．そして農家の組織化のためには，農協の運営方針を先進国の市場志向的協同組合の原理へ転換すべきであり，組織の革新を図るには，既存の農産物流通構造から産地流通革新を基礎とする認識へ転換，共有させることが必要であると提案した．

横・鄭[39]は，個別営農や零細な地域農協の限界を克服するために推進されている組合共同事業法人の現況と問題点について分析し，組合共同事業法人の活性化方策として，大規模化，収益性の向上および安定，事業範囲の拡大と付加価値の創出などを提案した．

集落単位の農家組織化は農政上でも推進されていることから，近年，事例調査を中心に分析がなされている．その中で，横・鄭[40]は，集落単位の農家の組織化について，農協主導，農外企業の主導，農家主導の3つの事例調査を通じて，農家の組織化による経済効果及び課題について分析した．経済効果としては，生産の団地化，地域における新たな作付け体系の確立などにより，参加農家の所得増大が可能であることを解明した．問題点としては，事業初期段階において，農家の参加を誘導するために借地料金を高く設定した結果，経営収支の悪化，周辺地域（隣接地域）の借地料金の上昇などを起こした点を指摘している．

金・朴・金[16]は，地域農業クラスターの形成と発展の方向性について分析し，産業クラスターに関連した理論の農業分野への適用可能性について検討した．この研究では，特定品目の生産者を中心とする農産物の流通業者が水平的ネットワークを形成する生産・流通主導型クラスター，加工業者を中心として形成された加工主導型クラスター，特定品目に限定せず，生産・流

通・観光・サービスなどの関連主体が水平的ネットワークを形成するテーマ主導型クラスターの3つの地域農業クラスターの類型を提示した．なお，この研究ではクラスター政策の推進において最も重要な点は，クラスターの構成要素間のネットワーキングであることを強調している．しかし，ネットワーキングのレベル評価に関わる評価基準については明らかにされていない．

金ほか[17]は，20カ所のモデル事業団の悉皆調査を実施し，実務担当者に対する聞き取り調査及びアンケート調査を行った．具体的には，クラスター事業団の構成主体の地域範囲，参加数，事業類型，事業内容，リーダー等について調査し，生産・加工・マーケティング・金融等の部門における革新主体とそれを取り巻く主体間の連携構造の有無について評価した．また，事業団の構成要素をビジョン提示者（VP），システム統合者（SO），専門供給者（SS）に区分して，各類型別の事業団の成果を評価した．しかし，この研究でも客観的な評価指標は提示されていない．

(4) 経営成長のための協調戦略の必要性

以上，韓国における農業法人に関する研究は，組織設立の契機や生産組織の機能・役割を評価した研究が多く，しかもある特定の時点における組織機能や特徴を「形態論」の視点より研究したものに偏っている．さらに，農家間の組織的経営という視点よりは，独立した経営組織の取り組み事例の経営分析による評価が主流となっている．また，地域農業の組織化に関する研究では，まだモデル事業を評価する段階で，事業成果の評価や成功要因までは解明されていない．さらに，クラスターや集落営農組織を評価する客観的な指標も確立されていない状況にある．

こうした生産組織や組織経営体に関するこれまでの研究では，組織の内部における経営諸資源の活用とその評価に重点がおかれているため，組織経営を取り巻く外部主体との関係性が考慮されていないという問題がある．また，地域農業の組織化に関する研究では，関連理論の整理や実態把握が多く，組織を構成する主体間の関係構造や関係性が考慮されていない．さらに，これ

までの研究では，組織経営の成長要因を成長プロセスの側面から解明した研究はみられず，経営体が経営成長過程において，農家間の連携あるいは組織間の連携をいかに構築したか，そして経営諸資源をいかに調達したか，外部主体との関係性の中でいかに経営成長を遂げたかなど，経営戦略の視点から分析を試みた研究は皆無である．

一般に農業経営の場合，多くの営農資源が非流動性という特質を有しているために，地域農業全体の生産性低下と個別経営の非効率化が相乗化するという悪循環が形成されている[4]．とりわけ，稲作を中心とする土地利用型農業では，基本となる「土地」の不動性という特質から，地域の立地条件に強く規定される．地域資源（土地・労働力・資本）を活用して農業経営体の大規模化を進めるためには，他の農家など地域の多様な主体との関わりの中で，生産活動の効率化・大規模化を図らなければならない．換言すれば，稲作の大規模経営は，土地などの地域における諸資源，諸要素を有機的なネットワークでつなげて，農家主体間に相互補完的な関係を構築することにより成立するのである．すなわち，地域における多様な主体間と連携関係をいかに構築しこれを維持できるかが，稲作経営の経営成長にとって不可欠な条件となっている．

(5) 研究の目的と課題

以上のような研究背景と問題意識に基づき，本書では韓国の土地利用型農業の中心をなす稲作経営の経営成長における協調戦略について解明する．そして，地域農業の諸主体間の関係をできるだけ克明に分析し，大規模稲作経営の成長要件を明らかにするとともに，地域レベルの組織化の視点も加えた土地利用型農業の展開方向を実証的に解明することを目的にしている．

以上の目的を達成するために，本書では，①韓国の水田農業の構造変化，②稲作農家のネットワークの構造と特徴，③大規模化した稲作農家の成立条件，④農業法人の現状と課題，⑤作業受託型組織経営における協調戦略，⑥流通型組織経営における協調戦略について解明することを課題にしている．

3. 農業経営における協調戦略の理論的枠組み

(1) 農業経営成長の概念整理

　農業経営学術用語辞典によれば，経営成長（managerial growth）とは「一定の経営目的や経営戦略などのもとに展開する事業活動の長期的な拡大過程を表す．事業規模（売上や経営面積など）や利益，所得などの量的拡大をさすことが多いが，経営者能力など生産要素・経営資源の質的高度化も含まれる．経営成長は経営安定とともに経営発展および経営の存続を担保するために不可欠な要素である」と定義されている．すなわち，事業活動の長期的な拡大過程における戦略的取り組みによって得られる量的・質的な経営成果の拡大（高度化）を示すものである．

　水田農業における経営成長を考える場合，その主要な内実は面的規模拡大と事業の拡大である．このうち，事業拡大はさらに稲作部門の拡大と稲作以外の部門を導入する事業部門拡大に分けられる．後者の事業部門拡大は一般的には事業の多角化として捉えられている．八木[46]によると，多角化には，水稲のほかに野菜や花卉など他の生産部門を導入する水平的多角化，農産物加工やダイレクト・マーケティングなど消費方向へと事業部門を拡大していく垂直的多角化，観光農園や交流事業のように現存の生産技術や販売チャネルなどとは異なる事業部門へ進出する斜行的多角化などがあるという．一方，経営体は事業を拡大する場合，新たに必要とする経営資源を自前で確保することに長期間を要したり，多額な資本を要したりする場合には，「必要とする経営資源を有する他の経営体」と連携する戦略が有利な選択になるという[23]．

　水田農業における事業拡大，とりわけ面的規模拡大のためには，土地という資源を他の農家主体から調達することが不可欠である．また，加工・流通事業を導入する場合でも，他の農家からの原料確保や契約栽培など，他の農家主体との関係づくりを通じて諸資源を調達しなければならない．こうした

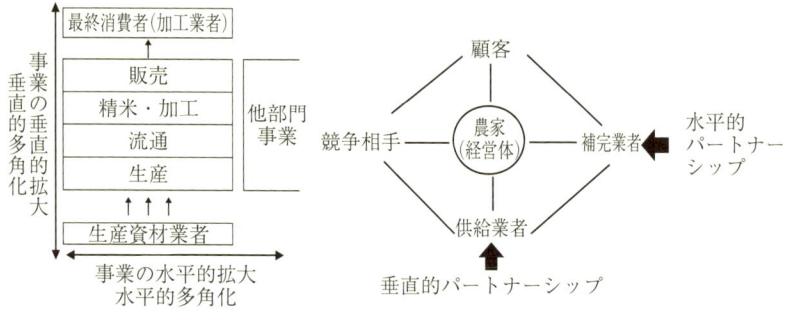

出所：八木宏典（2004）:『大規模水田経営の成長と管理』, p.26.　　出所：張淑梅（2004）:『企業間パートナーシップの経営』, p.34.

図 0-2　農業経営の事業拡大の範囲（左）とパートナーシップのタイプ（右）

観点から，稲作経営の事業拡大においては，内部はもちろんのこと，外部の関連主体との良好な関係構築（水平的・垂直的パートナーシップ）が重要な要素となる．ここで示す外部の関連主体との関わりは，個別経営の視点からみると，経営内部に存在しないかあるいは不足する諸資源を調達（資源依存）するために，外部と連携関係を構築する一種の経営戦略とみなすことができる．

(2) 経営成長における「外部主体との関係性の構築」

韓国における「農業法人」や「地域農業クラスター」，また，日本の農政でも推進されている「産学官連携クラスター」「農商工連携」などの組織化推進に見られる共通的な意義は，研究開発，技術，ニーズが組み合わせられ（コラボレーション）新しい価値が創出（イノベーション）されることである．マイケル・ポーターのクラスター理論は，クラスターによりもたらされるネットワークとクラスター内部における競争と協調によって，生産性の向上，イノベーションの加速化，新規事業化の促進といったことが期待されており，企業の競争力の源泉が企業の内部と外部の両方に存在していることを示している[38],[41],[42]．

これまで経営学でも，供給業者や顧客との密接な結びつきやアウトソーシング，提携の重要性に注目してきた．また，イノベーションに関連した研究では，イノベーションのプロセスで顧客や供給業者，大学機関が果たす役割に注目している．社会経済学では，社会ネットワーク構造の検証によって，個人や社会資本の間の社会的関係が，資源や情報へのアクセスを大きく助けていることを明らかにしている．これらの点の多くはポーターのクラスター理論につながるものであるが，クラスターによる競争優位の多くは，情報の自由な流れ，付加価値をもたらす交換や取引の発見，組織間で計画を調整・協力して進める意志，改善に対する強いモチベーションなどに大きく左右されるとされている．こうしたクラスターならびに組織化を支えるのは関係性であり，ネットワークであり，共通の利害という認識である．

以上のように，生産性の向上，イノベーションの加速化，新規事業の促進などを通じた企業の競争力を高めるためには，クラスターの形成や外部主体との提携が重要であるが，そのためには改善に対する強いモチベーションや共通利害にもとづく外部主体との関係性の構築，そしてネットワークの形成がきわめて重要なポイントになる．

ところで，農業分野でも農家主体と他の主体との協同や協調については，農業生産組織や農家の組織化についての研究においてもふれられている．しかし韓国におけるこれまでの研究では，生産組織形成の契機，生産組織の機能・役割を評価したものが多く，組織の機能や特徴による形態論に偏っているものが多い．特に，農業法人を対象にした研究の場合は，農家間の組織的経営という視点よりは，独立した経営体としての「法人経営体」の分析というアプローチが強く，経営成果や経営分析による組織経営体の評価が主流となっており，組織経営を取り巻く「外部主体」との関係性を考慮した研究はほとんどみられない．また，農家間の協同・協力関係を経営戦略のアプローチから分析したものは皆無であるといってよい．

日本においては，農業経営の組織化と連携に視点をおいた研究に大泉[6]がある．大泉は，農業経営の発展拡大に伴う様々な問題を解決するために，農

家同士の共同での対処や生産組織との連携,個々の労働過程への農協への積極的参加というように,より広がった外部経済主体との連携の必要性を指摘している.また,家族経営は,農家同士による連携(農家間の共同・協力の関係の創造)をはじめ,生産手段の利用組合や各種生産組織,地域複合や集団的土地利用組織といったものから,農産物の出荷団体や農協まで,多様な外部経済主体によって補完されているのが現実であり一般的であるとしている.そこには人と人の交流に基づいた共同・協力関係,相互依存関係がみられ,外部経済組織体との連携が見られるという.

このように大泉は農業経営の発展における外部経済主体との連携の必要性を指摘しているものの,それが農業経営の経営戦略の重要な一翼をなすものであり,とりわけ水田農業では不可欠な協調戦略であるという点にまで深めた論述をしていない.

(3) 協調戦略の理論的枠組み
1) 稲作個別経営を取り巻く関連主体間の分析

農業経営において土地の確保は,地主から購入または借り入れることで可能であるが,言うまでもなく地主は経営外部の主体である.資本に関連しては,自己資金により調達できない場合,農協や金融機関あるいは農家,親戚等から借り入れることで調達する.また,労働に関しても,家族労働力以外はすべて外部主体から調達することになる.

以上のように,農業経営における諸資源は経営が大きくなればなるほど経営内部だけでは賄えず,外部主体から調達しなければならない場合が多くなる.そのため,これらの資源をいかに外部から調達するかが農業経営の維持,発展において非常に重要である.すなわち,農業経営体がいかに経営を取り巻く外部主体と連携し,諸資源を調達できるかが重要であるということである.

そうした資源調達をいかなる関係により,いかなる主体から調達するかを解明するための有用な分析手法として「社会的ネットワーク分析」がある.

社会的ネットワーク分析は，個人を中心とした人間関係を分析することによって，その個人の生活構造と個人が所属する社会の生活様式を明らかにする方法である．こうした社会的ネットワーク分析を援用することによって，稲作経営の諸資源調達における関連主体との関係性の解明が可能となる．

また，社会的ネットワーク分析では，ネットワークそのものを目的的行為によってアクセス・動員できる社会構造に埋め込まれた資源とみなしている．この社会構造に埋め込まれた資源がある行為によってもたらされる成果の1つに，情報の流れを促進する効果があるという．通常の不完全な市場状況において，特定の戦略的位置またはヒエラルキーのなかに配置された社会的ネットワークは，そういったつながりがなければ手に入らないような機会や選択肢に関する有用な情報を諸個人にもたらすのであるという．

2）稲作経営の規模拡大と長期運営における協調戦略

組織経営体の長期運営に欠かすことのできない他組織との関係を解明するための理論に，組織間関係理論がある．組織間関係理論は組織間関係がなぜ生成し，維持され，変動していくかという因果関係を明らかにする理論としての性格と，望ましい組織間関係を意図的に作り上げていく戦略論としての性格とを併せ持っている．すなわち，組織間の協力体制がなぜ作られたかといった問いに答えるだけでなく，組織間の資源，情報の流れをいかに形成し，安定させていくか，組織間の協力体制をいかに作り上げていくかの検討を重視している[48]．

また，個別経営の外部主体に対する資源依存を，組織間関係理論では資源依存パースペクティブという．組織間関係理論の支配的枠組みである資源依存パースペクティブでは，組織が存続していくために，当該組織内部で調達できない情報や諸資源を他の組織を通して獲得することを，他組織に依存するとみなす．ここでいう資源とは「ヒト，モノ，カネ，情報，技術」などを含むが，それを獲得するためには，こうした資源を保有している企業との関係を形成することが必要であるとしている[49]．さらに，当該組織にとって資

源の重要性が高いほど，また代替財が乏しいほど相手組織に対する依存度が高くなり，資源を有する相手組織は「パワー優位」な状況になるという．パワー優位となった組織はパワー劣位の相手組織に様々な要求を突き付けるなどの機会主義的な行動をとりやすい．こうしたパワー優位が相手組織に生じると，パワーを調整するために，①相互依存関係そのものを内部化する「自律化戦略」，②相手組織との協調的関係を強化する「協調戦略」，③第三者を介在する「政治戦略」などがとられるという．このうち，自律化戦略とは，依存関係を全面的に吸収してしまうことによって対応するものである．協調戦略は依存関係の部分的吸収であり，組織は依存関係を前提としつつ，互いの自主性を維持していくというものである．

　協調戦略では，組織は他組織との折衝により双方向の合意を形成し，他組織との安定的で良好な関係を作り上げる．ここでは，組織間の直接的相互作用が重要であり，組織相互に影響を及ぼすものである．また，協調戦略は組織行動に何らかの意味で他組織の立場を反映させることで，他組織との関わり合いを通じて，不確実性を減少させ，将来にわたる他組織からの支持を発展させることができる．

　こうした協調戦略によるパワー調整は組織間の関係を保つためのツールであることから，取引の長期的・継続的な関係性を重視するリレーションシップ・マネジメントとして捉えることもできよう．リレーションシップ・マネジメントでは，それぞれの企業は売り手企業群と買い手企業群の双方と多様なリレーションシップを持つことが強調されており，戦略的に取引先企業との「良好な」リレーションシップを保持することが重要視されている[28]．

　稲作経営における作業受託地の経営は契約単位が1年であるため，経営資源（農地）の不確実性が高いことから，経営の維持・発展のためには提供する農家から継続的に農地を提供してもらえるような協調関係を構築しなければならない．そのためには，作業受託主体は農地提供者とパートナーシップ関係を構築する必要がある．

4. 本書の構成

本書は以下のような構成となっている．

第1章では，韓国の農業関連統計の整理と農業センサス個票分析を通じて，現在の韓国農業の構造と特徴について概観した上で，韓国農業の中心である水田農業の構造変化と今日の稲作を取り巻く環境条件の特徴について整理する．

第2章では，韓国における稲作農家がいかなる主体から農業経営に不可欠な諸資源を調達しているか，すなわち稲作農家の農業経営に関わる関連主体（農家，行政，農協等）との連携関係を，社会的ネットワークの視点から解明する．具体的には，稲作農家の社会的ネットワークの関係性を分類し，農業経営活動別のネットワークをその構築時期である2000年前後で区分するとともに，ネットワークが「所与」による関係か，「選択」による関係かを区分して分析する．また，そうした連携関係を構築する能力が農業経営にいかなる効果をもたらすかその関係性を解明する．

第3章では，韓国の大規模稲作農家の存立条件について明らかにする．まず，大規模稲作経営がいかなる条件下で形成されているかを，農家の規模拡大のタイプ別に類型化し，それぞれの類型ごとに規模拡大の過程と農地提供者の特徴を明らかにするとともに，耕作者と農地提供者の両者における土地の賃貸借と作業受託に関する経済的条件について解明する．

第4章では，韓国では農家同士の協力（連携）関係を構築している経営体として代表的な存在である農業法人を取り上げ，その現状と課題について解明する．具体的には，これまでの農業法人をめぐる制度の変貌，および，センサス個票分析を通じて農業法人の現状と課題を考察するとともに，基幹作目が稲作である農業法人を対象とした事例調査に基づき，法人の設立動機，経営形態，経営内容等について分析し，当該農業法人を3つのタイプに類型化し，各類型別の実態と課題を解明する．

第5章と第6章では，第4章で類型化された2つのタイプの組織経営体である「作業受託型組織経営体」と「流通型組織経営体」の経営事例を取り上げ，各経営の経営成長プロセスにおける関連主体間の関係を組織間関係理論とパートナーシップ形成理論の視点から分析することにより，組織経営における長期成長，維持の要因解明を試みる．

引用文献

1] 安俊燮（1995）：「米作部門農業生産組織の変動様相と発展方向―委託営農会社の運営事例を中心に―」，農協調査月報，1995年5月号，pp. 1-19（韓国語）．
2] イ・サンホ（2009）：「農業法人の事業類型別競争力の堤高方案」，農林水産食品部農漁業・農漁村特別対策委員会．
3] 稲葉陽二（2008）：『ソーシャル・キャピタルの潜在力』日本評論社．
4] 伊庭治彦（2005）：『地域農業組織の新たな展開と組織管理』農林統計協会．
5] 牛丸元（2007）：『企業間アライアンスの理論と実証』同文館出版．
6] 大泉一貫（1989）：『農業経営の組織と管理』農林統計協会．
7] 金秉鐸・鄭丁錫・金聖恩（1992）：「農業の法人経営分析と発展戦略に関する事例調査研究」，韓国農村経済研究院．
8] 金正鎬・鄭ギファン・朴文浩（1993）：「土地利用型農業の経営体確立に関する研究―水稲作大農経営の成立・発展のための経営形態論的アプローチ―」，韓国農村経済研究院．
9] 金正鎬・朴文浩（1994）：「営農組合法人の実態と育成方案―農業法人制度の再定立のためのアプローチ―」，韓国農村経済研究院．
10] 金熙昇・曺彰完・金浩（1996）：「農業会社法人の収益性分析と適定手数料に関する研究」．
11] 金正鎬・朴文浩・李ソンホ（1997）：「農業法人の運営実態と政策課題」，韓国農村経済研究院．
12] 金ジュンオ（1997）：「営農組合法人の類型化と育成方向」，農協調査月報（1997年6月号），pp. 1-14.
13] 金ジュンオ（1998）：「作目班の共同事業実態と発展経路」，農協中央会，農協調査月報（1998年1月号），pp. 5-17.
14] 金正鎬（1999）：「農業法人の経営体性格に関する考察」，農村経済（韓国農村経済研究院学術集），第22巻2号，pp. 73-86.
15] 金正鎬・金テゴン・趙ソンヨル（2004）：「企業農の可能性と条件」，韓国農村経済研究院．
16] 金正鎬・朴文浩・金テヨン（2004）『地域農業クラスターの形成と発展方向』韓

序章　研究の背景と目的

国農村経済研究院.
17］ 金正鎬・朴ヨンボム・金ヨンミン・鄭ギス・金ギョンファン・林ギョンギュ(2005)：『地域農業クラスター試範事業の推進実態調査』韓国農村経済研究院.
18］ 金スソック・朴ソッドゥ (2006)：「農業法人の運営実態と制度改善方案研究」,韓国農村経済研究院.
19］ 金正鎬・朴文浩・李ヨンホ (2007)：「農家の経済社会的性格変化と展望」, 韓国農村経済研究院.
20］ 金正鎬 (2008)：『農業法人は韓国農業の活路』モッグントン出版社.
21］ 金ヨンセン・金正鎬 (2006)：『農業経営体活性化のための制度革新方案』韓国農村経済研究院.
22］ コーリン・クラーク (1945)：『経済的進歩の諸条件』日本評論社（原典は Colin G. Clark, *The Conditions of Economics Progress*, Macmillan, 1940）.
23］ 斉藤修 (2011)：『農商工連携の戦略―連携の深化によるフードシステムの革新』農山漁村文化協会.
24］ 櫻井通晴 (2005)：『コーポレートレピュテーション―「会社の評判」をマネジメントする』中央経済社.
25］ 崔敏浩・鄭址雄・金性洙・崔ヨンチャン (1997)：『農民組織論』ソウル大学校出版部.
26］ 在錫 (1975)：『韓国農村社会研究』一志社.
27］ 張淑梅 (2004)：『企業間パートナーシップの経営』中央経済社.
28］ デビット・フォード (2001)：小宮路雅博訳『リレーションシップ・マネジメント―ビジネス・マーケットにおける関係性管理と戦略―』白桃書房.
29］ ドン・タプスコット編 (2001)：Diamond ハーバード・ビジネス・レビュー編集部訳『ネットワーク戦略論』ダイヤモンド社.
30］ ナン・リン (2008)：筒井淳也・石田光規・桜井政成・三輪哲・土岐智賀子訳『ソーシャル・キャピタル―社会構造と行為の理論―』ミネルヴァ書房.
31］ 橋口寛 (2006)：『パートナーシップ・マネジメント』ゴマブックス.
32］ 朴文浩 (1994)：「農業会社法人の類型別発展模型に関する研究」, 東国大学校博士学位論文.
33］ 朴坪混・鄭ホンウ・趙誠柱 (1994)：「水稲作委託農家の営農実態と経営改善方案研究」, 農村振興庁, 農業科学論文集 36 巻 1 号, pp. 619-627.
34］ 朴ソンホ (1999)：「農業会社法人の経営収支分析と経営模型設定」, ソウル大学校修士学位論文.
35］ 朴文浩・全イクス (2000)：「農業法人経営の発展方向と政策改善方案研究」, 韓国農村経済研究院.
36］ 朴文浩・金ギョンドック・高ボンヒョン (2000)：「農業経営体の地帯別発展模型と政策方向研究」, 韓国農村経済研究院.
37］ 朴文浩・金テゴン・崔ガンソック (2009)：「地域農業主体の確立と育成方案」,

韓国農村経済研究院.
38] 二神恭一・日置弘一郎 (2008):『クラスター組織の経営学』中央経済社.
39] 横イシック・鄭ホゲン (2006):『組合共同事業法人の発展方案』韓国農村経済研究院.
40] 横イシック・鄭ホゲン (2008):『農業経営体の組織化効果と活性化方案』韓国農村経済研究院.
41] マイケル・ポーター (1999):竹内弘高訳『競争戦略 I』ダイヤモンド社.
42] マイケル・ポーター (1999):竹内弘高訳『競争戦略 II』ダイヤモンド社.
43] 三浦洋子 (2004):「食料システムと封建制度の影響—日本と韓国の比較—」, 千葉経済論叢, pp. 63-94.
44] 文八龍 (1980):「小農体制下における農機械共同利用組織の問題」, 農業政策研究, pp. 15-32.
45] 八木宏典 (1995):「大規模水田経営の国際環境」, 和田照男編著『大規模水田経営の成長と管理』東京大学出版会.
46] 八木宏典 (2004):『現代日本の農業ビジネス—時代を先導する経営—』農林統計協会.
47] 安田雪 (1997):『ネットワーク分析—何が行為を決定するか—』新曜社.
48] 山倉健嗣 (1993):『組織間関係—企業間ネットワークの変革にむけて—』有斐閣.
49] ユン・スジョン (1993):「農業生産組織に関する事例研究(1)—江原道春川郡新東面中2里ハンドゥル集落の稲作における作業を中心に—」, 農村社会 (韓国農村社会学会誌), pp. 243-282.
50] ユン・スジョン (1995):「農業生産組織の展開方向—営農組合法人の実態と展開方向を中心に—」, 現代社会科学研究, 第6巻, pp. 87-116.
51] ロナルド・S. バート (2006):安田雪訳『競争の社会的構造—構造的空隙の理論—』新曜社.

第1章
韓国における水田農業の構造変化

1. はじめに

　近年，世界ではTPPやFTAのような世界経済のブロック化ともいえる地域統合の動きが進んでいる．このような国際的潮流のなかで，韓国は2004年の韓・チリFTA締結を皮切りに，次々と各国とのFTA締結を積極的に進めている．FTA締結に対する韓国の積極的な動きの1つの要因として，貿易依存度の高い産業構造が挙げられる．2008年の韓国統計庁（国際統計年鑑2009）によれば，貿易依存度[1]は92.3%で，日本（31.6%），アメリカ（24.3%）に比べて極めて高いことがわかる．すなわち，韓国は経済の主軸を貿易に依存する産業構造であるため，世界経済のブロック化の趨勢に乗り遅れることで派生する，経済的な影響を懸念している．一方で，総貿易量のうち農林業が占める比重は，輸出1.3%，輸入6.5%（2009年実績）で極めて低水準にある．このことは，経済全体の成長のために農林業部門の犠牲を招いたとしても，貿易自由化への道を進める戦略を選択せざるを得ないことを意味している．加えて，こうした産業構造は，農業の産業としての地位の弱体化を意味しており，経済界の議論における'農業不要論'の声と，これと同じ脈絡である'海外食糧基地論'が提起される背景でもある．
　今後も世界市場のグローバル化が進展し，農業部門の市場開放が迫られるとすれば，韓国農業が抱える課題は，いかに農産物輸入自由化の外圧に耐えられるか，あるいはそれを乗り越える農業構造へ体質を変えられるかにかか

っている．そこで本章ではまず，韓国の農業関連統計と農業センサス個票分析を通じて，農業構造の現状と課題について概観し，韓国農業の主軸である水田農業の構造変化の特徴ならびに今日の稲作を取り巻く環境の変化と課題について整理する．

2. 韓国農業の現状

(1) 食料自給率と農業のシェア

図1-1を見ると，韓国の食料自給率は1981年のおよそ70%から2010年には49.3%へ大幅に低下している．品目別に見ると米，イモ類，野菜類，果実類，肉類，鶏卵類，牛乳類は農産物全体の食料自給率を上回っている一

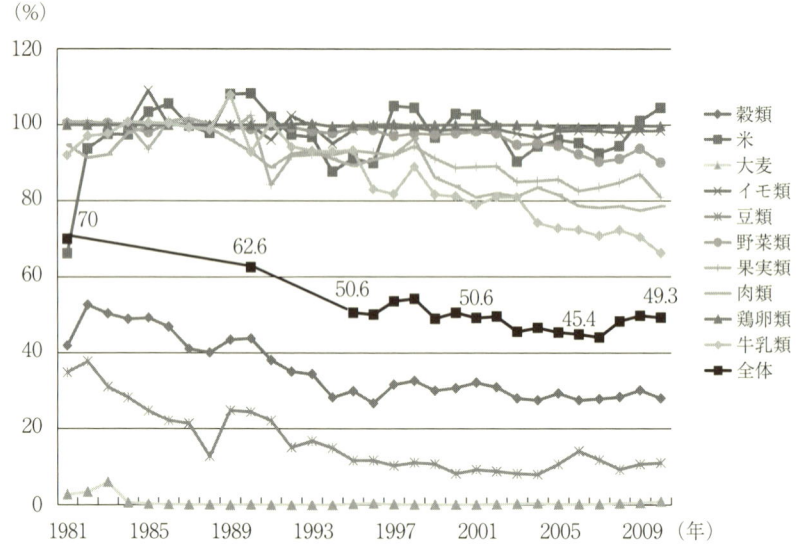

出所：韓国農村経済研究院『食品需給表』，2011年.
注：1) 自給率＝1人1日当たり国内産供給エネルギー（タンパク質，脂肪）/1人1日当たり純食用供給エネルギー（タンパク質，脂肪）×100．
2) 肉類の場合，飼料自給率を考慮したものである．
3) 物量基準の自給率が100%を超える場合もそのまま掛け算によって算出した．

図1-1　韓国の食料自給率の推移（1981-2010年）

方で，穀類と豆類は大幅に下回っている．2010年には穀類の自給率は28.1%となっているが，穀類に該当する米，麦，大麦，トウモロコシの自給率がそれぞれ104.5%，24.3%，0.9%，0.9%で，米と麦を除けば実質1%に満たない水準にある．

また，国内総生産（GDP）に占める農業生産の割合は，1970年には25.4%を占めていたが，その後の高度経済成長に伴い，鉱工業とサービス業の飛躍的な成長がみられるなか，農業のみが2.2%（2010年）へ急落した．こうした食料自給率の低下と国内総生産に占める農業生産比重の縮小は，農業という産業の位置づけが著しく低下したことを示している．

(2) 農耕地の現状

韓国の農耕地面積の推移を見ると，1970年から2010年まで水田と畑の面積は全般的に減少傾向にある．農耕地面積の年平均減少面積は約1万4千ha，そのうち年平均転用面積が1万3千haとなっており，主として国土開発による共用施設，住宅地，工業用地等の転用により農耕地が減少してきたことがわかる．

韓国の国土面積に占める農耕地面積の割合を表す農耕地率の動向について見ると（表1-1），1970年の23.3%から毎年減少し続け，2010年には17.1%となった．また，水田率は1990年に63.8%とピークになったが，その後，ガット・ウルグアイラウンド締結による農産物の輸入自由化に伴う畑作や施設園芸作への作物転換が行われ，現在も減少が続いている．

耕地利用率は，農耕地率と同様に低下（142→106%）してきたが，現在のところ100%以上を維持している．水稲作付率は1970年から90年の間に2ポイントほど低下したが，2010年においても90.7%の高い水準を維持している．水田率と水稲作付率が高いことは，韓国の農業部門が稲作に対する依存度の高い構造であることを示している．

次いで，作物別耕地面積と耕地利用率を示したものが表1-2である．耕地面積を作物別に見ると，食糧作物の割合が60%で最も多い．なかでも，米

表1-1 農地面積と耕地利用 (1970-2010年)

(単位：千ha, %)

区分	1970年	1980年	1990年	2000年	2010年
国土面積（A）	9,848	9,899	9,927	9,946	10,003
うち農耕地面積（B）	2,298	2,196	2,109	1,889	1,715
水田（C）	1,273	1,307	1,345	1,149	984
畑	1,025	889	764	740	731
耕地利用面積（D）	3,264	2,765	2,411	2,098	1,820
稲作作付面積（E）	1,203	1,233	1,244	1,072	892
休耕地面積（F）	—	—	40	17	51
うち水田面積（G）	—	—	12	4	20
畑面積（H）	—	—	28	13	30
農耕地率（B/A）	23.3	22.2	21.2	19.0	17.1
耕地利用率（D/B）	142.0	125.9	114.3	111.1	106.1
水田率（C/B）	55.4	59.5	63.8	60.8	57.4
水稲作付率（E/C）	94.5	94.3	92.5	93.3	90.7
休耕地率（F/B）	—	—	1.9	0.9	2.9
水田の休耕率（G/C）	—	—	0.9	0.4	2.1

出所：韓国農林部『農林水産食品主要統計2011』，2011年．
注：「休耕地率」とは，前年農耕地面積に対する当該年度の休耕地面積の割合を示す．

表1-2 作物別耕地面積と耕地利用率 (1970-2010年)

(単位：千ha, %)

区分	食糧作物	米穀	その他穀類	特用作物	野菜	果樹	その他
1970年	2,706 82.9	1,203 36.9	1,503 46.0	89 2.7	254 7.8	60 1.8	155 4.7
1980年	1,982 71.7	1,233 44.6	749 27.1	118 4.3	359 13.0	99 3.6	207 7.5
1990年	1,669 69.2	1,244 51.6	425 17.6	130 5.4	277 11.5	132 5.5	203 8.4
2000年	1,316 62.7	1,072 51.1	244 11.6	92 4.4	296 14.1	169 8.1	225 10.7
2010年	1,093 60.1	892 49.0	201 11.0	86 4.7	206 11.3	156 8.6	279 15.3

出所：韓国統計庁『農林水産食品主要統計2011』，2011年．
注：1）「その他穀類」には麦類，豆類，イモ類，雑穀類が含まれている．
　　2）「その他」には，施設作物，庭園およびその他作物が含まれている．

穀の面積は1970年から90年までは増加しており，2000年以降から減少に転ずるものの，2010年においても49%の割合を占めており，依然として米穀が中心的な作物となっていることがわかる．

　食糧作物に次いで，その他穀類11.0%，野菜11.3%，果樹8.6%の順となっているが，野菜と果樹は1970年に比べて大幅に増加した．これは，ガット・ウルグアイラウンド締結に起因する稲作の将来への不安や政府買上げ価格の低迷により，稲作から施設園芸作物や果樹等のような換金作物へ転換したことが要因と考えられる．すなわち，韓国における農業は依然として稲作が中心を占めているものの，近年は換金作物である施設園芸作物や果樹等の栽培面積が増加する傾向にある．

　次に，表1-1に示されている休耕地[2]について見ると，1990年の4万haから2000年には1万7千haへ減少したものの，2010年は5万1千haとなり，とりわけ畑の休耕地化が進んでいる．畑の休耕地が多い要因は，畑が相対的に限界地域に多いためであると考えられる．休耕地率を見ると，1990年の1.9%から2000年の0.9%へ一旦減少したものの，2010年には2.9%へ増加している．休耕地の発生は農家人口の減少と経営主の高齢化による労働力不足，農業用水や耕地区画，排水など耕地基盤条件の不備，相続・贈与等による不在地主の増加，農産物価格の下落による農家の営農放棄などが原因とされている．

　韓国農村公社の見通し[5]によれば，こうした休耕地はWTO農業交渉およびFTA妥結などによる農産物輸入の増加や農村人口減少，高齢化の進展等の影響により一層増加すると見込まれ，最少でも8万3千ha，最多では30万haにまで上ると予測されている．

(3) 農家人口と農外従事

　韓国の経済成長は1962年の「第1次経済発展5カ年計画」により本格的にスタートした．当時，日本による統治や朝鮮戦争を経験して間もない韓国は，資本，技術，資源，産業インフラ，労働力などが脆弱な状況にあったた

め，政府主導によってアメリカなど海外産業資本を積極的に誘致し，「中間財の輸入→国内加工・完成品の生産→海外輸出」の輸出主導型の産業化を推進した．そして，産業インフラの構築と技能者・労働力の確保が相対的に有利である大都市と，輸出に容易な港を有する地方都市を中心とした拠点開発が行われた．その結果，労働市場が大都市と一部の工業団地のみに集中的に形成され，農村地域から大量の人口流出が発生した．

こうした農村人口の都市への移動は1970年代の半ばから急激に増加した．さらに，韓国の農村人口の流出形態は一家総出で離村する「挙家離村型」[22]であるため，農家戸数も同時に減少する傾向を見せた．例えば，1980年から1990年，また1990年から2000年の農家人口減少率はそれぞれ年率△3.8%，△3.9%であったが，農家戸数減少率も同期間に年率△1.8%，△2.2%であった．こうした傾向により，農家率は1970年の42.4%から2010年の6.7%へ，農家人口率は1970年の44.7%から2010年の6.3%へ大きく減少した．

また，農林業就業者率も2010年には6.6%となり，1990年の17.1%に比べ大幅に減少した．日本の3.8%（2009年），アメリカの1.4%（2006年）に比べれば，韓国の農林業就業者率の方が高いものの，今後の経済成長に伴い，さらなる農林業就業者の減少が予想される．

こうした農業人口減少の特徴としては，20～29歳の若年層の流出が顕著であることが指摘できる．表1-3に示されているように，20～29歳の比率は1970年の22.4%から2010年の1.9%へ急減した．その一方で，60歳以上の階層は，1970年の4.6%から2010年の55.9%へと大幅に増加している．こうした状況は，若年層の新規参入による新たな担い手層が生まれなければ，今後，より一層ドラスチックな変化が進むことを示している．

次に，農家構成員についてみると，1戸当たり農家構成員数は1990年の4.8人から2010年には2.6人へ減少した．1990年代まで農家は主に2世代以上の大家族で構成されていたが，若年層の農村からの流出の結果，近年では1世帯高齢農家のみが残留する傾向が見られる．

第 1 章　韓国における水田農業の構造変化　　　27

表 1-3　韓国の農業と農家人口の推移（1970-2010 年）

区分	単位	1970 年	1980 年	1990 年	2000 年	2010 年
総世帯数（A）	千戸	5,857	7,969	11,355	14,312	17,574
農家戸数（B）	千戸	2,483	2,155	1,767	1,383	1,177
専業農家数（C）	千戸	1,681	1,642	1,052	901	628
第 1 種兼業農家数（D）	千戸	488	295	389	225	193
第 2 種兼業農家数（E）	千戸	314	218	326	257	356
総人口（F）	千人	32,241	38,124	42,869	47,008	48,580
農家人口（G）	千人	14,422	10,827	6,661	4,031	3,063
総就業者数（H）	千人	9,617	13,683	18,085	21,156	23,829
農林業就業者数（I）	千人	4,756	4,429	3,100	2,162	1,566
20～29 歳（J）	千人	1,067	671	206	74	30
60 歳以上（K）	千人	217	507	779	989	875
農家率（B/A）	％	42.4	27.0	15.6	9.7	6.7
1 戸当たり世帯員数（G/B）	人	5.8	6.8	7.8	8.8	9.8
1 戸当たり農業就業者数（I/B）	人	1.9	2.1	1.8	1.6	1.3
専業農家率（C/B）	％	67.7	76.2	59.5	65.1	53.4
第 1 種兼業農家率（D/B）	％	19.7	13.7	22.0	16.3	16.4
第 2 種兼業農家率（E/B）	％	12.6	10.1	18.4	18.6	30.2
農家人口率（G/F）	％	44.7	28.4	15.5	8.6	6.3
農林業就業者率（I/F）	％	49.5	32.4	17.1	10.2	6.6
農家の農業就業者比率（I/G）	％	33.0	40.9	46.5	53.6	51.1
20～29 歳比率（J/I）	％	22.4	15.2	6.6	3.4	1.9
60 歳以上比率（K/I）	％	4.6	11.4	25.1	45.7	55.9
年間総世帯増減率	％	4	4	3	2	
年間農家戸数増減率	％	△1	△2	△2	△1	
年間総人口増減率	％	2	1	1	0	
年間農家人口増減率	％	△2	△4	△4	△2	
年間 20～29 歳増減率	％	△4	△7	△6	△6	
年間 60 歳以上人口増減率	％	13	5	3	△1	

出所：韓国統計庁，『2011 経済活動人口年報』，2010 年，韓国統計庁『農業調査』各年度．
注：1)　15 歳以上の人口のうち，軍人，戦闘警察，公益勤務要員，受刑者，外国人等は除く．
　　2)　2000 年以後から韓国標準産業分類 8 次改定基準．
　　3)　2005 年以後から年齢区分を 10 歳単位で区分．
　　4)　第 1 種兼業農家とは年間総収入のうち，農業収入が 50％ 以上である兼業農家．
　　5)　第 2 種兼業とは年間総収入のうち，農業収入が 50％ 未満である兼業農家．

　表 1-4 によって農家構成員数別農家の特性を見ると，農家構成員数が 2 人である農家の割合が 45％ で最も多いが，その農家のほとんどは 1 世代で構成されており，経営主年齢が 60 歳以上の農家が 77％，50 歳台まで含めると

表 1-4 農家構成員数別農家の特性 (2010 年)

(単位：戸, %)

区分		総農家数	割合	1 世代	2 世代	3 世代以上	単身世帯	非血縁世帯
		1,177,318	100	481,157 41	390,194 33	118,428 10	183,502 16	4,037 0.3
農家構成員数別	1 人	183,502	16	0	0	0	100	0
	2 人	532,733	45	99.1	14.0	0		2.5
	3 人	205,274	17	0.7	49.9	5.0		2.9
	4 人	139,105	12	0.1	26.9	27.9		1.9
	5 人	74,846	6	0.02	7.9	36.7		1.4
	6 人	30,088	3	0.01	1.1	21.5		0.7
	7 人	8,453	1	0.00	0.2	6.5		0.3
	8 人以上	3,317	0.3	0	0.1	2.5		0.4
経営主年齢別	20 代	1,696	0.1	0.1	0.3	0.1	0.1	0.04
	30 代	31,447	3	0.4	5.7	4.5	1.1	0.4
	40 代	140,479	12	2.9	23.2	22.8	4.6	1.6
	50 代	287,139	24	19.6	34.4	27.7	13.3	3.6
	60 代	352,427	30	36.6	23.3	23.3	30.7	2.7
	70 代	314,403	27	35.3	11.6	18.9	41.8	1.3
	80 代以上	49,727	4	5.1	1.7	2.7	8.3	0.3

出所：韓国統計庁『農林漁業総調査 2010 年』, 2010 年.

97% を占めている．また，単身世帯が全体の 16% を占めており，2000 年の 13% に比べて 3 ポイントほど増加した．これに該当する農家は 60 歳以上の農家 (80.8%) で，単身高齢農家が増加しているのである．

高齢農家のみが残るようになった要因として，韓国の農村地帯においては兼業所得源がほとんどないことが挙げられる．前述したように，拠点開発方式による産業化政策が推進された結果，農村および中小都市など開発対象から外れた地域では就業機会が少なく，就業あるいは農外所得を得るためには農業・農村から離れざるを得なかったのである．特に，新しい労働市場では高齢者より若年者の方が有利であるため，結果的に若年層の都市部への流出現象が続き，農村の高齢化を加速化させている．さらに，もう 1 つの要因として，農業経営の継承形態が挙げられる．韓国では従来から親世帯の経営および職業を子供に継がせる習慣は弱く[3]，近年ではより一層その傾向が強まっている．そのため，子供世代が都市で働いている場合，農業経営を継ぐた

表 1-5　農業以外従事分野と従事期間別農家人口（2005 年, 2010 年）

(単位：人, %)

区分		2005 年 人数	割合	2010 年 人数	割合	年齢別割合（2010 年）					
						20代以下	30代	40代	50代	60代	70代以上
15 歳以上農家人口		3,098,488	100	2,792,564	100	12	8	13	21	22	24
従事分野別	農業	2,121,362	68.5	1,845,962	66.1	8	32	56	74	90	85
	林業	8,596	0.3	1,143	0.0	0	0	0	0	0	0
	漁業	23,857	0.8	19,122	0.7	0	0	1	1	1	0
	製造業	52,295	1.7	50,309	1.8	3	5	4	2	0	0
	建設業	27,366	0.9	36,732	1.3	1	3	3	2	1	0
	小・卸売業	38,484	1.2	42,466	1.5	32 {1	56 {3	39 {3	23 {2	8 {1	1 {0
	宿泊・飲食業	31,066	1.0	42,453	1.5	1	2	3	3	1	0
	その他産業	288,802	9.3	397,569	14.2	26	43	26	14	5	1
	従事していない	506,660	16.4	356,808	12.8	61	11	4	2	2	13
従事期間別	農外従事しない	2,320,388	74.9	2,008,873	71.9	67	38	50	65	83	94
	1 カ月未満	34,878	1.1	24,293	0.9	0	1	1	1	1	1
	1～3 カ月未満	106,571	3.4	60,918	2.2	1	2	3	3	2	1
	3～6 カ月未満	120,298	3.9	82,890	3.0	1	3	5	4	3	1
	6 カ月以上	516,353	16.7	615,590	22.0	30	56	42	26	10	3

出所：韓国統計庁『農林漁業総調査』, 2005 年, 2010 年.
注：その他産業には, 官公署, 協同組合, 運輸業, 教育・医療・サービス業, 職業軍人などが該当する.

めに地元に戻ることはきわめて稀である．病気等を理由に親を扶養する必要がある場合は, 子供が居住する都市に親が移動するケースが一般化しているのである．

　韓国でも 1970 年頃から専業農家の割合が継続的に減少する一方で, 兼業農家の割合が増加している（前掲表 1-3）．特に, 2000 年から 2010 年の間に農外所得の方が多い第 2 種兼業農家の割合が 18.6% から 30.2% へと顕著に増加した．その詳細について確認するため, 農業以外の従事分野（表 1-5）を見てみると, 2005 年から 2010 年にかけて建設業（0.9→1.3%）, 小・卸売業（1.2→1.5%）, 宿泊・飲食業（1.0→1.5%）, その他産業（9.3→14.2%）で僅かであるが増加した．この分野での従事期間は 6 カ月未満が減少する一方で, 6 カ月以上が増加していることから, 僅かではあるが安定した農外所得源が確保されつつあるといえよう．

ただし，これら農外分野に従事している年齢階層は30代が56%, 40代が39%, 50代が23%, 60代が8%, 70代が1%というように，若い年齢層に限られており，高齢農家の所得源は農業分野に限定されていることがわかる．こうした高齢農家の所得源が農業分野に限定されている状況が，高齢化しても引退せず農業に従事することを選択せざるを得なくさせ，その結果，農地を手放さず，借地や作業委託によって営農を継続する傾向の要因になっているものと考えられる．

そのために，営農規模の零細性は依然として解消されないままである．1戸当たり平均耕地面積は，1990年の119.4aから2010年の145.7aへ若干増加したものの，規模階層別にみると1ha未満階層の割合は2010年において65.4%で，1990年の59.0%よりむしろ高くなっている（表1-6）．65歳以上の高齢農家を対象とする「経営移譲直接支払制度」や規模拡大に関連した様々な制度・施策が行われ，2000年以降3ha以上規模階層が増加傾向を見せているものの，未だ全体の9割以上が3ha未満規模にとどまっている．

表1-6 耕地規模別農家数（1970-2010年）

(単位：a，千戸，%)

区分	1戸当たり耕地面積	農家戸数	耕種外農家	耕地規模別農家数							
					0.1ha未満	0.1~0.5	0.5~1.0	1.0~1.5	1.5~2.0	2.0~3.0	3.0ha以上
1970年	92.5	2,483	72	2,411	26 1.1	762 31.6	824 34.2	446 18.5	193 8.0	124 5.1	37 1.5
1980年	101.8	2,156	28	2,128	14 0.7	598 28.1	748 35.2	438 20.6	191 9.0	109 5.1	31 1.5
1990年	119.4	1,767	24	1,743	15 0.9	468 26.9	544 31.2	352 20.2	191 11.0	129 7.4	44 2.5
2000年	136.5	1,383	14	1,369	30 2.2	410 29.9	379 27.7	219 16.0	132 9.6	114 8.3	85 6.2
2010年	145.7	1,177	14	1,164	23 2.0	450 38.7	288 24.7	142 12.2	87 7.5	78 6.7	97 8.3

出所：韓国統計庁『農林漁業総調査』，各年度．

（4）農家経済

専業農家が5割以上を占める韓国農業において，農業・農村問題の根幹は農家の所得問題であるといっても過言ではない．韓国統計庁の調査結果によれば，2010年の農家の平均所得は約3,200万ウォン，これに対して都市勤労者世帯の平均所得は4,800万ウォンで，農家所得は都市勤労者世帯所得の67％に過ぎない状況になっており，格差が大きい．

表1-7を見ると，農家所得に占める農業所得の割合は1990年までは50％以上あったが，1995年には5割を切り，2010年には31.4％にまで下落した．農業所得率の低下は，農家が農業を営むだけでは生計を賄えなくなり，農外所得や移転所得[4]等で補わなければならない状況に陥ったことを意味する．その一方で農外所得率は，1990年の25.8％から2010年の40.3％へと増加し

表1-7　韓国の農家所得の推移（1970-2010年）

（単位：千ウォン，％）

区分	1970年	1980年	1990年	2000年	2010年
農家所得（A）	256	2,693	11,026	23,072	32,121
農業所得（B）	194	1,755	6,264	10,897	10,098
農業総収入（C）	248	2,342	9,078	19,514	27,221
農業経営費（D）	54	587	2,814	8,617	17,123
農外所得（E）	62	938	2,841	7,432	12,946
兼業所得（F）	10	67	589	1,435	3,467
事業外所得	52	872	2,252	5,997	9,840
移転所得＋一時所得（G）	—	—	1,921	4,743	9,077
負債（H）	16	339	4,734	20,207	27,210
農家家計費（I）	208	2,138	8,227	18,003	21,262
農業所得率（B/A）	75.8	65.2	56.8	47.2	31.4
農外所得率（E/A）	24.2	34.8	25.8	32.2	40.3
農業収入に占める経営費比率（D/C）	21.8	25.1	31.0	44.2	62.9
農外所得に占める兼業所得比率（F/E）	16.1	7.1	20.7	19.3	26.8
農家負債率（H/A）	6.3	12.6	42.9	87.6	84.7
農業所得に占める負債比率（H/B）	8.2	19.3	75.6	185.4	269.5
農業所得の家計費充足率（B/I）	93.3	82.1	76.1	60.5	47.5

出所：韓国統計庁『農家経済統計』，各年度．
注：1）　謝礼金，家族補助金，他人からの補助金等は，1983年から事業外収入から移転所得へ項目が分離され新設された．
　　2）　2003年から移転所得から一部項目が分離・新設されたものとして，慶弔収入，退職一時金等が該当する．

ており，その中で，農外所得に占める兼業所得の比率が徐々に増加している．

こうした2000年以降の農業所得率の低下は，農業経営費の大幅な増加にも起因しており，なかでも光熱費や修繕農具費，農業用資材費などの大幅な増加によるものである．農業収入に占める経営費の比率は1970年から90年までは30%を下回っていたものが，2003年以降から50%を超える事態となり，2010年には62.9%となり農業収益性がさらに悪化している．その結果，農業所得による家計費充足率を見ると，1970年代はおよそ90%以上の高水準を保っていたものが，1980年代以降は減少し，2010年には47.5%となって，ついに半数を切る状況となっている．また，農家所得に占める負債額の割合を示す農家負債率を見ると，1970年の6.3%から毎年大幅に上昇し，2000年以降は80%を超えており，農家経済の不安定さが増してきている．

その一方で，農家1戸当たり年間営農時間は1,102時間（「農家経済調査」2010年）で，1戸当たり世帯員数は2.6人である．これを用いて営農従事者の1ヵ月当たり営農時間を換算すると，1人34.4時間となる．他産業の175.9時間（1ヵ月当たり平均勤労時間）に比べると5分の1に過ぎないことから，農業部門において遊休労働力がかなり存在していることがわかる．

(5) 担い手の現状

韓国農業の今後の担い手の状況をみるために，農業センサスの「営農後継者有無項目」を再集計して示したものが表1-8である．この表によって営農後継者のいる農家数をみると，2000年には11%あったものが，2005年になると3.5%へ約7.5ポイントも低下している．

この5年間で後継者のいる農家数は実に70%も減少しているが，後継者の年齢階層別にこれを見ると，30歳未満層が79%，30～39歳層が65%で，若年層の減少が全体の約8割以上を占めていることがわかる．

この減少要因を明らかにするために，2000年から2005年にかけた営農後継者のいる農家数の減少幅を，耕地規模別，専・兼業別，営農形態別に検討してみた．

第1章　韓国における水田農業の構造変化　　　33

表1-8　営農後継者保有農家動向（2000-05年）

(単位：戸，%)

区分		2000年 総農家数	2000年 営農後継者保有農家数	2005年 総農家数	2005年 営農後継者保有農家数	5年間の増減率(%) 営農後継者保有農家増減率	後継者年齢15〜29歳	後継者年齢30〜39歳	後継者年齢40歳〜
農家数（割合）		1,383,468	151,503 11.0%	1,272,908	45,163 3.5%	△70% 7%	△79% 4%	△65% 2%	△58% 1%
耕地規模別	0.5ha未満	454,775	36,502	474,832	11,852	△68	△74	△62	△63
	0.5〜1.0	378,655	42,184	330,651	11,637	△72	△80	△69	△62
	1.0〜2.0	351,534	44,322	280,685	11,764	△73	△83	△69	△57
	2.0〜3.0	113,790	15,891	93,295	4,522	△72	△82	△64	△48
	3.0〜5.0	61,068	8,763	60,667	3,235	△63	△75	△50	△28
	5.0〜7.0	14,436	2,320	17,785	1,061	△54	△66	△39	△20
	7.0〜10.0	5,996	962	8,887	580	△40	△52	△29	12
	10ha以上	3,214	559	6,106	512	△8	△27	13	100
専・兼業別	専業	902,149	80,742	796,220	22,144	△73	△81	△69	△64
	兼業	481,319	70,761	476,688	23,019	△67	△77	△61	△45
	第1種兼業	224,642	37,674	164,976	9,333	△75	△83	△68	△57
	第2種兼業	256,677	33,087	311,712	13,686	△59	△69	△52	△35
営農形態別	稲作	787,451	92,531	648,299	23,697	△74	△82	△70	△64
	果樹	143,362	19,191	145,236	7,131	△63	△73	△55	△48
	特用作物	238,291	3,130	230,011	838	△73	△79	△72	△59
	野菜	37,647	20,282	27,883	6,687	△67	△78	△60	△51
	花卉	8,091	793	10,196	468	△41	△53	△26	4
	畑作	91,930	7,611	125,513	2,892	△62	△73	△56	△52
	畜産	72,173	7,522	82,283	3,348	△55	△65	△45	△28
	その他	4,523	443	3,487	102	△77	△85	△76	△53

出所：韓国統計庁『農業総調査』，2000年，2005年．

　まず，耕地規模別では3ha未満階層で約7割の農家が減少しており，特に，後継者年齢が30歳未満の若年層の減少率が大きい．年齢階層別では若いほど減少率が大きく，大規模であるほどその減少率は少ない傾向が見られる．一方，10ha以上階層ではむしろ30歳以上の営農後継者数が増加しており，大規模階層では営農後継者の離農があまり進んでいないことがわかる．

　専・兼業別では，兼業農家（△67%）よりむしろ専業農家（△73%）での減少率が大きく，30歳未満層では8割以上の減少がみられた．一方で，兼業農家のなかでは，第1種兼業農家（△75%）の方が第2種兼業農家

表1-9　営農形態別の農業所得（2005年）

(単位：千ウォン)

区分	稲作	果樹	野菜	特用作物	花卉	畑作	畜産	その他
農業所得	9,808	19,681	14,198	29,730	28,775	7,211	31,802	8,302
稲作＝1	1.0	2.0	1.4	3.0	2.9	0.7	3.2	0.8

出所：韓国統計庁『農家経済統計』，2005年．
注：稲作を1として，指数で示した．

（△59％）より減少率が大きい．農外所得源を確保している農家であるほどむしろ離農が進んでいないという現象がみられる．

最後に，営農形態別では，その他作物（△77％），稲作（△74％），特用作物（△73％）で後継者のいる農家の減少率が大きく，しかも40歳未満の階層で高い減少率を見せている．一方，花卉（△41％），畜産（△55％）では他の営農形態に比べて相対的に減少率が低く，若年層の減少率も低い．むしろ，花卉の場合は40歳以上の階層で増加している．すなわち，農業所得の比較的高い野菜，特用作物，花卉，畜産部門では営農後継者が比較的確保されている（表1-9）が，その一方で，稲作，畑作などは営農後継者のいる農家の減少率が高いことから，土地利用型農業において担い手の確保が大きな課題となっていることがわかる．

(6) 新たな担い手としての農業法人

韓国農政では，農業生産の協業化を通じて経営規模を拡大するとともに，農業生産のみならず，流通・加工・販売等の関連事業を営むことで付加価値を創出するアグリビジネス経営体を育成する，農業経営の法人化を政策的に推進してきた．

1986年のガット・ウルグアイラウンドで農産物も交渉対象になったことで，韓国でも農産物市場の開放に対応した国内農業の強化という観点から，小規模家族経営に代替する協業的・企業的な農業経営体の育成を掲げ，1990年に農業法人制度を導入した．当初の制度では営農組合法人と委託営農会社（後に農業会社法人）が認められていた．このうち，営農組合法人は小規模

表 1-10　農業法人数の動向（2001-10 年）

(単位：法人，%)

区分	2001 年 法人数	割合	2005 年 法人数	割合	2010 年 法人数	割合
農業法人	5,528	100	5,626	100	9,793	100.0
営農組合法人	3,919	70.9	4,293	76.3	8,107	82.8
農業会社法人	1248	22.6	967	17.2	1,633	16.7
一般会社法人	83	1.5	88	1.6	53	0.5
その他	278	5.0	278	4.9	—	—

出所：韓国統計庁『農漁業法人事業体調査』，各年度．
注：「その他」は，国，自治体，生産者団体が運営する法人が該当するが，2010 年から調査対象から除外された．

の零細農家を中心とする協業経営体であると規定され，当時は事業内容が農業生産のみに制限されていた．また，委託営農会社は農外就業農家と高齢農家の労働力不足に対応した営農代行組織と規定されていた．しかし，その後 3 度にわたる農業法人制度の改定により，委託営農会社は農業会社法人へ改称され，事業範囲も農産物の流通・加工・販売にまで広げられ，現在では営農組合法人と農業会社法人の事業範囲の差異はなくなっている．

一方，韓国農政における法人化の推進は，政府主導的な農業法人の育成でもあったため，補助金を受けることを目的に形式だけ法人化した農業法人が急増する問題も発生した．例えば，農漁業法人事業体統計（2006 年）で把握されている 5,308 法人のうち，出資者が個別に運営しており，実質的には政府の法人制度に含まれない法人が 1,651 法人もあり，全体の 31% を占めている[1]．こうした現象は次第に改善されつつあるが，2010 年においても 14% で未だに存在している．

近年の農業法人の動向について見ると（表 1-10），2010 年に運営されている農業法人数は 9,793 法人で，2001 年の 5,528 法人からその数は右肩上がりの増加を見せている．法人形態としては営農組合法人（82%）が主流となっており，毎年の設立数も増加傾向にある．一方，農業会社法人は 2001 年からその割合が減少傾向をみせている．その要因は，加工販売と流通販売の事業形態の法人が増加したにもかかわらず，営農代行を含む農業サービス事業

表 1-11 事業類型別農業法人数 (2005-10 年)

(単位：法人，%)

区 分	合計	農業生産	農業生産以外				
				加工販売	流通販売	農業サービス	その他事業
2001 年	3,146	1,411 45%	1,735 55%	337 11%	339 11%	633 20%	426 14%
2005 年	3,549	1,545 44%	2,004 56%	498 14%	540 15%	326 9%	640 18%
2010 年	8,361	3,112 37%	5,249 63%	1568 19%	1,730 21%	613 7%	1338 16%

出所：韓国統計庁『農漁業法人事業体調査』，各年度．
注：1)「農業生産」には作物栽培および畜産，「農業サービス」には営農代行を含む．
　2) 出資者が個別に運営する法人は除く．

表 1-12 常時雇用者数別の農業法人数 (2010 年)

(単位：法人，%)

区分	法人数	4 人以下	5～9	10～49	50 人以上
2010 年	8,361 100%	5,276 63.1%	2,189 26.2%	855 10.2%	41 0.5%

出所：韓国統計庁『農漁業法人事業体調査』，2010 年．

を営む法人がそれ以上に減少したためである．

　次に，全農業法人数から出資者が個別に運営する法人を除いた農業法人を事業類型別に見ると（表 1-11），農業生産を主要事業とする法人の割合は，2001 年の 45% から 10 年の 37% へ減少した．その一方で，農業生産以外の法人数の割合は増えており，なかでも流通販売と加工販売を主要事業とする法人数が著しく増加し，2001 年から 2010 年の間に実数で 5 倍以上も増加し，加工・流通事業に取り組む農業法人が主流になりつつある．

　農業法人の事業規模を把握するため常時雇用者数別に区分してみると，50 人以上の法人は 0.5% で少なく，4 人以下の法人が全体の 63.1%，5～9 人が 26.2% で，常時雇用者数が 10 人未満の法人が全体の 9 割近くを占めており，その経営規模は大きくはないことがわかる（表 1-12）．

　経営面については，全体の年間売上高が 2001 年の 2 兆 600 億ウォンから 2010 年には 12 兆 8,720 億ウォンへおおよそ 6 倍も増加しており，1 法人当

たり年間売上高も 2001 年の 11 億 2 千万ウォンから 2010 年の 17 億 3 千万ウォンへ 1.5 倍ほど増加した．また，従業員の数においても 2001 年の常時雇用者数 17,820 人から 2010 年には 41,742 人へ 2 倍以上増加しているなど，経営規模は零細でありながらも雇用面でも一定の役割を果たしている．

こうした農業法人は，農村の高齢化に対応した営農代行などの農業サービスを行う家族経営のサポート・補完組織として，また一方では，農家の協業化によって加工・流通部門のアグリビジネスを営む組織経営体として位置づけられており，今後の担い手として期待されている．

3. 水田農業の構造変化

(1) 水田保有農家の動向

前節では韓国農業全般について述べてきたが，以下では韓国農業の根幹である水田農業に焦点を絞って分析を進めていく．

全農家のうち，水田を保有している農家は，2000 年の 107 万 8,442 戸から 2010 年には 78 万 3,845 戸へ 27.3% 減少した．減少した農家の特性をつかむために，営農形態別，経営主年齢別，専業・兼業別，営農従事年数別，売上高別に農家戸数を示したものが表 1-13 である．

まず，営農形態別では，2000 年から 2010 年にかけて稲作農家（農業収入のうち，稲作による収入が最も高い経営）は 73.0% から 66.7% へ減少した．その一方で，花卉（△81.6%）やその他（△53%），畜産（△35.9%）の営農形態は増加していることから，水田保有農家のうち，花卉や畜産など新しい作物や事業部門を取り入れる農家が増えていることが推察できる．

経営主年齢別では，20 代以下，30 代，40 代の若い階層であるほど減少率が大きく，増加した階層は 70 代以上のみである．2010 年は 60 代以上の高齢階層が 6 割以上を占めており，40 代までの若年層は 13% に過ぎないことから，水田保有農家では若年層の稲作離れが進み，担い手の確保が課題となっていることがわかる．

表 1-13 水田保有農家の特性 (2000-10 年)

(単位：戸，%)

区分		2000 年 農家数	割合	2005 年 農家数	割合	2010 年 農家数	割合	2000-10 年 増減率
水田保有農家全体		1,078,442	100	938,136	100	783,845	100	△27.3
営農形態別	稲作	787,451	73	648,299	69	523,133	67	△33.6
	果樹	68,617	6	64,924	7	65,825	8	△4.1
	特用作物	22,723	2	14,970	2	12,577	2	△44.7
	野菜	13,926	12	120,393	13	102,647	13	△22.2
	花卉	1,879	0	2,174	0	3,413	0	81.6
	一般畑作物	27,437	3	38,430	4	23,698	3	△13.6
	畜産	36,323	3	47,338	5	49,360	6	35.9
	その他	2,086	0	1,608	0	3,192	0	53.0
経営主年齢別	20 代以下	5,196	0.5	1,477	0.2	849	0.1	△83.7
	30 代	58,664	5.4	25,704	2.7	17,612	2.2	△70.0
	40 代	177,335	16.4	127,921	13.6	83,251	10.6	△53.1
	50 代	275,776	25.6	219,625	23.4	181,095	23.1	△34.3
	60 代	391,622	36.3	332,652	35.5	243,119	31.0	△37.9
	70 代	152,759	14.2	208,606	22.2	225,766	28.8	47.8
	80 代以上	17,090	1.6	22,151	2.4	32,153	4.1	88.1
専業・兼業別	専業	722,295	67.0	608,159	64.8	435,212	55.5	△39.7
	兼業	356,147	33.0	329,977	35.2	348,633	44.5	△2.1
	第 1 種兼業	183,432	17.0	127,124	13.6	141,698	18.1	△22.8
	第 2 種兼業	172,715	16.0	202,853	22	206,935	26.4	19.8
営農従事年数別	5 年未満	29,560	2.7	23,387	2.5	24,205	3.1	△18.1
	5〜10	36,062	3.3	35,078	3.7	34,182	4.4	△5.2
	10〜15	52,509	4.9	45,418	4.8	46,324	5.9	△11.8
	15〜20	48,695	4.5	30,717	3.3	27,217	3.5	△44.1
	20 年以上	911,616	84.5	803,536	85.7	651,917	83.2	△28.5
売上高別	販売なし	55,674	5.2	71,922	7.7	62,825	8.0	12.8
	100 万ウォン未満	135,106	12.5	106,501	11.4	81,687	10.4	△39.5
	100〜1000 万	541,805	50.2	454,768	48.5	378,803	48.3	△30.1
	1000〜3000 万	278,564	25.8	214,766	22.9	163,581	20.9	△41.3
	3000〜5000 万	46,739	4.3	53,764	5.7	48,852	6.2	4.5
	5000 万〜1 億	16,321	1.5	27,755	3.0	34,016	4.3	108.4
	1〜2 億	3,449	0.3	6,426	0.7	10,136	1.3	193.9
	2 億ウォン以上	784	0.1	2,234	0.2	3,945	0.5	403.2

出所：韓国統計庁『農林漁業総調査』，各年度．

専・兼業別では，専業農家の減少率が39.7%で著しい一方で，兼業農家の減少率は2.1%と少ない．しかも兼業農家の中では，第1種兼業農家が22.8%減少する一方で，第2種兼業農家は逆に19.8%増加した．こうした第2種兼業農家の増加は，稲作を専業としていた農家あるいは第1種兼業農家の第2種兼業農家への転換を示すものである．

　営農従事年数別では，従事年数5年未満の農家は新規就農した農家階層を示すものであるが，2000年から年間平均2万5,000戸の農家が稲作に参入している．一方，営農従事年数が15年以上のベテラン農家で減少率が高いことは，高齢による引退農家の影響であろう．しかし，ベテラン農家が稲作以外の作目を取り入れて，稲作離れが進行している面もある．

　売上高別では2010年現在，農家の85%以上が年間売上高3,000万ウォン以下の零細規模であるが，こうした零細規模の農家階層で30%以上の高い減少率を見せている．一方，3,000万ウォン以上の比較的売上高が高い農家階層では増加傾向を見せており，特に2億ウォン以上の大規模経営では2000年の784戸から2010年の3,945戸へ大幅に増加した．すなわち，年間売上高が3,000万ウォン未満の零細規模層で農業離れが多く進んでいるが，その一方で2000年以降から米価が下落したことを考慮すると，稲作の面的規模を拡大する農家や，稲作以外の事業部門を導入する農家がさらに増加していると考えられる．

(2) 水田面積規模別農家数と水田面積の推移

　2010年の水田面積規模別の農家数（表1-14）をみると，1ha未満階層が全体の73.4%，1～3ha階層が20.1%で，3ha未満階層が全体の9割以上を占めており，韓国でも零細農家の割合が圧倒的に多い．1990年から2010年まで20年間の農家数の変動をみると，戸数全体で48%減少しているなか，1ha未満層では3割，1～3ha層では7割も減少しており，中間階層の減少が著しい．その一方で，3ha以上の規模階層は31.7%ほど増加している．

　こうした3ha未満階層の減少により，流動化された農地がどの階層に移

表 1-14　水田面積規模別農家数（1990-2010 年）

(単位：戸，%)

水田面積規模別	1990 年 農家数	割合	1995 年 農家数	割合	2000 年 農家数	割合	2005 年 農家数	割合	2010 年 農家数	割合	1990-10 年 増減率
合計	1,507,926	100	1,205,049	100	1,078,442	100	938,136	100	783,845	100	△48.0
1.0ha 未満	834,611	55.3	646,314	53.6	785,292	72.8	682,572	72.8	575,188	73.4	△31.1
1.0～2.0	513,019	34.0	382,565	31.7	202,408	18.8	161,114	17.2	121,805	15.5	△76.3
2.0～3.0	121,689	8.1	113,553	9.4	49,878	4.6	43,392	4.6	36,006	4.6	△70.4
3.0～5.0			49,251	4.1	29,349	2.7	32,614	3.5	28,908	3.7	
5.0～7.0	38,607	2.6			7,100	0.7	10,145	1.1	10,413	1.3	31.7
7.0～10.0			13,366	1.1	3,042	0.3	5,166	0.6	6,495	0.8	
10.0ha 以上					1,373	0.1	3,133	0.3	5,030	0.6	

出所：韓国統計庁『農業総調査』，各年度．
注：1) 2000 年，2005 年のデータは農業総調査原資料を再集計したものである．
　　2) 1990 年，1995 年のデータは個別農家以外に，準農家（学校，政府機関，宗教団体，企業その他）666 戸，574 戸も含まれている．
　　3) 1990 年の最大面積規模は 3ha 以上，1995 年は 5ha 以上と設定されている．

表 1-15　水田面積規模別農家の水田稲作面積（1990-2005 年）

(単位：ha，%)

水田面積規模別	1990 年 面積	割合	1995 年 面積	割合	2000 年 面積	割合	2005 年 面積	割合	1990-05 年 増減率
合計	1,194,089	100	1,067,253	100	998,558	100	948,345	100	△20.6
1.0ha 未満	359,563	30	272,271	26	383,426	38	325,085	34	△9.6
1.0～2.0	511,024	43	375,534	35	292,176	29	235,288	25	△54.0
2.0～3.0	208,867	17	193,491	18	122,892	12	107,979	11	△48.3
3.0～5.0			137,623	13	111,519	11	124,856	13	
5.0～7.0	114,635	10			42,315	4	61,103	6	144.2
7.0～10.0			74,893	7	25,614	3	44,138	5	
10.0ha 以上					20,616	2	49,898	5	

出所：表 1-1 と同じ．
注：1990 年の最大面積規模は 3ha 以上，1995 年は 5ha 以上と設定されている．

転されたかについて確認するため，水田面積規模別の水田耕作面積の動きをみると（表 1-15），3ha 以上階層の水田耕作面積が 1990 年の 11 万 4,635ha（10%）から 2005 年には 27 万 9,994ha（30%）へ 16 万 5,359ha 増加している．これは同期間の 3ha 未満階層の減少面積 41 万 1,193ha の 40% に当たる．
　こうした結果，2005 年には全農家の 6.4% に当たる 3ha 以上の農家が全

水田面積の 30％ を耕作しており，近年では大規模農家への農地集積の傾向が確認できる．これは，1980 年から 90 年の零細農家の減少にもかかわらず，流動した農地が大規模農家階層に集中されず，10ha 以上の大規模農家が出現するまでには至らなかった状況[5]とは異なる新しい動きである．

(3) 農地賃貸借の動向

　こうした大規模農家への農地集積は，そのほとんどが賃貸借によるものである．1990 年から 2005 年まで全水田面積のうち，借地として流動化した面積は，1990 年の 28％ から 2000 年の 36％，2005 年の 39％ へと増加している．しかし，表 1-16 の規模階層別の借地面積の割合をみると，1990 年はすべての階層で 23〜39％ が借地であることから，耕地規模に関係なく全階層で借地による規模拡大が行われたことが読み取れる．全階層の農家が賃貸借の借り手になったというわけであるが，その要因は農業以外の所得を得る機会が乏しい農村において，所得減少をカバーするため生産規模の拡大を選択する傾向が強かったためである．しかし，離農や引退により市場に出る借地をめぐる競争が，むしろ水田の借地料金の上昇を招く結果となった．例えば，2009 年の韓国全羅北道金堤市における水田借地料の水準は，生産量の約 48％ となっており，きわめて高い水準となっている．もう 1 つの要因は，1990 年半ばに行われた農業機械化政策である．1993 年から施行された「農業機械半額供給事業」によって，耕地規模等の制限なしにすべての農家を対象に，農業機械購入金額の半分を補助したため，機械の適正稼働率を満たさ

表 1-16　規模階層別借地面積の割合（1995-2005 年）

（単位：％）

区分	全体借地割合	1ha 未満	1〜3	3〜5	5〜7	7〜10	10ha 以上
1990 年	28	23	29	39			
2000 年	36	22	39	49	56	60	65
2005 年	39	22	40	53	60	62	64

出所：表 1-1 と同じ．
注：1990 年の KOSIS では水田面積規模別区分が最大 3ha 以上と設定されているため 3.0ha 以上を示す．

表 1-17　規模階層別水田農家の借地率別農家割合（1995-

区分	農家数 1995	農家数 2010	所有地100% 1995	所有地100% 2010	増減	借地率～25% 1995	借地率～25% 2010	増減	借地率25～50% 1995	借地率25～50% 2010	増減
全体	1,205,049	783,845	63	58	△4	3	4	1	9	11	2
0.5ha 未満	268,662	368,911	79	79	0.4	1	1	0.4	3	4	1
0.5～1.0	377,652	206,277	62	62	△1	3	4	2	9	12	3
1.0～3.0	496,118	157,811	43	38	△5	7	9	2	16	18	2
3.0～5.0	49,251	28,908	21	20	△1	20	8	△12	23	18	△4
5.0～7.0	13,366	10,413	12	15	2	34	7	△26	22	18	△4
7.0～10		6,495		12			7			15	
10ha 以上		5,030		12			7			13	

出所：韓国統計庁『農林漁業総調査』，1995年，2010年．
注：1995年の KOSIS では水田面積規模別区分が最大5ha以上とされているため，5ha以上農家を示す．

表 1-18　賃貸農家と地主の特性（1995-2007年）
(単位：%)

区分		1995年	1998年	2002年	2005年	2007年
農家	計	27	20	20	21	21
	在村	24	17	18		
	不在	2	3	2		
非農家	計	65	70	71	62	61
	在村	27	37	36		
	不在	38	33	35		
国公有地		3	4	3	5	4
農村公社		—	—	—	2	2
社会団体		1	1	1		
その他		4	5	7	11	11

出所：国立農産物品質管理院『農地賃貸借調査結果』，1995-2002年．
　　　韓国統計庁『農地賃貸借調査結果』，2005，2007年．
注：各年度の調査農家数は，1995年，3,072戸，1998年3,140戸，2002年3,140戸，2005年以降から3,200戸を対象に調査した結果である．

ない中小規模の農家においても農業機械を導入するケースが多くなり，採算を取るため作業委託および借地に対する需要が高まった．

　こうした借地面積の増加傾向は，2000年と2005年にも続いているが，近年では経営耕地規模が大きい農家であるほど借地面積率が高い傾向が強まっており，大規模階層への水田集積傾向がみられる．これに関連して，規模階

2010年)
(単位：戸，％)

借地率50〜75%			借地率75%〜		
1995	2010	増減	1995	2010	増減
10	8	△2	15	18	3
4	2	△1	14	14	△0.1
2	8	△4	14	14	△0.1
18	16	△2	16	19	3
18	22	3	18	32	14
13	23	9	19	38	19
	23			43	
	21			47	

層別に借地率別農家の割合をみると（表1-17)，1ha未満の階層を除くすべての規模階層において，借地率が高い農家の割合が多くなっているものの，特に借地率75％以上の農家割合が5〜7haの規模階層では，1995年の19％から2010年の38％へ大きく増加し，10ha以上層でも2010年には47％になる等，大規模階層へ水田が集積されつつあることが確認できる．

次に水田の貸し手である地主の特性についてみると（表1-18)，まず，非農家の割合が圧倒的に多いことがわかる．2002年の71％から2007年の61％へ減少したとはいえ，未だ6割以上を占めている．地主が農地を賃貸した理由を見ると，離農が23％で最も多く，次いで労働力不足21％，相続・譲与14％，在村離農11％の順となっている（表1-19)．

こうした非農家の農地所有割合が高いのが韓国農業の特徴ともいわれているが，そうした背景には離農形態と農地法が関連している．1950年代の農地改革以後，農地法がすぐに制定されず[6)]，その間に農地所有が農民に限定されていなかったため，農村を離れ都市へ移住して非農家になった後も農地

表1-19 賃貸農家（地主）の水田貸出理由（2007年）

(単位：％)

水田規模別	労働力不足	相続・贈与	在村脱農	離農	帰農準備	その他
全体	21	14	11	23	2	29
0.5ha未満	11	20	6	24	2	38
0.5〜1.0	16	21	9	24	2	28
1.0〜1.5	19	17	10	27	2	25
1.5〜2.0	16	16	14	20	4	31
2.0〜3.0	17	20	13	23	3	24
3.0〜5.0	21	12	10	27	3	26
5.0ha以上	27	6	9	20	1	36

出所：韓国統計庁『農地賃貸借調査結果』，2008年．

(ウォン)

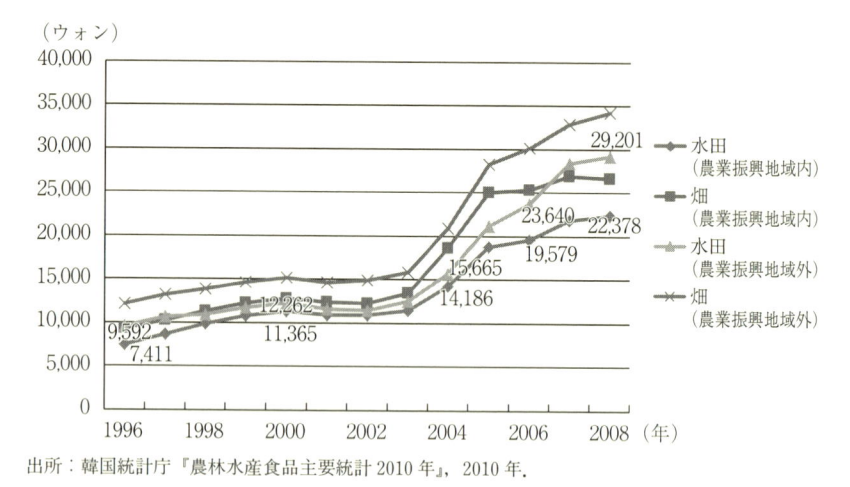

図 1-2　農地価格の動向（1996-2008 年）

出所：韓国統計庁『農林水産食品主要統計 2010 年』，2010 年.

を所有し続けることが可能になった．その代わり，農村に残した農地を親戚や知人関係等の在村農家へ賃貸するケースが普遍的に行われたため，不在地主の多い構造が形成されたのである．一方，近年になると，経営主の高齢化が進み，在村する高齢農家からの賃貸地が増加している．こうした不在地主の農地は，将来の農地価格上昇に対する期待によって保有されるもので，長

表 1-20　10ha 以上の大規模稲作農家

区分	2000 年					2005 年		
	農家数	1戸当たり面積	水田面積	所有地	借地	農家数	1戸当たり面積	水田面積
10～20ha 未満	1,238	13.2	16,395	5,871	10,523	2,722	13.5	36,786
20～30ha	94	24.1	2,269	734	1,535	277	24.3	6,720
30～40ha	24	34.6	831	115	716	81	35.0	2,831
40～50ha	9	44.1	397	174	222	24	46.3	1,112
50～100ha	5	66.7	334	60	274	23	65.6	1,510
100ha 以上	3	130.0	390	251	139	6	156.5	939
合計	1,373	15.0	20,616	7,206	13,410	3,133	15.9	49,898
割合			100	35.0	65.0			100

出所：2005 年農業総調査個票データを再集計した結果．

期安定的な農地賃貸という性格が欠けたものである．図1-2を見ると，1996年以降，農業振興地域内外の水田と畑の農地価格は右肩上がりに上昇しているが，さらに2003年以降は急上昇している．農地価格の上昇は資産価値として農地を保有し続ける地主の増加を促す要因となる．現在，高齢農家の後継者となる子息のほとんどは，都市部に居住する非農家が多いことから，今後も不在地主による賃貸借は続くものと思われる．

また，都市居住者（非農家）の場合でも，農村公社と長期賃貸契約を結べば，農地を購入して所有することが可能である[7]．しかし，高水準の農地価格が続いているために，この中には転用機会を狙う農地所有が相当部分を占めていると思われる．

なお，農地の賃貸借と関連して付記しておくと，直接支払金を受け取る資格は耕作者に限るという法律があるにもかかわらず，借地に対する一定以上の需要が存在するため地主がパワー優位であるケースが多く，直接支払金の一部あるいは全額を地主が受け取るケースも多い．

(4) 大規模稲作農家の現況と特徴

耕地面積が10ha以上の大規模稲作農家の現況を詳しくみるために，2000

の耕地面積（2005年）

（単位：戸，ha，％）

				2000-05年の増減率（％）	
所有地	借地	農家数	水田面積	所有地	借地
13,177	23,610	120	124	124	124
2,341	4,379	195	196	219	185
1,109	1,722	238	241	867	140
311	800	167	180	79	260
512	998	360	353	756	264
416	523	100	141	66	277
17,866	32,032	128	142	148	139
35.8	64.2			0.8	△0.8

表 1-21　10ha 以上の大規模稲作農家の特性（2005 年）

(単位：戸，%)

区分		10ha 以上農家 農家数	10ha 以上農家 割合	稲作全体割合	区分		10ha 以上農家 農家数	10ha 以上農家 割合	稲作全体割合
農家数		3,133	100		農家数		3,133	100	
専業兼業別	専業農家	2,299	73.4	64.8	経営主教育水準別	学歴なし	102	3.3	17.2
	第1種兼業	777	24.8	13.6		小卒	721	23.0	39.7
	第2種兼業	57	1.8	22.0		中卒	831	26.5	17.3
営農形態別	稲作	3,039	97.0	69.0		高卒	1,223	39.0	19.8
	果樹	6	0.2	7.0		専門学校卒	113	3.6	1.7
	特用作物	12	0.4	2.0		大卒以上	143	4.6	4.3
	野菜	36	1.1	13.0	地域別	広域市	109	3.5	6.1
	花卉	2	0.1	0.0		京畿道	405	12.9	11.1
	畑作	4	0.1	4.0		江原道	103	3.3	6.0
	畜産	34	1.1	5.0		忠清北道	78	2.5	6.7
経営主年齢別	～20代	16	0.5	0.2		忠清南道	636	20.3	12.8
	30代	235	7.5	2.7		全羅北道	875	27.9	9.6
	40代	1,318	42.1	13.6		全羅南道	675	21.5	15.6
	50代	1,063	33.9	23.4		慶尚北道	124	4.0	17.0
	60代	390	12.4	35.5		慶尚南道	128	4.1	12.3
	70代～	111	3.5	24.6		済州島	0	0.0	2.8

出所：表 1-20 と同じ．
注：広域市にはソウル特別市，釜山広域市，大丘広域市，仁川広域市，光域市，大田広域市，蔚山広域市が含まれる．

年と 2005 年の農業センサス個票データを再集計した．その結果をみると，耕地面積は所有地 36%，借地 64% で構成されている（2005 年，表 1-20）．また，耕地規模別では 2000 年と 2005 年の両年度とも 10～20ha 階層の耕作面積が全体の 7 割以上を占めるなか，50ha 以上および 100ha 以上規模の農家階層が増加している．そして 10ha 規模以上の農家数は 2000 年に比べると 1,373 戸から 3,133 戸へ増加しており，その増加率は 128% である．

10ha 以上の大規模農家の特性についてみると（表 1-21），73.4% が専業農家で，営農形態別には稲作が 97% を占めている．また，経営主年齢別では 40 代が 42.1%，50 代が 33.9% で全体の 76% を占めていることから，10ha 以上の大規模農家は比較的年齢層が若く，稲作による所得が中心である農家で構成されていることがわかる．また，経営主の教育水準も稲作農家

全体の平均より高卒，専門大学校卒の割合が高く，学歴面において平均より上位に該当する農家が多く含まれていることから，今後の担い手として期待できると思われる．

なお，地域別には，大規模稲作農家は穀倉地として代表的な地域である全羅北道27.9％，全羅南道21.5％，忠清南道20.3％に多く分布している．

(5) 稲作農家の経営収支

稲作農家の経営収支をみると（表1-22），2010年の農業収益率は35％で2005年の49％より減少しており，農家所得に占める農業所得の割合も43％から35％へ減少した．その結果，農業所得の家計費充足度は2005年の46％から2010年には34％へ低下し，稲作農家は農業所得だけでは家計費を賄えない状況にある．

こうした状況のなかで特徴的な点は，2010年の農家所得に占める移転所得が32％を占めており，2005年に比べてその割合が増加していることであ

表1-22 稲作農家の経営収支（2005年，2010年）

（単位：千ウォン，％）

区分	2005年	2010年
農家所得（A）	22,648	20,628
農業所得（B）	9,808	7,194
農業総収入（C）	19,907	20,409
農業経営費（D）	10,099	13,215
農外所得（E）	3,626	4,226
兼業所得（F）	853	1,007
事業外所得	2,773	3,219
移転所得（G）	4,705	6,531
非経常所得	4,510	2,677
家計支出（H）	21,247	21,112
農業収益率（B/C）	49	35
農業所得率（B/A）	43	35
農外所得率（E/A）	16	20
農家所得に占める移転所得比率（G/A）	21	32
農家所得に占める兼業所得比率（F/A）	4	5
農業所得の家計費充足度（B/H）	46	34

出所：韓国統計庁『農家経済統計』，2005年，2010年．

表1-23 稲作農家の米生産部門の経営収支 (1990-2010年)

(単位：ウォン, %)

区分	1990年	1995年	2000年	2005年	2010年
米農家販売価格（ウォン/80kg）	92,518	117,468	159,816	145,056	151,042
政府買上価格（ウォン/80kg）	111,410	132,680	161,270	140,245	142,852
総収入(A)	581,064	736,874	1,041,183	879,411	822,229
生産費(B)	385,851	411,975	537,833	587,895	614,339
経営費(C)	170,170	197,947	280,478	333,635	388,068
所得 (D: A−C)	410,894	538,927	760,705	545,776	434,162
純収益 (E: A−B)	195,213	324,899	503,350	291,516	207,890
所得率 (D/A)	70.7	73.1	73.1	62.1	52.8
純収益率 (E/A)	33.6	44.1	48.3	33.1	25.3
年平均米価の増減率		5.4	7.2	△1.8	0.8
年平均総収入の増減率		5.4	8.3	△3.1	△1.3
年平均生産費の増減率		1.4	6.1	1.9	0.9
年平均経営費の増減率		3.3	8.3	3.8	3.3

出所：農林水産食品部『農林水産食品主要統計2011』, 2011年.

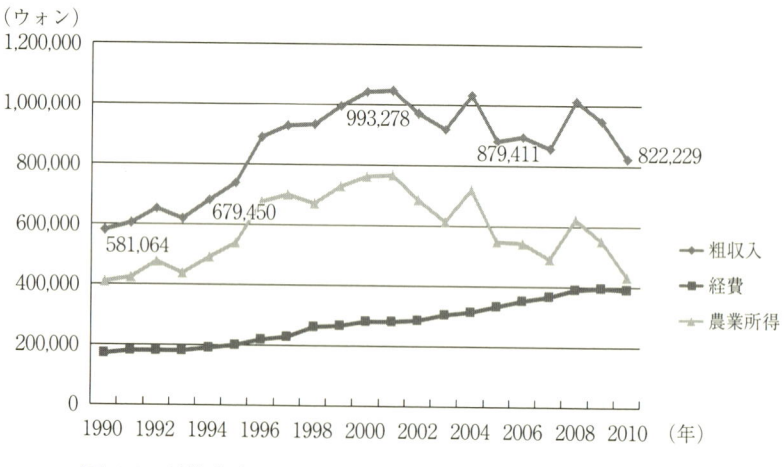

図1-3 稲作農家の米生産部門の経営収支推移 (1990-2010年)

る．移転所得とは公的補助金（米直接支払金や親環境直接支払金等の補助金）と年金など，そして出稼ぎや独立した親戚・家族からの生活補助金としての私的補助金であるが，7割以上が公的補助金で構成されている．

稲作農家の米生産部門に限定して経営収支をみると（表1-23，図1-3），所得率が1990年の70.7%から2010年には52.8%へ減少している．純収益率も同じく減少しているが，こうした傾向の要因としては，米価下落と生産費増加が挙げられる．農家の米販売価格は2000年まで右肩上がりであったが，2008年に気象条件の悪化による凶作の影響で米価が一時的に上昇する傾向があったものの，全体的に減少傾向を見せている．また，経営費の年間増加率は1995年から2000年の間で年間8.3%という高い増加率を記録した．

表1-24は韓国の米生産費における土地用役費の大きさを示すために，日本の米生産費と比較したものである．表に示されている通り，韓国の土地用

表1-24　韓国と日本の米生産費（2010年）

(単位：ウォン，円，%)

生産費項目		韓国		日本	
		金額	割合	金額	割合
直接生産費	小計	371,513	60.5	119,968	83.5
	種苗費	12,719	2.1	3,396	2.4
	肥料費	47,982	7.8	9,388	6.5
	農薬費	29,057	4.7	7,413	5.2
	その他材料費	11,885	1.9	1,924	1.3
	営農光熱費	5,130	0.8	4,059	2.8
	農具費	45,841	7.5	31,041	21.6
	営農施設費	1,025	0.2	6,852	4.8
	水利費	420	0.1	―	―
	土地改良および水利費	―	―	4,853	3.4
	労働費	100,335	16.3	36,707	25.5
	委託営農費	111,961	18.2	11,623	8.1
	その他費用	5,158	0.8	2,712	1.9
間接生産費	小計	242,826	39.5	23,743	16.5
	土地用役費	214,576	34.9	16,779	11.7
	資本用役費	28,250	4.6	6,964	4.8
生産費合計		614,339	100.0	143,711	100.0
副産物生産費		20,173		2,185	
副産物共済生産費		594,166		141,526	

出所：韓国統計庁『米生産費調査2010年』，日本農林水産省『農業経営統計調査2010年』．
注：1）日本の場合，その他費用には物件税および公課諸負担と生産管理費が含まれる．
　　2）日本の委託営農費には賃借料および料金項目が該当する．

(ウォン)

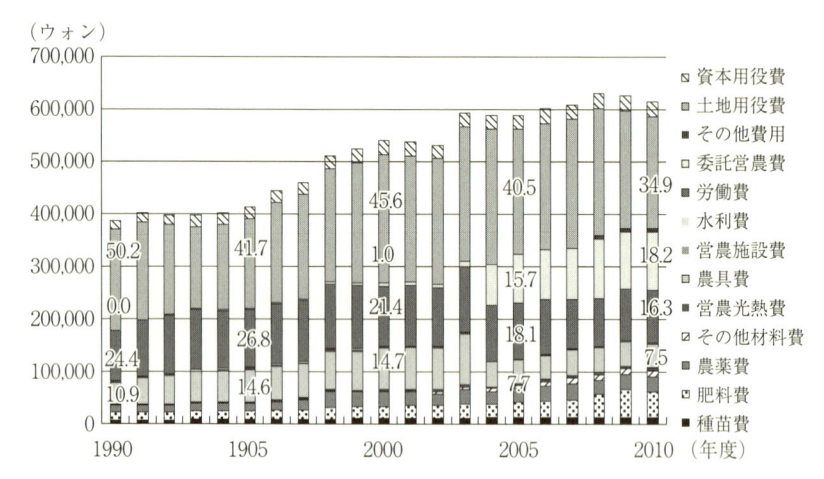

出所:韓国統計庁『米生産費調査』,各年度.

図1-4 米生産費の構成比別の動向(1990-2010年)

役費は全生産費の34.9%を占める一方,日本は11.7%で,韓国の方が日本の3倍以上も高い.こうした高借地料水準になった背景としては,①離村・離農する際に親戚や知人,近隣農家に貸し出すケースが多かったが,両者とも零細農家であったため,相互扶助という意味で高い借地料が設定された[22],②農業以外の収入源が乏しい農村地域で市場に出回る農地が少ないのに対し需要は多く,借地獲得において競争が激しかったため借地料が高くなった,などと指摘されている.

なお,この表が示すもう1つ特記すべき点は,韓国の場合,農具費が7.5%,委託営農費が18.2%であるのに対し,日本の場合は21.6%,8.1%である.これは韓国の稲作農家は農業機械を所有せず,機械保有農家や営農代行業者に委託する傾向があるのに対し,日本では稲作農家が農業機械を自分で所有して農作業を行っていることを示している.これについては作業受委託関係の項で詳述する.

こうした高い土地用役費は,これまで韓国の稲作において規模の経済性の成立を妨げる大きな要因であった.米生産費に占める土地用役費の割合を年

第1章 韓国における水田農業の構造変化　51

表 1-25 水田規模階層別の 10a 当たり生産費指数動向（1990-2010 年）

区分	規模階層	総生産費指数	直接生産費指数	間接生産費指数	うち土地用役費指数
1990 年	0.5ha 未満	1.00	1.00	1.00	1.00
	0.5～1.0	0.97	0.92	1.02	1.03
	1.0～1.5	0.94	0.83	1.05	1.07
	1.5～2.0	0.94	0.82	1.05	1.07
	2.0ha 以上	0.90	0.75	1.05	1.06
2000 年	0.5ha 未満	1.00	1.00	1.00	1.00
	0.5～1.0	0.95	0.91	1.01	1.02
	1.0～1.5	0.95	0.87	1.05	1.06
	1.5～2.0	0.95	0.85	1.08	1.09
	2.0～2.5	0.98	0.82	1.18	1.21
	2.5～3.0	0.99	0.80	1.22	1.25
	3.0～5.0	0.94	0.74	1.18	1.20
	5.0ha 以上	0.93	0.71	1.21	1.23
2010 年	0.5ha 未満	1.00	1.00	1.00	1.00
	0.5～1.0	0.96	0.93	1.03	1.04
	1.0～1.5	0.92	0.85	1.05	1.07
	1.5～2.0	0.92	0.83	1.09	1.11
	2.0～2.5	0.88	0.78	1.09	1.11
	2.5～3.0	0.87	0.76	1.09	1.13
	3.0～5.0	0.88	0.77	1.11	1.11
	3.0～5.0	0.91	0.69	1.34	1.37
	7.0～10.0	0.84	0.72	1.07	1.12
	10.0ha 以上	0.75	0.57	1.12	1.17

出所：韓国統計庁『米生産費調査』，各年度．
注：0.5ha 未満階層の生産費を基準に指数で示した．

次別にみると（図 1-4），1990 年の 50.2％ から減少と増加を繰り返しながら，2000 年に 45.6％ の1つの山をみせた後，減少傾向を見せているものの，未だ 34.9％ の高い割合を占めている．

土地用役費と規模の経済性との関連性をみるために，各年度の 0.5ha 未満層の生産費を基準（＝1）とした各規模階層の直接生産費，間接生産費ならびに土地用役費の指数を示した（表 1-25）．1990 年から 2000 年までは直接生産費の最小規模階層と最大規模階層の差は 0.25 と 0.29 であったが，生産費合計では 1990 年は 0.1，2000 年は 0.07 に過ぎなかった．その原因となっ

たものが間接生産費，その中でも土地用役費の差であり，規模が大きいほど最小規模階層と最大規模階層間に間接生産費，その中でも土地用役費の大きな差が存在したため，直接生産費で低減された部分が相殺され，規模の経済が働きにくい状況にあった．

しかし，こうした状況は 2005 年以後になると解消しつつある．例えば，最小規模階層と最大規模階層の間の生産費合計の差は 2010 年には 0.25 で，大規模経営の有利性が表れつつある．ただし，これは主として直接生産費の減少によるもので，生産技術の進歩や機械化による省力化等が進んだ結果，大規模経営の直接生産費が低減されたためである．間接生産費は 2000 年の 0.21 から 2010 年の 0.12 へ格差が縮小し，土地用役費も 0.23 から 0.17 へ縮小しているもののまだその格差は大きい．

(6) 水田における作業受委託市場の動向

韓国では農業機械が普及し始めた 1970 年代ごろから，作業受委託が形成・進展してきた．韓国の農業センサスを用いて水田の作業委託の動向についてみると（表 1-26），1990 年から 2010 年の間に作業を委託している農家

表 1-26 作業別自作・委託営農の動向

区分	農家数	水田保有農家	耕うん・整地作業			田植作業		
			自家営農	委託営業	全面委託	自家営農	委託営業	全面委託
1990 年	農家数 (割合)	1,507,926 100	788,895 52	716,685 48	593,947 39	657,616 44	847,964 56	553,051 37
1995 年	農家数 (割合)	1,205,049 100	581,199 48	619,394 51	511,304 42	483,123 40	717,470 60	559,828 46
2005 年	農家数 (割合)	935,318 100	335,789 36	599,529 64	532,956 57	350,077 37	582,450 62	505,539 54
2010 年	農家数 (割合)	777,467 100	288,842 37	488,625 63	459,232 59	263,328 34	512,497 66	478,423 62

出所：韓国統計庁（KOSIS）農業総調査 1995 年，2005 年度．
注：1) 2005年農業総調査では稲刈りと脱穀を区分して調査しているが，ここでは稲刈りデータを用
2) 作業受委託有無については，2005 年 938,136 戸，2010 年 783,845 戸（前掲表 2-17）のうち，
3) 2010年の田植作業と農薬散布作業の場合，「作業しない」と答えた農家が 1,642 戸いたため，

戸数（部分・全面委託を含む）は，耕うん・整地作業では48%から63%へ，田植作業では56%から66%へ，収穫作業では60%から84%へと大きく増加している．他方で農薬散布作業は35%から31%へ減少傾向を見せている．すなわち，購入価格の高い農業機械の作業に関しては，機械を所有している農家に作業を委託し，農薬散布器のように購入価格が安いものに関しては自家所有しているのである．

こうした作業委託の委託面積を示したものが表1-27である．耕うん・整地作業と田植え作業は全水田面積の4割以上，収穫作業は7割を占めており，韓国では水田の作業委託が広範に行われていることがわかる．

近年では在村している多くの農家が高齢農家となり，農業以外に所得源がないために，農地を貸し出すより作業委託を選好する傾向がある．その理由は，農地を賃貸した場合は借地料のみが所得となるが，韓国で借地料が最も高い全羅北道金堤市の借地料でも生産量の48%で，この値が所有農地に対する所得率となる．一方で，2009年の米の生産所得率は58%で，借地の所得率より高い．また，作業委託の場合は，米価が下落しても米直接支払金によって一定の所得が補填される仕組みとなっているため，除草や水管理作業

(1990-2010年) (単位：戸，%)

農薬散布			収穫		
自家営農	委託営業	全面委託	自家営農	委託営業	全面委託
978,552	527,028	333,758	594,436	911,113	654,479
65	35	22	39	60	43
851,910	348,683	241,656	302,495	898,010	742,183
71	29	20	25	75	62
625,954	303,177	236,595	142,634	792,684	741,171
67	32	25	15	85	79
498,937	238,002	209,918	125,293	652,174	623,049
64	31	27	16	84	80

いた．
作業受委託有無について把握された農家のみが対象となっている．
合計数が全体農家数と一致しない．

表1-27 作業別自作・委託営農面積 (2000-05年)

	耕うん・整地 2000年 面積	割合	2005年 面積	割合	田植 2000年 面積	割合	2005年 面積	割合	収穫 2000年 面積	割合	2005年 面積	割合
自家営農	549,976	55	529,106	56	596,244	60	556,789	59	306,458	31	308,836	33
部分委託	42,400	4	50,547	5	38,053	4	61,446	7	38,340	4	42,049	4
全面委託	405,648	41	367,064	39	363,727	36	325,658	35	653,226	65	595,830	63
把握農家合計	998,024	99.9	946,717	99.8	998,024	99.9	943,893	99.5	998,024	99.9	946,715	99.8
未把握農家合計	533	0.1	1,628	0.2	533	0.1	4,453	0.5	533	0.1	1,631	0.2

出所:農業総調査2000年,2005年の個票データを再集計した結果である.
注:1) 2000年度の調査では稲刈りと脱穀が区分して調査されているが,ここでは稲刈りのデータを
 2) 総農家1,272,908戸のうち,耕うん・整地337,585戸,田植343,776戸,収穫340,376戸,苗代が作業委託有無に対して答えていなかった.

ができる高齢農家は,作業を委託して営農を続けることを選好するのである.

こうした作業委託をする農家の特徴について見ると (表1-28),水田面積規模別では3ha以上の大規模階層では自作営農が多く,零細規模であるほど作業を委託していることがわかる.一方,5ha以上の規模階層では,耕うん・整地,田植作業は約9割以上,収穫作業は7割以上の農家が機械を所有し,自ら作業を行っている.また,経営主年齢別では経営主の年齢が高いほど委託割合が高くなっており,特に70代および80代以上農家では7割以上が作業を委託している.

なお,専・兼業別と営農形態別では,特に各階層間に作業委託の割合の差は見られなかった.そのため,作業委託農家の多くが小規模,高齢農家であることが推察される.

こうした広範な作業委託市場が形成された要因は,稲作の主要作業における農業機械の普及と関連している.近年,韓国における稲作主要作業は,乾燥作業 (58.5%) を除き,耕うん・整地,田植,収穫,防除作業のほぼ100%が機械作業によって行われている (表1-29).特に,主要農作業 (耕うん・整地,田植,収穫) は,1985年に田植え22.6%,収穫17.4%であったものが,1990年には78.0%と72.0%,1995年には96.6%と94.5%となり,この10年間で急速に機械作業化が進展した.

一方で，農家の農業機械所有状況についてみると（表1-30），2010年におけるトラクタと田植機の所有台数は26万4,834台（22.5%），27万6,310台（23.5%）で全農家の2割，コンバインは8万973台（6.9%）で1割にも満たないことがわかる．このように，水田作業の機械化率がほぼ100%に達している一方で，農業機械の普及率が低いことは，農業機械を所有している農家が他農家の作業を請け負う，作業受委託が広範に行われていることを意味する．

韓国において農業機械の普及は1980年から1990年代にかけて急激に進展したが，こうした状況は，「農業機械化政策」による農業機械購入に対する補助・支援事業が大きく影響したと指摘されている[15]．特に，補助事業の1つとして施行された「農業機械半額供給事業」の影響が大きい．政策が実施された1993年から98年にかけた農家の農業機械所有台数の年平均増加率は，トラクタ16%，田植機10%，コンバイン5%であった．「農業機械半額供給事業」は，本来は大規模農家の育成とそれらに対する農地集積を図るという「選択と集中」の原理を適用した政策であった．しかし，1990年代初期のWTO体制下において，国内農業情勢を落ち着かせるために政治的な要素が働き，当初の趣旨とは乖離することになった．すなわち，一般農家も補助対象に追加されるようになったため，農業機械半額供給事業による機械の購入が，効率的運用が可能な上層農家だけでなく，中間規模階層や小規模階層にも及んだのである．そのため，全階層において機械化が進む結果を招いた．しかし，小規模農家は農業機械を導入したものの，自己経営の規模だけでは機械投資に対する採算が取れなかったため，離脱農家や高齢農家，兼業農家，機械を持っていない農家などからの借地，あるいは作業代行を確保する動きが強まり，全階層において営農作業を受託する傾向が拡大した．この結果，各階層および階層間の受託競争により作業受託料の低迷を招いたと指摘されている[15]．

表1-28 農家特性別作業別自作・委託営農現況（2010

区分		水田保有農家	苗代作業		農薬散布		耕うん・整地	
			自家営農	全面委託	自家営農	全面委託	自家営農	全面委託
全体	農家数（割合）	777,467 100	510,463 66	232,349 30	498,937 64	209,918 27	288,842 37	459,232 59
水田面積規模別	～1.0ha 未満	73	59	36	59	32	28	68
	1.0～3.0	20	82	15	77	16	56	42
	3.0～5.0	4	90	7	86	7	83	15
	5.0～7.0	1	92	5	89	5	90	8
	7.0～10.0	1	92	4	89	5	93	6
	10.0ha 以上	1	91	4	90	4	93	6
専業・兼業別	専業	56	67	29	63	29	35	62
	兼業	44	64	31	66	25	40	56
	第1種兼業	18	80	16	78	14	58	40
	第2種兼業	26	52	41	58	31	28	66
営農形態別	稲作	67	62	33	59	31	32	64
	食糧作物	3	66	30	67	23	37	60
	野菜	13	75	22	75	18	47	50
	特用作物	1	68	29	75	17	45	52
	果樹	8	68	29	75	18	44	53
	薬用作物	0.3	73	25	71	19	44	53
	花卉	0.4	62	33	69	25	40	56
	その他	0.4	67	28	70	24	35	62
	畜産	6	79	18	77	14	64	33
経営主年齢別	～20代	0.1	61	32	64	25	48	46
	30代	2	63	31	67	23	48	46
	40代	11	65	30	69	21	50	45
	50代	23	68	27	71	20	51	45
	60代	31	69	27	67	25	38	59
	70代	29	63	33	57	34	23	73
	80代～	4	49	47	41	50	14	83

出所：韓国統計庁『農林漁業総調査』，2010年．

　これについて深川（2004）は，農業機械の導入を補助する政策が大規模農家中心から一般の中小規模農家に拡充されたことで，各階層で農業機械の過剰装備をもたらし，農家間の機械作業の受託競争，それに伴う受託料の低迷が生じたこと，また，これにより1戸（1法人）当たり委託量が減少することで，中小規模農家の農地に対する執着を強めるなど，農地流動化政策と矛

第1章 韓国における水田農業の構造変化

年)
(単位：戸, %)

田植		収穫	
自家営農	全面委託	自家営農	全面委託
263,328	478,423	125,293	623,049
34	62	16	80
25	70	10	86
52	44	25	72
76	21	53	44
85	13	69	29
87	10	76	22
88	8	81	16
32	65	14	83
37	58	19	76
52	44	29	68
26	67	12	82
31	64	15	81
33	63	13	83
39	58	16	81
41	55	17	80
39	57	16	81
36	60	14	84
31	64	15	81
29	66	12	85
52	45	26	70
40	52	27	67
43	50	27	67
44	50	26	69
45	50	24	72
35	61	15	82
22	74	8	89
13	83	5	92

盾する結果をもたらしたと指摘している．

しかし，近年の農業機械の普及状況を見ると，2000年頃を基点に減少傾向を見せている．表1-30によれば，田植機は2000年を基点に減少傾向をみせており，コンバインも2000年以降から小幅な増加傾向は見せるものの横ばいとなっている．こうした傾向の要因は，前述した補助金により農業機械を購入した農家が機械更新期を迎えているが，農業機械購入に対する補助が現在はないために，零細規模農家などで機械更新を断念したことによる結果であると推測される．すなわち，1990年代には全階層で農業機械を所有していたものが，近年では徐々に大規模階層の農業機械の所有率が高くなっており（図1-5），大規模階層への農地，農作業の集中化が進展しているものと思われる．農業機械を所有している農家の作業受託の状況と関連して，2004年に韓国農林水産部が実施した農業機械の利用実態調査の結果（表1-31）によると，トラクタと田植機を所有している農家は営農規模にかかわらず，自家農作業用のほかに4割を超える請負作業を行っていることが把握されている．また，データは示していないが，トラクタ，田植機，コンバインの農業機械別の作業面積をみると，トラクタの82.6%（うち，大型トラクタは91%），田植機の86.4%，コンバインの74.7%が損益分岐点規模以上の作業を行っているという．

表1-29 稲作における主要農作業の機械化率（1985-2010年）

(単位：%)

区分	平均	主要農作業				防除	乾燥
		平均	耕うん・整地	田植	収穫		
1985年	27.6	20.0	—	22.6	17.4	68.2	2.1
1990年	68.3	78.0	84.0	78.0	72.0	93.0	14.5
1995年	82.9	95.5	95.4	96.6	94.5	96.5	31.7
2000年	87.2	98.4	98.5	98.2	98.4	98.9	42.1
2006年	89.9	99.0	99.1	98.4	99.4	99.5	53.2
2010年	91.5	99.9	99.9	99.8	99.9	98.4	58.5

出所：韓国農林水産食品部『2011農林水産主要統計』, p.250.
注：1) 平均は主要農作業と防除, 乾燥作業を含む平均値を示す.
　　2) 平均は主要農作業のみの平均値を示す.
　　3) 1985年には「耕うん・整地」作業の機械化率は把握されていない.
　　4) 2002年から2年ごとの調査となったため2005年のデータがなく, 2006年のデータを示した. なお, 2006年に農村振興庁工学研究所に移管されてから毎年調査されている.

　2005年農業センサスの個票データを再集計し, 韓国における10ha以上規模階層の農業機械の所有ならびに作業受託の特徴について見たものが表1-32, 表1-33である. 実は韓国では主要農業機械（トラクタ, 田植機, コンバイン）をすべて所有しているケースは少ない. すべてを所有している稲作農家は6万8,206戸で, 全体の水田所有農家の7.3%で1割にも満たないのである. すなわち, 一般的に機械所有農家は互いに所有していない機械の作業部分をお互いに補完し合う作業体制を採用している. こうした農業機械所有農家間の組織的な作業受託は, 10ha以上の大規模階層でも見られる.

表1-30 稲作における主要農業機械の農家所有台数と普及率（1980-2010

区分	農家戸数	トラクタ			田植機			コンバイン		
		台数	前年対比増減率	普及率	台数	前年対比増減率	普及率	台数	前年対比増減率	普及率
1980年	2,155,073	2,664	372.3	0.1	11,061	69,031.3	0.5	1,211	2,062.5	0.1
1990年	1,767,033	41,203	232.6	2.3	138,405	228.5	7.8	43,594	273.7	2.5
2000年	1,383,468	191,631	90.8	13.9	341,978	37.9	24.7	86,982	20.4	6.3
2010年	1,177,318	264,834	2.4	22.5	276,310	△2.3	23.5	80,973	1.8	6.9

出所：農林水産食品部『2010年農業機械保有現況（2010年12月現在）』. 1980年度のデータは農業機

第1章　韓国における水田農業の構造変化　　　　　　　　　　　　59

図1-5　水田面積規模別のコンバイン所有農家の割合（1990-2005年）

出所：農林水産食品部『2010年農業機会保有現況（2010年12月現在）』．

10ha以上規模の農家の6～18％が主要農業機械を所有せず，他の農家に作業を委託している．

　以上のように，賃貸借のほかに作業委託が韓国における水田農業を支える大きな柱となっていることがわかる．なお，賃貸借の場合は，農地価格上昇に対する期待心理によって，農地を手放さない不在地主や農地の賃貸借収入が主要所得源である高齢農家のような地主などの存在によって高借地料が形成されているため，耕作者側の低所得率，不在地主による借地確保の不安定化などの問題が存在している．
　一方，作業委託の場合は，賃貸より作業委託の方の所得率が高いため農地を手放さない高齢農家（地主）と，大型農業機械の利用効率を高めたい耕作者の間に契約が成立しやすいという面もあり，作業委託市場が広範に形成されている．

表1-31 農業機械別の年間作業面積（2004年）

(単位：ha，％)

区分		営農規模別作業面積						平均
		2ha未満	2～4	4～6	6～8	8～10	10ha以上	
トラクタ（耕耘・整地）	小型	7.0 (28.6)	7.7 (5.2)	15.0 (—)	—	—	—	7.6 (19.7)
	中型	10.4 (41.3)	20.0 (56.0)	19.2 (46.4)	30.3 (52.5)	40.3 (49.1)	40.3 (22.1)	20.0 (49.0)
	大型	41.1 (43.1)	24.0 (44.6)	40.2 (66.2)	25.4 (19.7)	90.3 (55.4)	31.4 (7.0)	36.9 (46.3)
	平均	13.1 (48.9)	19.0 (51.1)	23.0 (50.4)	28.8 (43.4)	57.0 (52.5)	35.5 (18.9)	21.2 (46.7)
田植機	歩行型	1.7 (23.5)	2.9 (10.3)	5.7 (17.5)	—	1.4 (28.6)	—	2.2 (18.2)
	乗用型	2.7 (48.1)	9.9 (68.7)	11.4 (56.1)	13.4 (47.0)	24.0 (60.4)	14.1 (4.3)	12.6 (54.0)

出所：農林部（2005）『米産業の農業機械費用節減を通じた農家所得増大方案』, p.42.
注：1) 調査は全国の8道，27市・郡のうち153農家を対象とした．
2) トラクタの作業面積は耕耘と整地作業の面積を合わせたもの．
3) 小型：40ps未満，中型：40ps～60ps，大型：60ps以上．
4) （ ）内に表示されている数値は請負作業面積の割合（％）を示す．
5) 元の表から一部を抜粋して作成した．

表1-32 10ha以上規模階層の主要農業機械の所有状況（2005年）

(単位：戸，％)

区分	トラクタ		田植機		コンバイン	
	農家数	割合	農家数	割合	農家数	割合
無	153	5	285	9	571	18
1台	1,940	62	2,469	79	2,351	75
2台以上	1,040	33	379	12	211	7

出所：韓国統計庁『農林漁業総調査』2005年の個票データを再集計したもの．

(7) 親環境米生産の展開

　韓国における親環境農業は，1994年より農林水産食品部に親環境農業課が設置されてから本格的に推進された．政府の積極的な親環境農業の育成政策のもとで，1990年代後半以降は，毎年50％以上の増加率を見せ，急速な成長を遂げてきた．国民所得の増加と農産物の安全性に対する消費者の関心

第1章　韓国における水田農業の構造変化　　　　　　　　　　　61

表1-33　10ha以上規模階層の作業委託状況（2005年）

(単位：戸，％)

区分	耕うん・整地作業 農家数	割合	田植作業 農家数	割合	収穫作業 農家数	割合
自家営農	2,951	94	2,830	91	2,581	82
委託営農	179	6	275	9	549	18
部分委託	77	2	113	4	74	2
完全委託	102	3	162	5	475	15
合計	3,130	100	3,105	100	3,130	100

出所：表1-32と同じ．

表1-34　親環境米生産農家の動向（2000-10年）

(単位：戸，ha，％)

区分		新環境農業実施農家合計数	1ha未満	1〜3	3〜5	5ha以上	実施面積	実施面積の全体対比割合	実施農家数の全体対比割合
2000年	合計 割合	41,494	28,048 68%	11,685 28%	1,415 3%	346 1%	—	—	5.3
2005年	合計 割合	52,964	37,526 71%	12,522 24%	1,938 4%	978 2%	55,878	5.8	8.2
	低農薬	40,584	28,352	9,774	1,599	859	44,444		
	無農薬	6,492	4,973	1,318	151	50	5,568		
	有機	5,888	4,201	1,430	188	69	5,866		
2010年	合計 割合	32,963	23,615 72%	7,253 22%	1,340 4%	755 2%	35,065	4.2	6.3
	無農薬	24,756	17,720	5,383	1,027	626	26,765		
	有機	8,207	5,895	1,870	313	129	8,299		

出所：韓国統計庁『農業総調査』，各年度．

が高まったことで，親環境農産物に対する需要も継続的に増加している．

　こうした親環境農業は，水田農業で最も多く実施されており，生産農家数は増加傾向にある．表1-34によって親環境農業を実施している稲作農家数ならびに面積を見ると，2005年には5万2,964戸，5万5,878haで，農家全体の5.8％，水田面積全体の8.2％を占めている．2010年の当該農家数は3万2,963戸（6.3％）に減少したが，これは2010年から低農薬栽培が親環境農業から除外されたためであり，2010年の低農薬栽培農家数[8)]おおよそ7万

表1-35 親環境米の生産状況（2009年実績）

(単位：t，ha)

	有機		無農薬		低農薬		合計	
	生産量	面積	生産量	面積	生産量	面積	生産量	面積
	27,669	6,086	148,594	38,624	272,742	60,779	449,005	105,489

出所：キム・チャンギルほか（2010a）『2010年国内・外親環境農産物の生産実態および市場展望』，p.13.
注：1) 国立農産物品質管理院の内部資料．
　　2) 面積は農産物品質管理院で年度初めに申請を受けた生産計画面積を示す．

2,000戸と面積6万7,000haを考慮すると，依然として増加傾向にあるといえる．2009年の国立農産物品質管理院に申請された親環境米の生産量および面積を示したものが表1-35である．有機米6,086ha，無農薬米38,624ha，低農薬60,779haとなっており，合わせて105,489haの面積に達している．これは2009年の米生産面積92万4,000haの11.4％を占めるものである．なお，生産している農家の耕地面積の規模は，1ha未満の小規模農家が7割を占めており，大規模農家ほどその実施割合は少ない．

こうした親環境農業について韓国農村経済研究院が2009年における市場流通規模を推定した結果，穀類流通規模は約1兆682億ウォンで，全親環境農産物流通規模の31.3％と最も高い割合を占めている．そのうち，米が1兆125億ウォンと推定されており，今後2020年までさらに増加すると見込まれている．

親環境米の栽培条件について，2003年と2009年に韓国農村経済研究院が調査した結果[23],[24],[25]をみると，まず，2003年に調査した親環境農業の栽培方法別の投入資材と投入労働時間では（表1-36），慣行農法に比べて投入資材の費用が高く，投入労働時間も長いと把握されている．慣行栽培の場合は，10a当たり投入資材の費用は8万ウォン程度であるが，親環境農法の場合は，もみ殻農法（13万ウォン），合鴨農法（22万ウォン）で約2倍も高くなっている．労働時間も同様に，慣行農法が10a当たり34.5時間に対して，親環境農法は56.7～69.3時間で，1.6倍から2倍もかかる結果となっている．

次に，2003年の親環境米生産所得についてみると，総物財費用が高い一

第1章　韓国における水田農業の構造変化

表1-36　親環境米の栽培方法別にみた投入資材と投入労働時間

(単位：ウォン，時間)

	合鴨農法	タニシ農法	もみ殻農法	慣行農法	平均
投入資材費用（ウォン）	217,237	135,240	130,387	80,203	139,771
農業機械利用時間	9.4	10.4	12.7	7.2	10
投入労働時間	69.1	56.7	69.3	34.5	57.6

出所：キム・チャンギルほか（2005）：『親環境米の栽培類型別の生産・流通・消費構造分析と競争力堤高方案』韓国農村経済研究院，p.77.

注：調査は2003年に行われたもので，調査対象農家は130戸，うち農法別に，合鴨30戸，タニシ35戸，もみ殻34戸，一般31戸である．

表1-37　親環境米の栽培方法別にみた10a当たり所得

(単位：ウォン，kg)

		2003年				2009年		
		合鴨農法	タニシ農法	もみ殻農法	慣行農法	有機栽培	無農薬農法	慣行農法
粗収入		1,163,259	1,037,594	925,474	905,832	1,156,000	1,073,000	1,013,000
総物財費		336,161	250,769	237,626	160,088	300,000	245,000	153,000
委託作業費		65,361	41,879	51,540	37,959	131,000	120,000	113,200
労働費	自家労働費	179,406	133,919	180,805	95,005	218,000	190,000	83,000
	雇用労働費	36,653	28,389	21,893	24,033	30,000	26,000	9,000
	小計	216,059	162,308	202,698	119,038	248,000	216,000	92,000
地代	自作地地代	178,742	226,249	225,470	191,697			
	土地賃借料	108,355	136,892	73,773	192,499	256,000	250,000	242,000
	小計	287,097	363,141	299,243	384,196	256,000	250,000	242,000
資本用役費						32,000	30,000	29,000
所得①		258,581	219,497	134,367	204,551	189,000	212,000	383,800
所得②		545,678	582,638	433,610	588,747	477,000	492,000	654,800
所得③		725,084	716,557	614,415	683,752	695,000	682,000	737,800
単収（kg）		552	540	495	612	550	655	722

出所：キム・チャンギルほか（2005）：『親環境米の栽培類型別の生産・流通・消費構造分析と競争力堤高方案』韓国農村経済研究院，p.77.
　　キム・チャンギルほか（2010b）：『親環境農産物栽培の経営的分析』韓国農村経済研究院に掲載されている調査結果を再整理して示した．

注：1）調査対象農家は130戸，うち農法別に，合鴨30戸，タニシ35戸，もみ殻34戸，一般31戸．
　　2）2009年の調査対象農家は有機栽培56戸，無農薬21戸，慣行農法は2009年の全国平均値．
　　3）所得①＝粗収入－物財費－委託作業費－労働費－地代．
　　4）所得②＝粗収入－総物財費－委託作業費－労働費．
　　5）所得③＝粗収入－総物財費－委託作業費－雇用労働費．

方で，販売単価も高いことから，親環境米の方が慣行栽培より所得が高い（所得①）（表1-37）．しかし，地代を除いて比較すると，慣行農法の所得の方が高くなる（所得②）．この所得②から自家労働費を除くと，合鴨農法とタニシ農法では，慣行農法より所得が高くなる（所得③）．しかし，その差は合鴨農法4万1,332ウォンで1.06倍（対慣行農法），タニシ農法3万2,805ウォンで1.04倍（対慣行農法）と少ないことから，小規模面積では所得差額はあまり大きくない．すなわち，投入資材や労働時間が慣行栽培より倍以上かかる上に，慣行栽培よりそれほど所得差が存在していないため，農家の親環境米栽培への取り組みは限られていると考えられている．

　2009年の調査では，物財費と労働力の費用がさらに高くなってきたために，自家労働費を除かない場合でも，慣行栽培より収益が少なく，収益面において慣行栽培の方が有利な結果となっている．ただし，親環境米生産に対する直接支払による農家の所得補塡や，農業法人ならびに組織に対する親環境資材の補助などによって生産コストを補完し，生産条件の安定化が確保されれば，需要増加に伴い親環境米の生産農家が増加すると考えられる．

　2005年農業センサスの個票データを再集計した結果[9]を用いて，親環境農業を実施している稲作農家の親環境農産物の販売先について見ると，農協・農業法人が59.6％で最も多く，次いで個人消費者18.2％，親環境農産物専門店7.4％の順になっている．すなわち，親環境米の主たる販売先は農協や農業法人であるが，3割近くは個人消費者や専門店，消費者団体などへ販売されている（表1-38）．

　こうした親環境米の生産はそのほとんどが農家集団によるものである．親環境米の栽培および販売は，栽培技術の習得のみ

表1-38　親環境米の販売先（2005年）

（単位：戸，％）

販売先	農家戸数	割合
農協・農業法人	25,688	59.6
個人消費者	7,831	18.2
新環境農産物専門店	3,175	7.4
卸売市場	1,154	2.7
産地共販場	920	2.1
消費者団体	1,067	2.5
大型量販店	161	0.4
その他	3,131	7.3
合計	43,127	100

出所：韓国統計庁『農業総調査』，2005年個票の再集計による．

ならず，相対的に高価である米を農家個人が差別化して販売することが難しいため[24]，先導する農家を中心に集団的に取り組む場合が多く，農家間の協調関係が必要とされている．

(8) 稲作農家の組織化と多角化の動向

韓国では，1980年代から農協によって結成された作目班，そして1990年代から導入された農業法人の育成など，農政では農家の組織化を積極的に推進している．そこで，こうした農家組織の参加動向について以下に整理する．

2000年から2010年までの稲作農家の生産組織参加動向について見たのが表1-39である．この間に稲作農家のうち生産者組織に参加する農家の割合は11%から15%へ増加した．ただし，この数値では，85%もの農家が組織等に参加しない個別経営となっており，韓国の稲作農家の'経営の単独化（個別化）'がうかがえる．こうしたなか，2005年以降は稲作作目班への参加農家の増加傾向が見られるが，この背景には，上述した親環境農業に対応した組織化の進展が挙げられる．また，稲作農家のうち，果樹や野菜，特用作物などの作目班に参加している農家は，稲作のみならず新たな作物導入に取り組むために農家組織に参加していることが推察される．

さらに，農業法人に関しては，営農組合法人への参加農家数が2000年の

表1-39 稲作農家の生産組織参加動向（2000-10年）

(単位：戸，%)

区分	全稲作農家	生産者組織参加農家	作目班						農業法人	
			稲作	果樹	野菜	特用作物	花卉	その他	営農組合法人	農業会社法人
2000年	787,451	83,395 11%	38,358 46%	11,464 14%	16,728 20%	5,299 6%	406 0.5%	3,422 4%	15,191 18%	1,761 2%
2005年	648,299	64,137 10%	34,906 54%	5,782 9%	8,917 14%	2,817 4%	138 0%	2,814 4%	14,263 22%	2,103 3%
2010年	523,153	78,070 15%	41,032 53%	4,817 6%	7,245 9%	1,418 2%	193 0.2%	5,282 7%	25,724 33%	1,585 2%

出所：韓国統計庁『農林漁業総調査』，各年度．
注：農業総調査では，生産者組織である「作目班」と「農業法人」を取り上げ，これらの組織への参加有無について調査している．

表 1-40　面積規模別・経営主年齢別稲作農家の生産組織参加動向（2005 年）

(単位：戸, %)

区分		稲作農家数	作目班						営農組合	農業会社
			稲作	果樹	野菜	特作	花卉	その他		
組織参加農家数		648,299	34,906	5,782	8,917	2,817	276	2,814	14,263	2,103
面積規模階層別	～1ha 未満	533,143	68.4	63.9	61.4	62.9	26.8	64.3	67.7	68.5
	1～2	84,513	20.3	25.3	25.3	23.7	13.0	22.4	19.5	18.0
	2～3	16,960	5.7	5.8	7.2	6.4	5.1	6.3	5.5	5.8
	3～5	10,121	3.9	3.9	4.7	5.2	4.7	5.5	4.6	4.5
	5～7	2,096	1.0	0.7	0.8	0.9	0.4	0.9	1.4	1.7
	7～10	934	0.4	0.3	0.3	0.6	50.0	0.5	0.7	0.9
	10ha 以上	532	0.3	0.1	0.2	0.2	0.0	0.1	0.6	0.6
経営主年齢別	20 代	1,067	0.2	0.1	0.1	0.2	0.0	0.3	0.2	0.0
	30 代	17,583	3.1	2.9	3.7	3.7	4.3	4.5	3.9	3.6
	40 代	81,493	16.0	17.6	21.8	24.6	15.9	22.0	19.8	22.8
	50 代	140,903	25.2	30.0	32.1	33.3	15.9	30.9	27.8	30.3
	60 代	232,428	34.4	35.0	31.5	29.0	9.4	31.5	32.2	30.0
	70 代	157,151	19.3	13.6	10.2	8.7	4.0	10.1	15.0	12.6
	80 代	17,674	1.8	0.7	0.5	0.4	0.4	0.7	1.1	0.8

出所：2005 年農業センサスの個票データを再集計したもの．

表 1-41　稲作農家の事業多角化の動向（2005-10 年）

(単位：戸, %)

区分	全稲作農家	農業関連事業を行う農家数	農業関連事業別				
			直売所・直販	農家レストラン	農産物加工業	農村観光事業	営農代行
2005 年	648,299	38,137 6%	34,378 90%	1,763 5%	1,656 4%	1,183 3%	―
2010 年	523,153	49,289 9%	31,156 63%	3,069 6%	1,923 4%	1,096 2%	14,527 29%

出所：韓国統計庁『農林漁業総調査』，各年度．
注：2005 年の農村観光事業は農家民宿と週末農園や観光農園を合算したものである．

18% から 2010 年の 33% へ増加している．一方，農業会社法人への参加農家数は減少傾向にある．農業会社法人の主な事業は営農代行であるが，農業機械を所有する農家同士で作業受委託を組織的に実施する法人が多く，会社組織としての運営上のメリットが生まれにくいため，農家の参加が減少していると思われる．

表 1-42 面積規模別・経営主年齢別稲作農家の事業多角化の動向（2005 年）

(単位：戸, %)

区分		稲作農家数	直販	レストラン	加工	民宿	観光農園
関連事業実施農家数		648,299	34,378	1,763	1,656	1,003	180
面積規模階層別	～1ha 未満	533,143	82.2	85.4	71.3	81.4	72.2
	1～2	84,513	12.4	10.9	17.1	11.8	17.2
	2～3	16,960	2.7	1.6	4.8	3.4	5.0
	3～5	10,121	1.9	1.4	4.3	2.4	5.0
	5～7	2,096	0.4	0.4	1.1	0.5	0.6
	7～10	934	0.2	0.3	0.7	0.6	0.0
	10ha 以上	532	0.1	0.1	0.6	0.0	0.0
経営主年齢別	20 代	1,067	0.2	0.3	0.2	0.2	0.0
	30 代	17,583	3.0	3.2	3.3	3.7	6.7
	40 代	81,493	14.0	30.0	17.8	20.3	26.7
	50 代	140,903	24.0	40.7	28.0	27.0	24.4
	60 代	232,428	35.3	19.1	33.1	36.4	28.9
	70 代	157,151	21.5	6.2	16.7	11.6	12.2
	80 代	17,674	2.2	0.6	1.0	0.8	1.1

出所：2005 年農業センサスの個票データを再集計したもの．

　組織への参加傾向について詳細を把握するため，面積規模別および経営主年齢別に稲作農家の生産組織参加動向について整理したものが表 1-40 である．作目班に参加している稲作農家のうち，面積規模 1ha 未満の農家が 68.4％，1～2ha の農家が 20.3％ であり，2ha 以下の比較的小規模面積を有する農家が約 9 割を占めている．また，年齢別には 40～60 代の経営主の参加が主流となっている．なお，花卉作目班への参加農家が 7～10ha 階層に集中していることから，大規模稲作農家の花卉の複合経営への取り組みが読み取れる．

　次に，2005 年より開始された農家の事業多角化に関する統計調査によると，農業関連事業を行っている稲作農家は，全稲作農家に対して 2005 年の 6％ から 2010 年の 9％ へ増加した（表 1-41）．具体的な関連事業の取り組み動向を見ると，農家レストランを開設した稲作農家数が 5 年間で 1.7 倍に増加，また農産物加工業に取り組む農家数は 270 戸近く増加した．その一方で，直売場・直販に取り組む農家は約 3,000 戸ほど減少したものの，未だに事業

多角化の主力事業となっている．2010年より新たに調査項目が追加された営農代行に取り組む稲作農家数は約1万4,000戸で，直売場・直販事業に次いで多い．

事業多角化傾向の詳細を把握するため，2005年のデータではあるが，面積規模別および経営主年齢別に稲作農家の事業多角化動向について整理したものが表1-42である．稲作農家全体では2ha未満の小規模農家層が事業多角化に積極的に取り組んでいる．また，直売場・直販および加工については，零細農家であるほど事業多角化の傾向が強い．経営主の年齢別では，50～60代で他の事業に取り組む例が多くみられるが，レストラン事業の場合は，他の事業に比べて40～50代が多い．

4. 米市場における新しい動向

(1) 米流通における変化

韓国における米の販売は，1980年代初期までは政府と農協による買い上げ，あるいは五日市や在来市場が中心であったが，徐々に卸売市場の車両単位での競売取引が主流となってきた．また，1980年代末からは，産地流通の主体が農家，集荷業者，農協から，作目班，営農組合法人，産地流通センターなどへ変化した．さらに，1990年代半ばからは，広域産地流通センターと水平および垂直系列化した大型小売流通業者が主流となっている．具体的には，1993年のイーマートの登場と1996年の流通市場の完全開放を契機に，テスコ，カルフール，ウォルマート等外国系流通業者の参入とともに，国内の大手企業も流通業へ新たに参入してきた．さらに，近年では大型スーパーマーケット（SSM）等が登場しており，これに伴い農産物の流通経路も大きく変化してきた．

量販店での取扱量に占める第1次食品の比重は大きく，2003年の実績では大型小売流通業の全売上高に占める割合は37.4%（7兆3,000ウォン）となっている．これは同年の農業部門総産出額31兆ウォンの23.5%に匹敵す

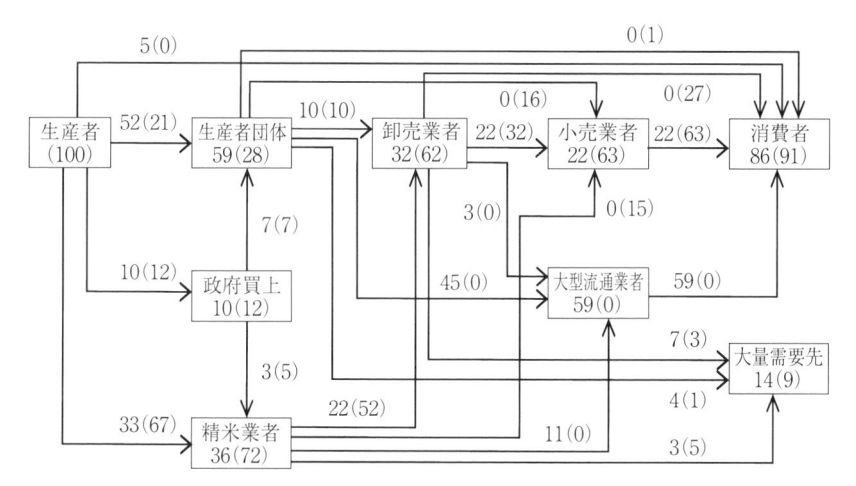

第1章　韓国における水田農業の構造変化　　　　　　　　　　　　　69

```
                    5(0)                              0(1)
         ┌─────────────────────────────────────────────────────┐
         │                            0(16)        0(27)       │
         │          ┌──────────────────┬────────────┐          │
  ┌────┐ │ 52(21) ┌──────┐ 10(10) ┌──────┐ 22(32) ┌──────┐ 22(63) ┌──────┐
  │生産者├─┼───────▶│生産者団体├──────▶│卸売業者├───────▶│小売業者├────────▶│消費者│
  │(100)│ │        │ 59(28) │        │ 32(62) │        │ 22(63) │        │86(91)│
  └──┬─┘ │        └───┬──┘        └───┬──┘        └───┬──┘        └──────┘
     │   │            │ 7(7)          │ 3(0)          │ 0(15)
     │   │            ▼               │               ▼
     │ 10(12)       ┌──────┐          │          ┌────────┐ 59(0)
     ├─────────────▶│政府買上│ 45(0)   │          │大型流通業者├───────▶
     │              │ 10(12) ├─────────┼─────────▶│ 59(0)    │
     │              └───┬──┘          │          └────────┘
     │                  │ 3(5)        │                     7(3) ┌──────┐
     │                  ▼             │                    ─────▶│大量需要先│
     │ 33(67)       ┌──────┐ 22(52)   │          11(0)  4(1)     │ 14(9)  │
     └─────────────▶│精米業者├─────────┘         ─────▶  3(5)    └──────┘
                    │ 36(72) │
                    └──────┘
```

出所：韓国農水産流通公社『農産物流通実態調査』，2000年，2010年．
注：1）米の流通経路のうち，「金堤市→ソウル（糧穀卸売市場）」の流通量の割合（％）を示したものである．
　　2）（　）内に表示されている数値は2000年の値を示す．
　　3）精米業者とは産地の仲買人や精米所運営業者など産地流通業者が該当する．
　　4）生産者団体には産地農協が運営しているRPCや民間RPC，生産者組織である営農組合法人などが該当する．
　　5）大型流通業者にはスーパー，百貨店，量販店などが該当する．
　　6）大量需要先にはケータリングと団体給食業者，食材業者などが該当する．
　　7）小売に関連して，2000年は大型流通業者を区分して把握していない．小売業者には糧穀専門商店や百貨店，スーパー，大型量販店，コンビニなどが含まれている．

図1-6　米の流通経路の変化（2000年，2010年）

る金額である．このなかでは青果物が3兆4,000億ウォンで最も高く，次いで畜産物と米などの穀類がそれぞれ2兆ウォンとなっている[35]．

　このような流通部門の変化のなかで，産地の取引主体についてみると，1980年代は作目班，共同出荷班，個人流通業者が，1990年代は産地流通センター（APC），農協，農業法人が，そして2000年代には大規模化した連合事業団，大規模流通型農業法人が主導している．こうした産地流通組織の変化の特徴は，大規模化と専門化の2点にまとめられる．規模面においては，産地流通組織はマウル単位から面単位へ，面単位から市・郡以上を範囲とする組織へ大規模化しており，また，機能面においては，農家の単なる集荷レベルから，収穫後処理，小包装，出荷先調整，広報など専門化した機能へ発

展してきた[32]．

　大型流通業者は従来の卸売市場を中心とした購買から，今日では産地と垂直的な取引関係を形成することで調達戦略を展開している．従来のスーパーや大型量販店では，これまで品揃えと物量に焦点を合わせた戦略を展開してきたが，安全な農産物に対する消費者ニーズの増加や，量販店独自のPB戦略，競争激化によるさらなる購買単価削減の必要性等から，産地との取引関係構築が重要になってきた．

　大型流通業者による流通経路の変化は，米市場においても明確に表れている．2000年から2010年にかけた流通主体別の流通量と経路の変化を示したものが図1-6である．まず，大型流通業者の登場により，2000年には卸売業者が流通量の62%を占めていたが，2010年には32%に低下した．その一方で，大型流通業者の流通量は59%へと急増した．ただし，2000年までは小売業者の中に大型流通業者が合算されていたため，直接比較はできないが，小売を「小売」と「大型流通業者」の2つに区分して把握し始めた2004年の調査結果をみると，小売業者が35%，大型流通業者が35%である．これを2010年の大型流通業者の流通量59%と比べるとその割合が大きく増加したことがわかる．また，45%が生産者団体から大型流通業者への販売となっており，両者が相互に重要な取引相手となってきていることがわかる．言い換えると，大型流通業者が産地流通業者の米の販売先として重要な位置を占めるようになっており，その取引関係の確保および維持が産地流通業者の経営戦略となってきたことを意味する．なお，近年の米の産地流通主体としては，産地集荷商（post）のほかに，個別農家，作目班，農協および民間RPC[10]，営農組合法人などが登場している．

(2) 米消費パターンの変化

　2010年における消費者の米購入先は，百貨店・大型量販店が50%で最も高くなった．次いでスーパー・商店・米屋が31.2%，親戚・知人から直送8.0%，また，2009年から設問項目に設けられたホームショッピングが1.5%

表1-43 消費者の米購入先の動向（2003-10年）

(単位：％)

区分	百貨店・大型流通業者	スーパー・商店	米屋	親戚・知人から直送	在来市場	産地購入・直売所	ホームショッピング（ネット・TV）	その他
2003年	26.6	17.5	19.1	23.4	2.1	6.9	—	4.4
2005年	50.1	17.2	11.4	—	4.5	8.1	—	8.8
2007年	42.1	12	9.6	19.6	3.6	8.2	—	4.9
2010年	50.0	31.2		8	7.9	0.2	1.5	1.2

出所：農水産物流通公社により2003年から2年ごとに調査されている『農畜産物消費パターン調査』を再整理したものである．2009年以降からは毎年実施．
注：1) 2010年度はスーパーと商店と米屋が合算して集計されている．
 2) 各年度別の調査人数は2003年1,017人，2005年836人，2007年1,000人，2010年1,004人である．
 3) 2009年以降からホームショッピングの項目が新たに設けられた．

の順となっている（表1-43）．最も著しい変化としては，消費者の百貨店・大型量販店からの購入比重が高くなったことである．

また，消費者の米購入先の選択理由については，接近性が良いため（28％），品質が良いため（25％），品目が多様なため（20％）の順となっている（表1-44）．要するに，大型量販店での買い物は，接近性が良いかつ品揃えが豊富であるなどの利便性があるとともに，そこで販売されている品物に対する品質も良いというイメージがあることがわかる．

消費者の米ブランドの認知度について見ると，2003年時点では，選好する特定ブランドがあると答えた消費者は14％であったが，2007年には24％まで増加しており，消費者の米ブランドの認知度が徐々に高まっていることがわかる（表1-45）．

なお，2007年の機能性米や親環境米の認知度に関する調査結果では，機能性米を知っている人は52％であるものの，購入したことがある人は11％に過ぎなかった（表1-46）．親環境米に関しても認知度については機能性米より若干高く67％であるものの，購入したことがある人は13％程度と，まだ一般的に消費される商品までには至っていないことがわかる．

なお，2005年に韓国農村経済研究院が実施した首都圏の親環境農産物を利用している消費者（149人）を対象にしたアンケート調査結果によると，

表 1-44 米の購入先の選択理由と決定要因（2010 年）
(単位：%)

購入先の選択理由	回答割合	米選択の決定要因	回答割合
接近性が良いため	28	味	24
品質が良いため	25	産地	21
品目が多様なため	20	価格	16
価格が安いため	14	安全性	13
配達が可能であるため	11	鮮度	11
その他	1	品種	10
		原産地（国内・輸入区別）	2
		商標（ブランド）	2
		その他	1

出所：表 1-44 と同じ．
注：1) 2010 年の調査人数は 1,004 人である．
　　2) 選択理由の 1 順位をのみを集計したものである．

表 1-45 消費者の米ブランドの認知度（2003-07 年）
(単位：%)

区分	特定な選好ブランドなし 陳列されている米を直接見て自ら選択	店員の勧めから選択	特定な選定ブランドあり（産地・品種・ブランド）	その他
2003 年	38	45	14	3
2005 年	50	37	13	0
2007 年	57	19	24	0

出所：表 1-44 と同じ．

表 1-46 消費者の親環境米と機能性米の認知度（2007 年）
(単位：%)

区分	機能性米の認知度 非認知	認知	機能性米の購入経験 無	有	親環境米の認知度 非認知	認知	親環境米の購入経験 無	有
回答数	48	52	89	11	34	67	87	13

出所：表 1-44 と同じ．

親環境米の購入先は専門店 38.9％，生協 28.9％，大型量販店 23.4％ の順であった．すなわち，親環境米を購入する消費者は，特定の専門店や生協を中心に購入していることがわかる（表 1-47）．

表 1-47　消費者の親環境米の購入先（2005 年）

(単位：人，％)

区分	専門売店	生協	大型量販店	農協	家族・親族	百貨店	直接取引	一般スーパー	その他
回答数	58	43	35	20	16	12	5	2	2
(％)	38.9	28.9	23.4	13.4	10.7	8.1	3.4	2	1.3

出所：キム・チャンギルほか（2010）：『2010 年国内・外親環境農産物の生産実態および市場展望』韓国農村経済研究院．
注：1）　割合は回答者÷149（調査者数），複数回答可能．
　　2）　生協にはハンサリム，女性民友会生協，経実連正農生協，一般生協が該当する．
　　3）　専門売店にはチョロックマウル，プロムオン，有機農ハウス，イーパムなどが該当する．

(3) 生協の著しい成長

　近年，親環境農産物の生産，消費の増加に伴って，著しく成長しているのが生活協同組合（生協）である．1980 年代半ばから各地で設立されるようになった韓国の生協は，ヨーロッパや他国の消費者協同組合と異なり，組合員に供給する農産物が韓国産の親環境農産物に限定される特徴がある．すなわち，韓国の生協は親環境農産物を扱う消費者団体であるといっても過言ではない．ただし，2010 年の生協法の改定により，生活必需品も取り扱うことができるようになった．

　このような背景としては，韓国における市民運動が挙げられる．1980-90 年代の韓国は，市民運動が盛んに行われた時代であり，生協運動の主導者たちは環境，食料自給，農業等の社会問題に関心を持った者たちであった．彼らは当時の環境問題や食料自給率の低下問題を受け，生協運動を通じた韓国産の親環境農産物により，農民の健康と消費者の安全な食卓を守ることを目指した．また，韓国の生協運動の主導者たちは知識人階層であったため，彼らの関心事であった「親環境農産物の消費先の確保」を達成するために，生活協同組合を組織した側面が強い．

　韓国の生協は，このような経緯を経て，親環境農産物を中心とする物品を組合員に供給する直接取引事業と，組合員の拡大および組織のビジョン等に関する組織事業との，2 つを軸とする事業内容で活動してきた[28]．

　生協の経済事業は，親環境農産物の直接取引を事業連合体に委託・統合す

ることで物流費用を節減し，その部分の価格を引き下げることで組合員に親環境農産物を安く提供し，消費拡大を促進している．また，生協運動部門は，親環境農産物の消費拡大運動を展開することで，生産を促進して，生産者の所得安定化を目指している．これは国内生産者が農業を持続できる条件を確保することで，国内農業を守ろうとする活動でもある．すなわち，経済事業部門では物流の効率性を志向し，生協運動部門では親環境農産物の消費運動を展開するという，相互に連動した活動である．

現在，生協が取り扱っている親環境農産物は価格が割高で，生産量も国内農産物生産量全体の5％に過ぎないため，生協の規模，組合数，売上高の規模は大きくない．2010年末現在の4大生協連合組織（ハンサリム，iCOOP生協，ドゥレ生協，女性民友会生協）の組合員数は46万世帯となっており，全国1,692万（2009年）世帯の2.7％が加入していることになる．また，2010年の供給額は5千3百億ウォンで，これは韓国食品市場規模120兆ウォンの0.4％である．また，約4兆ウォンと推定されている親環境農産物市場の13％に相当するもので，市場シェアはさほど大きくはない[28]．

ただし，こうした生協の成長が著しいことは注目に値する．現在の韓国の2大生協事業連合体についてみると，ハンサリムが全国19カ所の地域組合で組合員24万人が利用していて最も大きく，供給額は1,900億ウォンである．2番目に大きいiCOOP生協連合会は全国77カ所の地域生協で，組合員数8万6千人，年間供給額2,600億ウォン規模となっている．その成長率についてみると，ハンサリムの会員数は1990年は5,548人，年間売上高は18億ウォン規模であったものが，1995年にはその3倍以上，2000年にはさらに2倍以上成長しており，組合員数も2000年の3万1,511人から2010年には24万590人へ7.6倍の飛躍的な成長を見せている（表1-48）．

こうした高い成長の背景には，食の安全性に対する消費者意識の高まりがある．たとえば，2008年は4月末にアメリカ産牛肉で発生した狂牛病，また5月に韓国で発生した鳥インフルエンザがマスコミで報道された影響により，食品に対する消費者の不安が高まった時期であり，その影響により生活

表1-48　韓国の2大生協の会員数と供給額の動向（1990-2010年）

(単位：人，億ウォン，%)

区分	(社)ハンサリム 会員数	増加率	供給額	増加率	iCOOP生協連合会 会員数	増加率	供給額	増加率
1990年	5,548		18		—		—	
1995年	17,460	215	99	454	—		—	
2000年	31,511	80	185	86	2,470		53	
2005年	115,851	268	809	338	16,808	580	601	1,028
2006年	132,787	15	936	16	20,097	20	760	26
2007年	147,339	11	1,090	16	22,350	11	942	24
2008年	170,793	16	1,326	22	35,204	58	1,302	38
2009年	207,053	21	1,594	20	56,100	59	2,053	58
2010年	240,590	16	1,900	19	85,712	53	2,600	27

出所：チョン・ウンミ（2011）：「1980年代以降生協運動の多様な流れ」，『韓国生協運動の起源と展開』，iCOOP協同組合研究所，p.11．

協同組合のような直接取引の団体へ加入する消費者が急増した．

5．小括

　本章では，韓国の農業関連統計の整理と農業センサス個票分析を通じて，現在の韓国農業の構造と特徴について概観した上で，韓国農業の中心である水田農業の構造変化と今日の稲作を取り巻く環境変化の特徴について整理した．その要点をまとめると以下の通りである．

　第1に，零細規模農家が圧倒的な割合を占めている韓国水田農業において，近年では10ha以上の大規模農家も出現しつつある．まだ全体に占める割合はわずか0.6%であるものの，耕作面積は全体の5%となり，さらに，5年間で2倍増というように増加スピードが速い．こうした大規模農家は主として借地による規模拡大を実現した農家であり，多数の小規模農家が提供する農地を請け負っている．

　また，農業機械を所有しているわずか1割の作業受託農家によって，残り9割の農業機械未所有農家の作業代行が実施されており，作業受託農家と委託農家の経営をめぐる依存関係が成立している．すなわち，多数の小規模農

家と少数の大規模農家,そして機械所有農家(作業受託農家)との間には相互依存関係があり,近年における大規模経営体の存立が韓国農業の維持,発展のための重要不可欠な基礎条件となっている.

第2に,韓国消費者の安心・安全な農産物に対するニーズの高まりを背景に,親環境米の需要が高まっている.さらに,流通サイドでは大型量販店の市場シェアの拡大によって大型量販店のバイヤーが産地取引に着手するようになり,これに対応した米産地での農家の組織化が進んでいる.これに加えて,生産者サイドにおいては,親環境米生産に対応した農地の団地化や栽培技術の統一化,資材の共同購入等を図るために個別農家がマウル内で営農組合等を結成する動きが見られる.

第3に,こうした農家の組織化,連携関係の強化が求められている中で,生産者組織に参加する稲作農家は全稲作農家のわずか15%(2010年)に過ぎず,多くの稲作農家が経営の単独化のもとにおかれている.一方,組織に参加する農家は,前述した親環境米に取り組む農家が中心となっており,経営規模面では零細規模農家の取り組みが著しい.こうした農家によって結成された組織には,作目班のような任意組織もあれば,農業法人もある.農業法人は複数農家による組織経営体の代表的なもので,零細農家が会員農家として参加するケースが多いため,その経営存立が水田農業の維持のために重要になってきている.

注
1) GDPに占める輸出入額の割合(=輸出入額/GDP×100).
2) 韓国での休耕地は,1年以上継続して作物を栽培しない農地と定義されている.
3) 加藤[22]は農業経営の継承と関連して,日本と韓国の「イエ」の概念を取り上げ,韓国での家とは日本的な「イエ」のような永続的な社会単位とみなされることがなく,血縁関係の中の一時的な一部分として位置づけられており,「イエ」にとらわれた職業選択はないとしている.
4) 謝礼金,家族の補助金(小遣いを含む),他人からの補助金が該当しており,農家所得のうち,移転所得の比重は約30%(2009年)で農業所得並みとなっている.
5) こうした現象は,離農した農家のほとんどが農地を販売せず,そのまま所有した状態で不在地主として兄弟や姉妹,親戚などに賃貸して,彼らの子女である非

農家に相続させていたためである．
6) 農地法の制定関連内容については，加藤[22]を参照されたい．
7) 2005年6月に改定された農地法では，都市住民の場合も農地収得資格証明を受け，農地を購入した後に，これを韓国農村公社に委託して，専業農家などに5年以上賃貸することで農地所有が可能になった．長期賃貸期間の満了後にも農地を継続して所有する意思のある場合は，再契約が可能である．ただし，開発予定区域の農地または一定規模以下の農地の投機目的の農地所有は制約される．
8) 2010年の親環境農産物の農家数は品目別に区分されていない．2010年の低農薬栽培を行う農産物生産農家と面積は8万9,992戸，8万3,955haであるが，そのうち8割が水田農家であると仮定し計算した．
9) 親環境米生産農家を推定するため，経営形態区分で「稲作」である農家を抽出して，その農家のうち，親環境農業を実施している農家のみを集計した．
10) RPC（Rice Processing Complex：米穀総合処理場）とは，産地の共同乾燥調製施設である．収穫した生もみをバルク状態で集荷が可能で，乾燥，調製，貯蔵，精米，包装までの一貫作業を行う共同施設である．韓国では1990年から政策的に設置を推進してきており，2008年1月現在，291ヵ所（運営主体別に農協RPC：174，民間RPC：117）が設置されている．

引用文献

1] 李裕敬・八木宏典（2008）:「韓国における農業法人の現状と課題」,『農業経営研究』第47巻2号, 日本農業経営学会.
2] 李裕敬（2010）:「韓国における大規模稲作農家の存立条件—韓国慶尚北道慶州市安康平野を事例に—」,『農業経済研究2010年度日本農業経済学会論文集』日本農業経済学会.
3] 李裕敬（2011）:「韓国農業の構造分析」, 柳京熙・吉田成雄編『韓国のFTA戦略と日本農業への示唆』筑波書房.
4] 李哉泫（2006）:「稲作経営および米市場の動向」,『韓国農業の展開と戦略』, 研究資料第2号, 農林水産政策研究所.
5] イ・ジョンウォン, チョン・ホンウ, イ・ヒョンスン, グォン・ヨンチョル（2007）:『農地総合管理制度の導入方案研究—農地銀行事業の活性化を中心に—』, 韓国農村公社農漁村研究院.
6] 韓国統計庁:『農林漁業総調査』, 1980-2010年, 各年度.
7] 韓国統計庁『農家経済統計』, 各年度.
8] 韓国統計庁『農業調査』, 各年度.
9] 韓国統計庁『米生産費調査』, 各年度（韓国語）.
10] 韓国統計庁（2011）:『農林水産食品主要統計2011』（韓国語）.
11] 韓国統計庁（2008）:『農地賃貸借調査結果』（韓国語）.
12] 韓国統計庁（2010）:『2011経済活動人口年報』（韓国語）.

13] 韓国農村経済研究院（2010）:『農業展望 2010』（韓国語）.
14] 韓国農村経済研究院（2011）:『農業展望 2011』（韓国語）.
15] 韓国農村経済研究院（2000）:『農漁村構造改善事業白書（1992〜1998）』．（韓国語）.
16] 韓国農林水産食品部（2010）:『2009 食品産業分野別現況調査—食品製造・流通・外食・消費分野主要農畜産物の原料利用実態—』，農林水産食品部（韓国語）.
17] 韓国農林水産食品部（2010）:『2009 年食品産業分野別現況調査』，農林水産食品（韓国語）
18] 韓国農林水産食品部（2010）:『2010 年農業機械保有現況』（韓国語）.
19] 韓国農水産物流通公社（2009）:『農畜産物消費パターン調査 2009 年』.
20] 韓国農水産流通公社:『農産物流通実態調査』，2000 年，2010 年（韓国語）.
21] 韓国農業機械学会（2011）:『韓国農業機械年鑑統計』1970-2010 年.
22] 加藤光一（1998）:『韓国経済発展と小農の位相』日本経済評論社.
23] キム・チャンギル，チョン・ハクギュン，チャン・ジョンギョン，キム・テフン（2010a）:『2010 年国内・外親環境農産物の生産実態および市場展望』，韓国農村経済研究院（韓国語）.
24] キム・チャンギル，オ・セイック，ガン・チャンヨン，コ・ウク，ファン・ジョンウク（2005）:『親環境米の栽培類型別生産・流通・消費構造分析と競争力提高方案』，韓国農村経済研究院，農林部（韓国語）.
25] キム・チャンギル，チャン・ジョンギョン（2010b）:『親環境農産物栽培の経営的分析』，韓国農村経済研究院（韓国語）.
26] 倉持和雄（1994）:『現代韓国農業構造の変動』御茶の水書房.
27] グム・ドンヒョック（2005）:『米産業の農業機械費用節減を通じた農家所得の増大方案』，農林部（韓国語）.
28] チョン・ウンミ（2011）:「1980 年代以降生協運動の多様な流れ」，『韓国生協運動の起源と展開』，iCOOP 協同組合研究所（韓国語）.
29] 日本農林水産省（2011）:『農業経営統計調査 2010 年』.
30] 深川博史（2002）:『市場開放下の韓国農業』九州大学出版会.
31] 深川博史（2006）:「農業の特徴と構造—日本との比較—」，『韓国農業の展開と戦略』，研究資料第 2 号，農林水産政策研究所.
32] ファン・イシック（2004）:『産地流通革新戦略と農協の役割』，韓国農村経済研究院（韓国語）.
33] チャン・ミンギ（2010）:「産地流通組織の体系化ビジョンと課題」，『農政研究』2010 年春号，農政研究センター（韓国語）.
34] ファン・ユンジェ（2012）:『食品需給表』，韓国農村経済研究院.
35] ファン・スチョル，ゴン・スング，ウィ・テソック（2005）:『農業と食品産業の連携強化のための細部プログラムの比較研究および開発』，農政研究センター（韓国語）.

第2章
稲作経営におけるネットワークの構造

1. はじめに

　韓国の農産物市場においては，流通における大型量販店の参入，有機米に対する消費者ニーズが高まるなか，その一方で，米価の下落や若者層の都市流出による農村労働力の高齢化が進展するなど，稲作経営を取り巻く環境は大きく変化してきた．このような状況に稲作農家がいかに対応してきたかを明らかにすることは，今後の稲作経営の在り方を展望していく上で重要である．

　これまでの研究では，農業経営の成長，事業拡大に関連した経営内部における経営成果分析，とりわけ，経営主の年齢，性別，経営規模，営農形態，経営者能力など，経営者に着目した様々な分析が行われてきた．しかし，農業経営における意思決定の主体は経営主＝ヒトであり，経営主は人間関係やそこから得られる情報による影響を強く受けるものと考えられる．特に新たな作目の選択・導入や加工・販売など事業を拡張する際に他者，他機関から得られる情報は重要な経営資源になる．

　金沢[3]は，今日における情報は尖鋭な経営戦略の武器であるとし，その重要性を強調しながら，こうした情報は他者や組織のネットワーク（伝達，交換のための組織化）によって形成されるもので，こうした情報を入手するため，経営者は他者との関係構築が重要であることを強調している．

　また，土地利用型農業経営は土地の非移動性という特質を前提に，地域の

土地，労働力などの諸資源を活用して経営を行っている．こうした諸資源を農家がいかなる関係から手に入れているかを明らかにすることによって，個別農家の農業関連諸主体との関係構造（連携関係の構造）が明らかになると期待できる．

　本章で用いる社会的ネットワーク分析とは，個人を中心とした人間関係を分析することによって，その個人の生活構造と個人が所属する社会の生活様式を明らかにする方法である（安田）[16]．また，ネットワークの定義は論者によって様々であるが，辞書で用いられる意味としては「点と点のつながりの形」である．安田[16],[17],[18]もネットワークを「複数の何らかの対象があり，その対象の一部またはすべての間に関係が存在しているが，そこにある何らかの'つながりの形'」と捉えている．

　また，ソーシャル・キャピタルのアプローチでは，ネットワークを目的的行為によってアクセス・動員できる社会構造に埋め込まれた資源とみなしている．そして，社会的ネットワークに埋め込まれた資源がある行為によりもたらされる成果の1つに，情報の流れを促進する効果を挙げている．通常の不完全な市場状況において，特定の戦略的位置またはヒエラルキーのなかのある地位に配置された社会的紐帯は，そういったつながりがなければ手に入らないような機会や選択肢に関する有用な情報を諸個人にもたらしてくれるのである．また，こうした紐帯の影響により組織とその運営主体，あるいはコミュニティはその関係がなければ気づかないような人々の有用性と利益関心に気づかせてくれる[11]．さらに，社会関係資本研究では，社会関係資本を個人財と捉え，何らかの「個」としての存在とその周囲を取り巻く社会関係やネットワークとの関連に着目し，ネットワークが「個」にもたらす便益について分析している[1],[2],[11]．

　これまで日本においては，農家が有するネットワークについて分析した研究に，原，高橋・比屋根・林，小林・三谷，高橋・梅本がある．原[12]は，農村女性の社会的ネットワークの把握から，女性独自のネットワークが存在していることと，その意味について明らかにした．また，高橋・比屋根・林[9]

は，農山村集落のリーダーの構造について分析しており，小林・三谷[4]は，ネットワークを農業経営者が営農に関する様々な情報を収集した上で，情報を分析，判断し，経営行動として反映させていく一連の活動の場として捉え，農業経営と経営者の構築したネットワークとの関係について分析している．この中で，多角的経営を展開している経営と新規参入者の経営では，集落や既存の枠を超えたネットワークが形成されていることを明らかにした．ただし，この研究は9戸のみの農家を分析したものであり，一般化したとはいえない問題を抱えている．また，高橋・梅本[8]は，日本の集落営農における営農情報ネットワークについて，少数のリーダーが組織活動に関する重要な戦略的意思決定を担い，他の構成員はリーダーから日常業務的な情報を得て組織活動に参加していること，その関係構造は，リーダーが相互にダイアド・トライアド等のインタラクティブな関係を形成しながら組織の管理運営を担い，その他の構成員は一部のリーダーのみと直接結びつき，そこから一方的に営農情報を得る関係にあるとしている．このように，日本では農業経営，農村社会におけるネットワーク構造を重視し，詳細に分析した研究が存在するが，韓国においては，農家および農村社会を対象に社会的ネットワークと経営の関係性について着目した研究は皆無である．

そこで本章では，次の2点の課題を設定した．まず，第1に稲作農家の社会的ネットワークとその関係性を，農業経営活動別に明らかにした上で，稲作農家の新しいネットワークの構造と今後の展望について提示する．具体的には，ネットワークの構築時期を2000年前後に区分するとともに，そのネットワークが「所与」[1]による関係か「選択」による関係かを区分して，農家の自発的な動きによる新たなネットワークの特徴を把握する．また，これらのネットワークはどのような関係構造によって成立しているか解明を試みる．

第2に，稲作農家が構築しているパーソナルネットワークが経営展開においていかなる影響を与えているのか，農家のパーソナルネットワークをソーシャル・キャピタルの視点から分析し，農業経営との関連性について分析す

るとともに，当該ネットワークがいかにして形成されたものであるかについて解明する．

2. 稲作農家のネットワークの特徴と構造

(1) 調査方法と調査対象農家の特徴

　調査地は，韓国の稲作地帯の中で代表的地域である全羅北道金堤市とした．その中で地理的に隣接している竹山面，廣活面，進鳳面，聖徳面，金溝面の5つの面（日本の村に相当）を中心に，該当地域の「農民相談所（末端農業者支援行政機関）」に稲作農家の情報提供を依頼し，調査協力が得られた85戸の農家を対象に調査を実施した．また，各経営主に対して聞き取り調査によりデータを収集した．調査期間は2010年6～7月である．

　まず，稲作農家の農地確保に関するネットワークを把握するために，調査農家の耕作農地の所有地と借地の提供先に関するデータを収集した．

　次に，農業経営活動別のネットワークを把握するために，農業生産（生産技術・経営全般）活動の実態と相談先，労働力調達先，農産物の販売活動における相談先，日常生活における相談先などについて，経営主自身が最も重要だと認識している相手を5名まで挙げてもらった．また，各相談相手について職業，居住地，関係の種類，交流頻度，交流期間についても調べた．

　調査対象地は，全国でも有名な米の穀倉地帯で，地域の水田率は，竹山面98％，進鳳面97％，廣活面99％にまで及ぶ．なお，廣活面は1910-30年代に干拓地造成によって形成された水田地帯である．近年では，米価下落の影響によって二毛作を取り入れる農家が多くなり，作物としては麦，飼料用麦を栽培する農家も増加している．特に，廣活面では水田の裏作に施設ジャガイモを取り入れた農家が多い．施設ジャガイモ生産は，価格の変動が大きいため，1980年後半から少数の農家だけが行っていたが，近年（4～5年前）の価格好調により多くの農家が取り入れるようになった．

　また，調査対象となった経営主の平均年齢は58歳で，平均営農年数30年，

性別は男性79名,女性6名であった.経営形態(作物構成)別では稲作単作17戸(20%)のほかに,水田の裏作を導入している農家が,大麦12戸(14%),飼料用麦20戸(24%),施設野菜13戸(15%)などとなっている.また,耕地面積については,平均が6.8haであり,3〜7ha規模の農家31戸,7ha以上規模の農家が23戸で,過半数以上の農家が3ha以上の規模である(表2-1).

(2) ネットワークの構造

1) 稲作農家の社会的ネットワークの分類

まず,ネットワークメンバーとの相互紐帯が複数のものがあるため,調査対象となった稲作経営主(85名)のネットワークメンバー818名を,社会的ネットワークの関係形成の契機によって分類した.この結果,親族関係93名,近隣関係331名,仕事関係279名,友人関係31名,公的関係77名,教育機関関係7名となった(表2-2).ネットワークメンバーのうち,近隣関係が331名で全体の約40%を占めている.さらに,公的関係のうち,50名が各面地域に所在している「農民相談所所長」であることを加えると半数近くが近隣住民で構成されていることが分かる.

また,今回の調査では販売部門におけるネットワークで販売先を挙げてもらった経営主が多かったため,仕事関係が多くなったと考えられる.

表2-1 調査対象農家の経営の特徴

(単位:戸,%)

面地域	戸数	経営主年齢区分	戸数	割合	経営主学歴	戸数	割合	耕地面積区分	戸数	割合	経営形態(作物)	戸数	割合
竹山面	43	50歳未満	20	24	〜小卒	18	21	3ha未満	31	36	稲作単作	17	20
廣活面	29	50〜59歳	24	28	中卒	13	15	3〜7ha	31	36	稲作+畜産	6	7
金溝面	5	60〜69歳	32	38	高卒	37	44	7ha以上	23	27	稲作+大麦	12	14
聖徳面	4	70歳以上	9	11	大卒以上	17	20				稲作+飼料用麦	20	24
進鳳面	4										稲作+施設野菜	13	15
											稲作+飼料用麦+施設	17	20
合計	85	合計	85	100	合計	85	100	合計	85	100	合計	85	100

出所:調査農家(85戸)に対する聞き取り調査により作成.

表 2-2　ネットワークメンバーの形成契機による関係分類

(単位：人，%)

単紐帯		複数紐帯		分類	
親族関係	0	親族＋近隣	1	⇒親族関係	93
		親族＋仕事	42		11%
		親族＋近隣＋仕事	50		
		小計	93		
近隣関係	58	近隣＋仕事	273	⇒近隣関係	331
					40%
仕事関係	279 (うち農協71)		0	⇒仕事関係	279 34%
友人関係	8	友人＋仕事	7	⇒友人関係	31
		友人＋近隣＋仕事	16		4%
		小計	23		
公的関係	77		0	⇒公的関係	77 9%
教育機関関係	7		0	⇒教育機関関係	7 1%
合計	429 52%	合計	389 48%	合計	818 100%

出所：表 2-1 に同じ．
注：聞き取り調査より得られたネットワークに関するデータを集計した結果である．

2) 農業経営活動別の農家ネットワーク

次に，農業経営諸活動においてこのような社会的ネットワークがどのように関係しているかについて詳しくみていく．

①稲作農家の農地確保におけるネットワーク

表 2-3 に示した農地購入における農地の提供先を見ると，全体としては近隣関係 75%，親族関係 5% で，所与による関係が圧倒的な割合を占めている．他方で，公的関係 13%，友人関係 6%，その他 2% など選択関係によるものが少ない．しかし，時期別にみると，1980 年代に購入した農地は「近隣関係」によるものが約 9 割を占めていたが，その割合は徐々に減少し，2000 年代には 5 割となっている．その一方で，公的関係（農村公社による仲介など）による農地購入が 1990 年代から増加し，2000 年代には 23% と

表 2-3 稲作農家の農地確保先

(単位:人,%)

区分		全体		~1980年代		1990年代		2000年代	
農地提供者特徴		数	割合	数	割合	数	割合	数	割合
農地購買総件数(件)		123		44		39		40	
農地購入	近隣関係	92	75	39	89	31	79	22	55
	親族関係	6	5	1	2	1	3	4	10
	公的関係	16	13		0	7	18	9	23
	友人関係	7	6	4	9			3	8
	その他	2	2					2	5
農地借入総件数(件)		157		6		33		118	
農地借入	近隣関係	81	52			22	67	59	50
	親族関係	32	20	6	100	10	30	16	14
	公的関係	32	20					32	27
	友人関係	1	1			1	3		
	その他関係	11	7					11	9

出所:表2-1に同じ.
注:1)「近隣関係」には近隣農家の紹介も含む.
2)「公的関係」には農村公社の仲介が該当する.
3)「その他」には不動産の仲介と競売を含む.
4)農家の所有地と借地の提供先を集計したもの.

なっている.また,農地借入においては,1980年代の借入地はすべて親族関係であるが,1990年代以降は近隣関係によるものにシフトし,2000年代には公的関係が27%とその割合を高めている.

なお,農地確保において2000年以降に形成された新たなネットワーク(以降,新たなネットワークと称する)として「公的関係」と「その他関係」があるが,これらは選択関係ではあるが,農村公社や不動産業者は農家自ら設立したものではないことから,農家の自発的な動きによって形成されたネットワークであるとは言い難い面がある.

②稲作農家の労働力調達におけるネットワーク

稲作農家の労働力の調達先について見ると,近隣関係の農家が69%と最も多い.また,親族関係と合わせると所与による関係が84%を占めることから,労働力調達においては近隣関係のネットワークが最も強く機能していることがわかる(表2-4).

表 2-4 稲作農家の労働力調達先
(単位:人,%)

区分		全体		1999 年以前	2000 年以降
		回答数	割合	回答数	回答数
近隣関係	近隣農家	165	69	147	18
親族関係	家族・親族	36	15	34	2
仕事関係	人力紹介所	18	8	4	14
	常時雇用者	8	3	6	2
	小計	26	11	10	16
友人関係	知人農家	9	4	5	4
	知人非農家	3	1	0	3
	小計	12	5	5	7
回答数合計		239	100	196	43

出所:表2-1に同じ.
注:「家族・親族」は,同居していない家族,親族を,「知人農家」・「知人非農家」は,近隣に居住していない知人,知り合い農家を指す.

　また,新たなネットワークとして,仕事関係では人力紹介所,友人関係では知人農家・非農家がある.人力紹介所を挙げた農家には,高齢農家で稲作の機械作業を依頼する農家2戸,親環境米生産農家3戸,裏作に施設ジャガイモや施設野菜を生産している農家9戸が該当する.すなわち,人力紹介所は高齢農家,親環境米生産農家,他作目を導入している農家に有効なネットワークである.

③稲作農家の生産技術および経営全般におけるネットワーク

　稲作農家の生産技術や経営全般に関して最も頼っている相談相手は公的関係(35%)であった(表2-5).なかでも,農民相談所を挙げた農家が最も多く,通う頻度に関しては週2~3回と回数も多い.また,農業技術センターの場合は,ほとんどの農家が月1~2回と答えている.公的関係以外の相談先の割合は,近隣関係29%,仕事関係13%,友人関係10%,親族関係7%,教育機関関係6%の順となっている.ここでは,前述した農地確保先と労働力調達先とは異なり,所与関係(近隣+親族)によるものが36%と,選択関係よりも少ない.このことから,生産技術や経営全般に関する相談に

第2章　稲作経営におけるネットワークの構造　　　　　　87

表 2-5　稲作農家の生産技術・経営全般における相談先

(単位：人，%)

区分		全体		1999年以前	2000年以降
		回答数	割合	回答数	回答数
公的関係	農民相談所所長	54	25	48	6
	農業技術センター	19	9	14	5
	市・道庁	2	1	1	1
	農村公社	1	0	1	0
	小計	76	35	64	12
近隣関係	農家	62	29	54	8
仕事関係	農薬販売店	22	10	18	4
	農協・畜協	6	3	4	2
	小計	28	13	22	6
友人関係	農家	11	5	2	9
	農業法人・作目班農家	11	5	2	9
	小計	22	10	4	18
親族関係	農家	16	7	15	1
教育機関関係	教育機関	5	2	2	3
	農業関連研究所	4	2	0	4
	親環境農業研究所	3	1	1	2
	小計	12	6	3	9
	回答数合計	216	100	162	54

出所：表2-1に同じ．

関しては，近隣農家同士よりむしろ，農民相談所や農業技術センターなどの公的関係，農薬販売店や農協などの仕事関係，さらに農業法人，作目班のメンバーなどの友人関係に頼っていることがわかる．

　また，新たなネットワークとしては，友人関係や教育関係機関が挙げられる．これらを挙げた農家には，親環境米の生産農家8戸，他作目導入農家11戸であった．すなわち，米の新たな栽培方法や他作目導入農家は，農業法人や作目班などの組織メンバーや教育機関とのネットワークを重視しており，その関係も自らが「選択関係」を構築することで得られていることが示されている．

④稲作農家の販売におけるネットワーク

稲作農家が販売において重要な相手であると答えた相談相手は，仕事関係が最も多く，続いて友人関係，親族関係，近隣関係となっている．つまり，所与の関係よりも選択関係が重視されていることがわかる（表2-6）．

仕事関係のネットワークの内容について見ると，農協RPCと精米所，民間RPC，個人卸売商人（一部）はコメの販売先であるが，卸売市場（ソウル可楽洞市場，市内農産物共販場など），酪協・畜協，園芸協同組合などはコメ以外の販売先である．すなわち，コメ以外の作物を生産する稲作農家ではそれらの作目の販売先のネットワークを有しているということであろう．

新たなネットワークとしては，友人関係と親族関係によるものがあり，これは農家の自発的な動きであると評価できる．友人関係には，有機農産物関連団体メンバーや農業経営者会メンバー，農業法人，作目班など組織のメン

表2-6 稲作農家の販売に関する相談先

（単位：人，％）

区分		全体		1999年以前	2000年以降
		回答数	割合	回答数	回答数
仕事関係	農協RPC	75	28	67	8
	個人卸売商人（産地中間卸業者）	35	13	17	18
	卸売市場	30	11	10	20
	精米所	13	5	12	1
	酪協・畜協	12	5	1	11
	民間RPC	5	2	0	5
	園芸協同組合	2	1	0	2
	小計	172	65	107	65
友人関係	有機農産物関連団体メンバー	4	2	1	3
	農業経営者会メンバー	1	0	0	1
	農業法人や作目班など同組織のメンバー	32	12	2	30
	小計	37	14	3	34
親族関係	家族・親族	38	14	1	37
近隣関係	近隣農家	17	6	15	2
	回答数合計	264	100	126	138

出所：表2-1に同じ．
注：1）表中のRPCとは，Rice Processing Complex（米穀総合処理場）の略字である．
　　2）表中の卸売市場は，首都のソウル可楽洞市場や市内の農産物共販場が該当する．
　　3）相談しないと答えた農家1戸．

表 2-7　稲作農家の直売に関する相談先

(単位：人，%)

ネットワーク区分	人数	割合	相談先の職業	人数	割合	相談先の居住地	人数	割合
親族関係	43	72	会社員	28	47	他地域	46	77
友人関係	12	20	主婦	21	35	隣接市	12	20
仕事関係	5	8	農家	7	12	同村落内	2	3
			穀物卸売業者	3	5			
			有機農産物関連業者	1	2			
全体	60	100		60	100		60	100

出所：表2-1に同じ．
注：1) 1999年以前から直売をスタートした農家は2戸のみであったため，時期区別をしていない．
　　2) 直売を行う25戸の直売に関する相談先を集計した．

バーがある．これらを挙げた農家には，親環境米の生産農家21戸，他作目導入農家11戸が該当しており，これらの農家が，農業法人や作目班など農家生産組織のネットワークを重視していることがわかる．

　また，新たな親族関係の増加は，直売におけるサポートが新たに形成されていることを示している．表2-7の直売における相談相手をみると，関係別では，親族関係が7割で，職業別では，会社員47%，主婦35%など，居住地別では，他地域が7割以上であることから，他地域に居住している非農家であって，かつ親戚の者が直売を仲介・紹介するなどのサポートを行っていることがわかる．

⑤稲作農家の日常生活（プライベート）におけるネットワーク

　上述してきた農業経営諸活動と対比して，稲作農家の日常生活での相談相手について見ると，近隣関係が65%で最も多く，続いて友人関係15%，親族関係11%，仕事関係7%，公的関係2%の順となっている．すなわち，所与による関係（近隣＋親族）が76%を占めている．また，新たなネットワークは確認されなかった（表2-8）．

3) 稲作農家の新たなネットワークの構造
①親環境米生産におけるネットワーク

表 2-8　稲作農家の日常生活における相談先

(単位：人，%)

区分	全体 回答数	全体 割合	1999 年以前 回答数	2000 年以降 回答数
近隣関係	166	65	156	10
友人関係	39	15	34	5
親族関係	29	11	28	1
仕事関係	17	7	9	8
公的関係	4	2	2	2
回答数合計	255	100	229	26

出所：表 2-1 に同じ．

　事例として取り上げた仏堂マウルは，竹山面に属しており，筆者が悉皆調査を実施したマウルである．

　マウルの全戸数は 27 戸であるが，高齢・引退農家を除くと 13 戸となる．これら農家の経営主の相談相手をみると，ほとんどの農家がマウル内の人々を挙げている（図 2-1）．特に，相談相手として B 氏を挙げた人が 8 名，続いて A 氏の 7 名となっており，この 2 氏がマウルの中心人物であることがわかる．

　仏堂マウルの農家が親環境米生産に取り組むようになった契機は，竹山面に在住する C 氏（親環境米研究所長，有機米流通会社理事）が小学校からの友人である A 氏（仏堂里長）に親環境米生産を依頼したことである．しかし，親環境米生産は水田の団地化が求められるため，A 氏は近隣農家である B 氏と一緒にマウルの農家に対して，親環境米生産に関する情報の提供や生産技術を教えるかわりに農家の参加を求めた．その結果，現在はマウルの全農家が「仏堂親環境米作目班」の構成員として組織化されている．

　以上のように，親環境米生産におけるネットワークの構造は，主導する A 氏と B 氏（リーダー）が外部のネットワークにリンクできたこと（友人関係によるネットワーク）と，団地化の必要性から参加農家が近隣関係の中で広まり，ネットワークの範囲がマウル内に集中していることによって形成されている．ただし，マウル農家の参加を主導することができたのは，A 氏

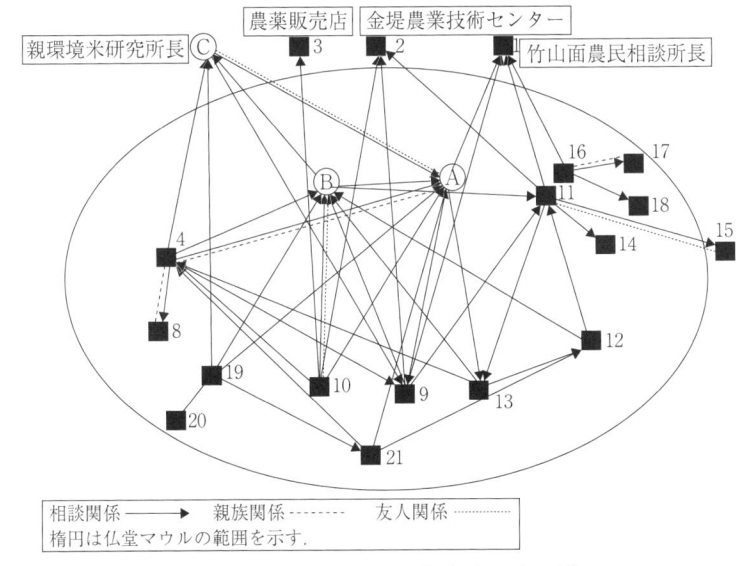

第2章　稲作経営におけるネットワークの構造　　　　　　91

図2-1　仏堂マウルの親環境米作目班のネットワーク

出所：該当農家のネットワーク調査データにより作成（2010年7月）．

とB氏が提案する新しい農法の内容だけでなく，両氏に対するマウル農家の信頼がベースとなり，受け入れたことにある．

②他作目導入におけるネットワーク

　水田裏作に施設ジャガイモを取り入れている農家が最も多い廣活面のうち，同じマウルの6戸の農家が参加している作目班がそれぞれ異なることから，施設ジャガイモ生産におけるネットワークの範囲がマウル内に限定されないことがわかった．そのため，6農家のうち，1農家が参加している「ソンハク作目班」の構成員と各構成員間の関係について調べた結果，5カ所のマウルの21農家で構成されていることが明らかとなった（図2-2）．

　また，各構成員間の関係についてみると，結成初期のメンバー間では友人関係で結ばれているが，新たに参加してきた農家では，既存の構成員と親族関係が1件，友人関係が1件のみである．すなわち，作目班のメンバーは，ジャガイモ生産と販売に関連した仕事のために作目班への参加を希望するた

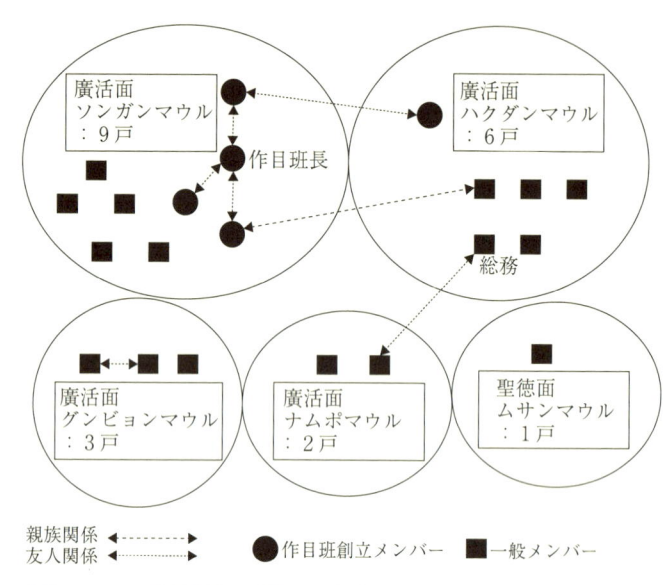

出所：ソンハク作目班長への聞き取り調査により作成（2010年7月）．
図 2-2 ソンハク作目班のメンバー間の関係

め，既存の構成員とは「仕事関係」にある．

　施設ジャガイモ生産農家が作目班を結成し運営している目的として，1つには販売先がソウルや市の卸売市場となっているため，共同出荷による価格交渉力を高める目的がある．

　実際，「ソンハク作目班」では競売の際の価格の騰落があまりにも大きい時に，作目班長が卸売市場関連の仲介者に仲裁を求め，競売会社の手数料を調整してもらうことがある．これは作目班の共同出荷による「バーゲニングパワー」によって成立しているものということができる．

　もう1つは，収穫時期における作業労働力確保のためである．施設ジャガイモは競売価格が高い時に可能な限り出荷しなければならないため，収穫時期が非常に短い一方で，地域の施設ジャガイモ農家が一斉に収穫作業に入ることから，労働力需要が高くなる．さらに，ジャガイモの収穫・包装作業は生ものであるため，収穫した日のうちに卸売市場へ出荷しなければならない．

そのため，この地域での収穫・包装作業は朝方5時半から午後2時までに終わらせ，トラックでソウルまで3時間をかけて運搬しなくてはならず，短時間内に多くの労働力を要する．しかし，マウル内や面内から多くの労働力を調達することは限られており，とりわけ個別農家単位での労働力調達には限界がある．さらに，廣活面では各施設ジャガイモ作目班と労働力提供業者，運搬業者で構成されている連合会において作業労賃やトラックの運賃を決定している．各作目班では労働力供給業者と2カ月間契約を結び，それぞれの農家の作業を順番に任せている．作業は作目班長が労働力提供業者に構成員農家の作業スケジュールを提供すると，投入される労働力数とは関係なく，ハウス5棟当たり70万ウォンを支払う体制となっている．こうした側面があるため，新たに施設ジャガイモ生産を導入しようとする農家は，作目班に加入して生産活動を行うほうが効率的なのである．

　作目班への参加に対しては各農家が参加を申し込み，既構成員の会議で決定する．その理由は，上述の通り施設ジャガイモ生産・販売の特性上，販売先がソウルにある卸売市場であるが，出荷時期や出荷量によって価格の騰落が非常に大きい．特に春先の出荷初期は，1箱当たり6万5,000ウォンであったものが，1週間経過すると3万5,000ウォンへと下落するため，出荷量や出荷時期に関連して構成員間で円満かつ迅速な合意形成が求められる．したがって相互理解が得られる農家でないと組織運営が難しい．そのため，既存の構成員は，新たに参加を申し込んだ農家に対して，その農家の仕事に対する態度，評判，既存メンバーとの関係などを顧慮して参加を決める．

　こうした仕組みとなっていることから，親環境米生産とは異なり，施設ジャガイモ作目班のネットワークは，マウルを超える広い範囲で，農家の所与関係より選択関係から構築されるという特徴がある．すなわち，稲作以外の作目導入において重要な要素は，作目の生産・販売に関連した情報を入手するために作目班へアクセス可能なネットワークの構築能力と，その作目班に参加するための「地域における評判（信用・信頼）」であることが示されている．

(3) 小括

以上の分析結果に基づき，農家間の連携構造を整理すると以下の通りとなる．

第1に，稲作農家は自己の経営に限らず，外部の農家，農協，農民相談所，農業技術センターなどの関連諸主体から必要な経営資源，情報を調達しており，地域農業において一連の連携関係の構造下で営農が行われていることが明らかになった．

第2に，農地や労働力調達においては近隣関係によるものが圧倒的に多いことから，マウルや周辺農家との友好な関係作りが経営にとって重要であることが示唆された．

第3に，販売先や経営に関する相談に関連して，マウルや地域の範囲を超えるネットワークも存在することから，新しい農業経営の情報や技術習得，新たな事業導入などにおいては，マウル内や周辺農家のネットワークに限定されず，農業技術センターや卸売業者など既存とは異なるネットワークから情報や経営資源を獲得していることが明らかになった．このことから，現在の農業経営者は新しい情報や技術導入，販売開拓などに関連した新たなネットワーク構築を重視していることが明らかになった．しかも，農家が構築している関係をいかに管理していくかが農業経営において重要な経営要素であることも示唆される．

次に，稲作農家の新たなネットワークの特徴をまとめるとともに，今後の展望について述べる．

第1に，農地獲得，労働力調達，日常生活面では「所与による関係」によって得られている一方，生産技術や経営に関する相談や販売面では，農家の「選択による関係」によって得られている．すなわち，農業経営において重要な要素となる農業技術や販売面に関連しては，農家個別のネットワーク構築能力によって異なる．また，農地確保において所与の関係（親族関係，近隣関係）以外に，農村公社や不動産会社の斡旋などの「公的関係」と「その他関係」が登場し，増加傾向にあるということは，農家の規模拡大において

所与の関係にかかわらず個別的な対応が可能になったことを意味する．

　第2に，稲作農家の新たなネットワークとしては，親環境米生産農家と他作目を導入した農家が友人・仕事関係によって形成している「生産農家同士や作目班，農業法人などの農家組織」とのネットワークが出現・増加していることから，農家の新たなネットワークづくりへの自発的な動きが確認された．

　第3に，親環境米生産と施設ジャガイモ生産におけるネットワークについては，その範囲と構成員の関係において，親環境米生産農家のネットワークがマウルに集中しているのに対して，水田裏作（施設ジャガイモ）に取り組む生産農家のネットワークは，マウルを超える範囲で広く，しかも構成員間の関係が「選択」関係から得られていることが明らかとなった．

　以上のことから，今後も稲作農家は新たな米の生産方法や他作目導入において，既存のネットワーク（所与の関係）に限定せず，農家組織へ自ら参加することによる農家自身のネットワーク拡大など，自発的な対応によるネットワークづくりが重要であることが明らかになった．

　加えて，新しい作目導入などの際の農家間の連携関係は，農家の所与の関係よりも選択関係によって構築される特徴がある．稲作以外の作目導入において重要な要件は，作目の生産・販売に関連した情報を入手するために作目班へ自らアクセスできる経営主のネットワークの構築能力と，その作目班に参加できるための「地域での評判（信用・信頼）」であることが明らかになった．

3. 稲作農家のソーシャル・ネットワークと経営の関係性

(1) 課題設定

　バート（Roland S. Burt）[15]によると，企業性をもたらす情報，知識の収集，利用は各自が持つネットワークの構造と大きくかかわると指摘している．とりわけ社会的ネットワーク分析では，個人や企業といった行為者間のつなが

りに注目して，行為者の行為やパフォーマンスを行為者が埋め込まれている関係構造によって説明しようとする．また，行為者間の関係構造がどのように形成されるかを説明しようとする．そして，このような社会的ネットワーク分析では，行為者の行動・パフォーマンスと行為者間の関係構造の相互作用に着目する[17],[18]．そこで本節ではネットワークを農業経営における情報資源と捉え，ネットワークと農業経営との関係性について解明を試みる．

具体的には，調査対象農家（調査対象者は第2節の農家と同じ）のパーソナルネットワークを，エゴ（ego）が属するネットワークのクリーク[3]（clique）とネットワーク密度（network density）[4]によって分類し，ネットワークと農業経営との関連性について分析する．

ここで示すクリークとは，ネットワークのなかに存在する下位集団を指すもので，ネットワーク内で直接的に連結し，相互に強い関係で結ばれている複数の行為者の集合のことである．一方のネットワーク密度とは，ネットワークにおいて行為者同士の関係がどのくらい密接であるのか，その「程度」を示すものである．

また，本節では以下で示すネットワークの紐帯，密度の特徴にも着目する．グラノヴェッター[10]が主張する弱い紐帯理論では，情報収集や情報伝達に優れているのはわれわれが日常的に接触している人々との絆ではなく，むしろ接触頻度が低い人々との絆である．すなわち，日常的に接触する人との関係から得られる情報は，自らが持っている情報と大きく変わらないが，稀に会う人々との弱い関係は異なる世界からの情報を広く集めてきてくれる可能性が高く，自分とは異なる世界，よりかけ離れた社会圏に所属する人々との関係は特別な意味を持つと解釈できる．また，媒介性理論によると，ネットワークでは内部に存在する異なるグループを連結させるブリッジが重要であるが，ブリッジの連結機能は情報伝達や社会統合に役に立つものであるが，弱い紐帯であることが多い．これらが，異なる集団相互の情報交流や結びつきを促し，社会をまとめる機能を果たす[18]．

また，フリーマン（Freeman）は，ネットワーク規模（関係数）はコミュ

ニケーションの活動量，媒介性はコミュニケーションを統制する能力，近接性は最小限の人数によって多数の人に到達できる能力としている[14]．

一方，ネットワーク密度について，バートの空隙理論では密度が高いネットワークほどソーシャル・キャピタルとして有効性は低いとされている．すなわち，密度の高さはネットワークの閉鎖性を示すもので，密度の高いネットワークは，①情報収集力，②他者の行動の制約力の点でネットワーク保持者に対して不利に働く．密度の高いネットワークにおいては，構成員間の強い紐帯により新たな情報の収集機能が弱く，同質的な情報が内部で循環する傾向が強いため，閉鎖的で開放的なネットワークに比べて情報収集力が非効率的であるという．

もっとも，バートは「ネットワークの生存力と育成性を握るカギは「近所付き合い」を大切にし，ときに「遠距離交際」をしながら，環境変化に応じて柔軟にトポロジー[2]を変化させていくためのリワイヤリング能力である」とし，日々の居所的な交際範囲に埋没した多くの個人や組織が見逃している，複数のネットワーク間の構造的な発展可能性に着目した．そして，現在はつながらず，離ればなれになっているか，あるいは接触頻度の少なさから遠い関係にある複数のネットワークの間に，「構造的な溝（structural hole）＝埋まれば有益なすき間」があると主張した．そして，他人より早くその構造的な溝を乱すことが重要で，そのためには，溝を良く見渡せる位置取り（ロケーション）が大切である．そして，構造的な溝に架橋（ブリッジング）することによって，それまで両側に局所的に滞っていた情報やノウハウがネットワークの結節点を通して一挙に流れ，結節点に位置する個人や組織が利益を独占し，繁栄するであろうと説いた[7]．

こうした外部主体とのネットワーク構築能力の評価を裏付けるものとして，異質な人間との付き合いは同質的な人間との付き合いよりもストレスを生みやすい．だからこそ，人々は同質的な規範や考え方を持つ人々と，閉鎖的で空隙が少ないネットワークを形成しがちである．空隙が多く，構成メンバーの多様性が高いネットワークを維持するには，それなりに人間関係調整能力

と高い許容性が必要である[18]という安田の論理も有用になる．

(2) ネットワークによる農家類型化と特性

まず，ネットワークのクリーク数と密度を基準に農家85戸を類型化したものが図2-3である．ここでは全農家（85戸）の平均クリーク数（4.69）と平均密度（0.67）を基準として，A小範囲・ネットワーク閉鎖型：「高密度―少クリーク（n=33）」，B小範囲・ネットワーク開放型：「低密度―少クリーク（n=11）」，C広範囲・ネットワーク閉鎖型：「高密度―多クリーク（n=6）」，D広範囲・ネットワーク開放型：「低密度―多クリーク（n=34）」の4つに類型化した．

この類型に基づき，農家の特性を示したものが表2-9である．まず，小範囲・ネットワーク閉鎖型の年齢階層別では，60代以上の農家が76％（25戸），30～40代が15％（5戸）で，高齢農家が多く該当していることがわかる．学歴別では小学校卒・中学校卒が54％と多く，高校卒・大学卒以上は

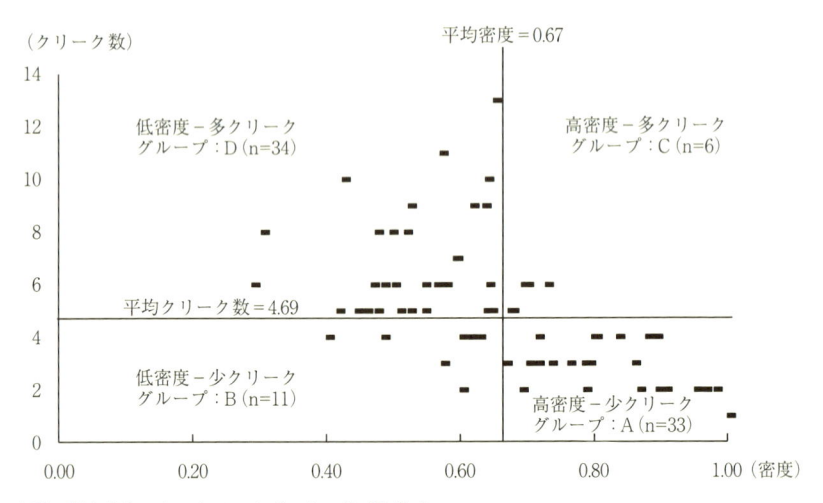

出所：調査農家のネットワークデータに基づき作成．
注：図中の縦軸がクリーク数を，横軸が密度を，実線がそれぞれの平均値を示す．

図2-3 ネットワークによる農家類型化

39%である．売上高別では3,000万ウォン未満の農家が58%で最も多く，3,000～5,000万ウォン18%，5,000万～1億ウォン18%で1億ウォン以上が6%の順となっており，売上高規模が小さい農家が多く該当している．

　小範囲・ネットワーク開放型の年齢階層別農家は，多くが50～60代の農家で，学歴別では中学校卒が3割，残りは高校卒の農家である．売上高別にみると3,000万ウォン未満から1億ウォン規模の間に3割ずつ存在しており，1億ウォン以上の階層は確認されなかった．経営面積規模に関しても農家の82%が5ha未満の中間規模層の農家である．

　広範囲・ネットワーク閉鎖型の年齢階層別農家は，6戸のうち4戸が40

表2-9　ネットワーク類型別農家の特性

(単位：戸，%)

年齢階層別		小範囲・ネットワーク閉鎖型		小範囲・ネットワーク開放型		広範囲・ネットワーク閉鎖型		広範囲・ネットワーク開放型	
		農家数	割合	農家数	割合	農家数	割合	農家数	割合
合計		33	100	11	100	6	100	34	100
年齢階層別	～30代	0	0	0	0	0	0	2	6
	40代	5	15	1	9	4	67	8	24
	50代	3	9	3	27	1	17	16	47
	60代	17	52	7	64	1	17	7	21
	70代以上	8	24	0	0	0	0	1	3
学歴別	学歴なし	2	6	1	9	0	0	1	3
	小学校卒	12	36	0	0	2	33	0	0
	中学校卒	6	18	3	27	0	0	4	12
	高校卒	9	27	7	64	4	67	16	47
	大学卒以上	4	12	0	0	0	0	13	38
売上高別	3,000万ウォン未満	19	58	4	36	1	17	1	3
	3,000～5,000万	6	18	3	27	0	0	4	12
	5,000万～1億	6	18	4	36	1	17	11	32
	1億ウォン以上	2	6	0	0	4	67	18	53
経営面積別	1ha未満	3	9	1	9	0	0	0	0
	1～3ha	18	55	3	27	3	50	2	6
	3～5ha	6	18	5	45	1	17	6	18
	5～7ha	4	12	1	9	0	0	8	24
	7～10ha	1	3	1	9	1	17	6	18
	10ha以上	1	3	0	0	1	17	12	35

出所：図2-3に同じ．

表 2-10　ネットワーク類型別農家の栽培作物と経営形態

(単位：戸，%)

経営形態	小範囲・ネットワーク閉鎖型 農家数	割合	小範囲・ネットワーク開放型 農家数	割合	広範囲・ネットワーク閉鎖型 農家数	割合	広範囲・ネットワーク開放型 農家数	割合
稲作単作	10	30	1	9	0	0	0	0
稲作＋冬季作（麦・大麦・飼料用麦）	9	27	3	27	1	17	15	44
稲作＋冬季作（施設栽培）	9	27	5	45	2	33	2	6
稲作＋露地野菜	3	9	0	0	0	0	0	0
稲作＋果樹	0	0	0	0	0	0	1	3
稲作＋畜産	1	3	1	9	0	0	2	6
稲作＋施設野菜	0	0	0	0	1	17	1	3
稲作＋冬季作（施設栽培）＋施設野菜	1	3	1	9	2	33	5	15
稲作＋冬季作（施設栽培）＋施設野菜＋露地野菜	0	0	0	0	0	0	1	3
稲作＋米流通・販売	0	0	0	0	0	0	2	6
稲作＋営農代行	0	0	0	0	0	0	5	15
合計	33	100	11	100	6	100	34	100

出所：図2-3に同じ．

代の若手農家である．また，学歴別では50代と60代の小学校卒の農家2戸と40代の高校卒農家4戸となっている．売上高をみると，3,000万ウォン未満が1戸，5,000万～1億ウォン1戸，1億ウォン以上4戸で，全般的に売上高規模が大きい．面積別には1～3ha階層は3戸，3～5ha階層は1戸，7ha以上が2戸である．

広範囲・ネットワーク開放型の年齢階層別農家は，30～40代の若手農家が30%で多く含まれている．これに50代を入れると全体の75%となり，ほかのA，Bグループと比べて若手農家が多く該当している．また，学歴別では高校卒が47%，大学卒以上が38%で他のグループと比べて学歴の高い農家が多く該当している．売上高と経営面積別では，5,000万ウォン以上が85%で圧倒的に多く，5ha以上の農家が77%で，他のグループと比べると売上高と経営面積の大きい，大規模農家が該当していることがわかる．

こうした類型別に農家の栽培作物構成や経営形態に差が存在するかについて示したものが表2-10である．特に栽培作物構成には差がみられないもの

の，米の生産のみならず，流通・販売部門を取り入れている農家，営農代行を事業として行う農家が広範囲・ネットワーク開放型に存在していることが特徴的である．

次に，表2-11のネットワーク類型別農家のネットワークの特徴についてみると，小範囲・ネットワーク閉鎖型は，マウル農家のネットワークの割合が56%で他の類型より多くを占めている．また，農民相談所13%を合わせると，マウル内のネットワークがおおよそ7割を占めており，マウルという小さい範囲でのネットワークで構成されているという特徴がみられる．また，組織メンバー間のネットワークが16%で，これらを合わせたネットワークが9割以上を占めていることから，マウル内の農家間ネットワークを重視している農家群であるといえる．

小範囲・ネットワーク開放型においても小範囲・ネットワーク閉鎖型と同様，マウル農家間のネットワークが45%，農民相談所23%でマウル内の小さい範囲のネットワークで構成されている．一方，他地域居住者の割合が20%で他の類型より割合が高いが，これらは他地域に居住している家族や親族のネットワークである．したがって，この類型の農家はマウル内と家族や親族などの血縁関係のネットワークを重視していることがうかがえる．

広範囲・ネットワーク閉鎖型では，組織メンバーのネットワークが44%で最も高い割合を占めており，独自の販売先や組織メンバーと連携した農薬販売店や卸売先などのネットワークが多い．マウル農家間のネットワークは26%で上述した2つの類型より少ないことから，この類型は自分が属している組織のメンバー間のネットワークを重視しているという特徴がみられる．

広範囲・ネットワーク開放型は，組織メンバーが29%で最も多く，次いでマウル農家25%，独自の販売先11%，他地域居住者11%，農業技術センター7%など多様である．特に，他の類型ではみられない「大学・研究機関・団体」のネットワークが存在していることが特筆される．これらのことから，この類型の農家はマウル内のネットワークのみならず，農業関連諸主体と広い範囲でのネットワーク構築を重視していることがわかる．

表 2-11　ネットワーク類型別農家のネットワークの特徴

		小範囲・ネットワーク閉鎖型		小範囲・ネットワーク開放型		広範囲・ネットワーク閉鎖型		広範囲・ネットワーク開放型	
平均ネットワーク		8.4		8.4		13.8		12.5	
平均クリーク数		2.7		3.6		5.7		6.9	
平均密度		0.9		0.6		0.7		0.5	
クリーク詳細		クリーク数	割合	クリーク数	割合	クリーク数	割合	クリーク数	割合
マウル農家	家族・親戚	0	0%	0	0%	0	0%	6	3%
	マウル農家	8	9%	1	3%	0	0%	6	3%
	精米所	1	1%	1	3%	1	3%	7	3%
	農協	23	25%	8	20%	4	12%	18	8%
	畜協	0	0%	2	5%	0	0%	0	0%
	農薬販売店	4	4%	0	0%	1	3%	8	4%
	親環境精米所	7	8%	0	0%	1	3%	4	2%
	労働力斡旋所	3	3%	3	8%	1	3%	7	3%
	卸売・仲買人	6	6%	3	8%	1	3%	0	0%
	小計	52	56%	18	45%	9	26%	56	25%
農民相談所	マウル農家	10	11%	9	23%	3	9%	14	6%
	組織メンバー	2	2%	0	0%	0	0%	12	5%
	小計	12	13%	9	23%	3	9%	26	11%
農業技術センター	農家	5	5%	0	0%	0	0%	8	4%
	組織メンバー	2	2%	0	0%	2	6%	9	4%
	小計	7	8%	0	0%	2	6%	17	7%
組織メンバー	組織メンバー	7	8%	1	3%	4	12%	16	7%
	マウル農家	1	1%	0	0%	2	6%	0	0%
	農協	3	3%	1	3%	3	9%	17	7%
	農薬販売店	0	0%	0	0%	3	9%	9	4%
	卸売先	4	4%	1	3%	3	9%	15	7%
	畜協	0	0%	0	0%	0	0%	6	3%
	親環境米RPC	0	0%	0	0%	0	0%	1	0.4%
	労働力斡旋所	0	0%	0	0%	0	0%	1	0.4%
	精米所	0	0%	0	0%	0	0%	2	1%
	小計	15	16%	3	8%	15	44%	67	29%
独自の販売先（卸売, 仲買人）		2	2%	2	5%	5	15%	25	11%
他地域居住者	家族	4	4%	7	18%	0	0%	14	6%
	非農家知人	1	1%	1	3%	0	0%	11	5%
	小計	5	5%	8	20%	0	0%	25	11%
大学・研究機関・団体		0	0%	0	0%	0	0%	12	5%
全体合計		93	100%	40	100%	34	100%	228	100%

出所：図 2-3 に同じ．

(3) 類型別のネットワークと経営形態の特徴

1) 小範囲・ネットワーク閉鎖型

事例①：農家番号2（ネットワーク規模12，クリーク数4，密度0.88）のPJS氏（63歳）は水田1.7ha（所有地）を耕作しており，全面積に親環境農業（無農薬）を実施している．親環境農業導入の契機は，同じマウルの里長に勧められたことである．生産した米はすべて地域の親環境米専門のRPCが買い上げている．農業経営に関連した相談先としては，同じマウルの稲作農家と農民相談所や農業技術センター，農協となっており，主なネットワークはマウル内の農家である．

事例②：農家番号29（ネットワーク規模13，クリーク数4，密度0.83）のNSG氏（64歳）は，水田8.7ha（うち，借地5.2ha）を耕作しており，親環境農法で米を生産している．借地は13筆の農地をマウルの引退農家と高齢農家から確保している．親環境農業の導入契機は，9年前に親環境農業研究所の所長である友人が同マウルの農家にも参加を求めたためである．栽培や販売に関する相談先は所長となっており，その他はすべてマウル内の農家である．参加している組織は，地域の農家で年に1度の観光を目的に結成した'契'（親睦契）のみである．

事例③：農家番号48（ネットワーク規模6，クリーク数2，密度0.87）のAMH氏（48歳）は，2000年に帰農した農家（営農承継のため）で，水田1.6ha（うち借地0.8ha）のうち0.4haで米を，残り1.2haで施設ジャガイモを生産している．また，農地は同じマウルの高齢引退農家から提供してもらっている．施設ジャガイモの導入契機は，同じマウル内に生産農家のリーダー（作目班長）が存在しており，その人の紹介で作目班（東部作目班）に参加するようになったことにある．農業経営関連の情報はマウルの農家と作目班のメンバーより得ている．

事例④：農家番号59（ネットワーク規模8，クリーク数1，密度1）のKDH氏（70歳）は水田2ha（所有地）を耕作しており，生産した米の全量を農協へ出荷している．0.4aは相続による水田で，1.6haは1981年に同じ

マウルの農家が処分する際に購入したものである．農業経営に関連する相談先はすべてマウルの農家であり，労働力に関してもマウル内の農家で相互に依存している．参加している組織は，同年代の農家の親睦契が1グループあり，年に2度の旅行に参加している．

　以上，この類型に該当している農家の特性をまとめると，農業経営の規模が小さく，高齢農家が多く含まれており，また，マウル内の農家間のネットワークを重視し，新しいネットワーク構築には積極的ではない．なかにはマウル内のネットワークにより農地集積を達成した農家もみられるが，主流となっているわけではない．また，出荷から販売までを農協に一本化している傾向があり，新たな事業部門の導入などは見られず，与えられた条件に適合している．また，新たな情報源や資源を求めて自らアプローチするより，地域の核心たる農家集団によって提案されたり，勧められたことで，親環境農業や新しい農業・農法を取り入れている．こうした類型の農家はマウル内や限られた範囲内の農家と緊密な関係を維持することで，新しい情報や組織化に参加させてもらうことができるため，マウル内の親密なネットワークの維持を重視している．

　2）小範囲・ネットワーク開放型
　事例①：農家番号18（ネットワーク規模14，クリーク数4，密度0.48）のAJJ氏（60歳）は水田面積9.1ha（うち，借地5.6ha）に冬季作として飼料用麦を生産している．借地の地権者はそのほとんどが兄弟と近隣農家で，親族と地縁関係から農地を獲得して規模拡大を達成している．生産した米は親戚の農家（農家番号21）が学校給食に販売している．農業経営に関連した相談先は農民相談所の所長，兄（農家）および親戚の農家，近隣農家で，主としてマウル内の農家である．また，ソウルや仁川，水原など大都市に居住している家族を通して2005年から米と麦の直販を始めている．参加している組織は，マウルの定例会，マウル（明良2区）親環境米団地会など，主にマウルを範囲としたネットワークと家族や親戚の集まりである．

事例②：農家番号54（ネットワーク規模6，クリーク数2，密度0.6）の PMK 氏（54 歳）は 2000 年に帰農した農家（営農承継のため）であり，水田 1.6ha（相続地）を耕作している．水田の裏作として麦を生産しており，年間売上高は 2,300 万ウォンである（2010 年実績）．生産した米と麦の全量をソウルと全州に居住している親戚及び知人を介して直販している．営農に関する相談先としては農民相談所の所長で，週に 3～4 回と積極的に訪ねている．また，同じマウルの農家が農業関連のみならずプライベートについての相談役となっている．参加している組織は，山岳会と同年代の親睦会の 2 グループであり，特に農業関連のネットワークを拡大しようとする意識はない．また，余裕のある生活を全うするために帰農したため，農業経営の規模拡大に対する意向はない．

　事例③：農家番号64（ネットワーク規模6，クリーク数4，密度0.4）の AHO 氏（54 歳）は水田 4.8ha（所有地）を耕作しており，施設ジャガイモ 1.2ha と飼料用麦 1.6ha を生産している．農地のうち 1.2ha は相続地で，3.5ha は同じマウルの引退農家から購入したものである．生産した米と飼料用麦は農協，ジャガイモも作目班を通して園芸共販場に出荷している．農業生産活動に関連した相談先は主に農民相談所で，その他は参加している施設ジャガイモの作目班程度である．

　この類型に該当する農家の特性は，上述した小範囲・ネットワーク閉鎖型と同様，マウル内のネットワークが中心となっており，マウル内の関係から農地や関連情報を獲得していることがわかる．ただし，こうした近隣農家との関係以外に，血縁関係を重視している傾向があり，身内の方から経営資源を調達する傾向があるため，経営規模面，経営形態面において新しい動きは確認されていない．また，積極的に外部に対してネットワークを拡張する傾向も見られない．

3）広範囲・ネットワーク閉鎖型
　事例①：農家番号10（ネットワーク規模20，クリーク数6，密度 0.73）

のKIH氏（48歳）は水田15.9ha（うち，借地15.1ha）を耕作している地域の大規模農家である．現在，子供の教育や家族の生活環境を考慮して，金堤市の市街地に居住しながら農場まで自家用車で通勤している．

規模拡大の経緯は，もともと，氏の父親が水田4.3haを耕作していたが，1997年にKIH氏が就農すると同時に借地経営を開始した．その農地を基盤として，大型農業機械を購入し，さらに農村公社を通じた借地や高齢農家を中心に借地を確保したことで現在の面積に至っている．生産した米の半分以上は農協RPCに出荷しており，残りは金堤市内や扶安郡の仲買人，他地域の仲買人（2カ所は固定的）に販売しており，その売上高は年間平均1億6,000万ウォンである．

農業経営に関連した相談役は，農業技術センターと地域の農業者仲間15人で結成した「清雲営農組合法人」のメンバーである．農業技術センターには週3回ほど通っているほど，農業関連について知りたい情報の収集は当該センターに依頼しており，法人メンバーと一緒に農業技術センターでの営農教育などを受けている．法人のメンバーはすべて金堤市青年会の会員であり，12年前に米，小麦などの穀物の直販を行うために組織化したものである．組織のメンバーは経営面積が12〜16haの大規模農家が多数を占めており，週1回程度で直販や営農関連の情報交換，親睦交流を行っている．また，出身マウル（現在父親が居住しているマウル）の若手農家と飼料用麦のコンポサイレージチームを組み，飼料用麦の生産・販売を行っている．

事例②：農家番号27（ネットワーク規模11，クリーク数5，密度0.67）のLJK氏（41歳）は水田面積8.3ha（うち，借地2.3ha）と施設ジャガイモ0.4aを生産している．地元出身者であり，高校卒業後すぐに就農した．借地は，マウルの農家から借りているものが0.5ha，残りはすべて叔父（同じマウル居住）と母親（同じマウル居住），妹（金堤市内に居住している非農家）からのものである．一方で，農地購入は農村公社の農地購入資金を利用したもので，マウルの高齢農家と既に引退した農家から購入した．

2010年からタマネギとカボチャの施設栽培を導入しているが，こうした

作目の導入や栽培に関連した相談は主に農民相談所の所長（38歳）である．また，施設ジャガイモに関連しては地域の作目班に参加して品種の選択や資材の共同購入，共同出荷を行っている．大都市のソウルや光州などの卸売業者，扶安や全州の仲買人など4カ所に固定的な取引先を持っているが，これらは作目班を通じて知り合ったものである．

また，竹山面青年会の月1回の奉仕活動や面内の行事などに参加しており，農業経営者会（竹山面，年に6回ほど）の農業教育や生産関連会議にも積極的に参加している．主に竹山面内の営農仲間である若手農家と交流している．

事例③：農家番号50（ネットワーク規模15，クリーク数5，密度0.68）のYJY氏（48歳）は水田3.5ha（うち借地2.3ha）を耕作し，水田の裏作として施設ジャガイモ3.5haを生産している．借地の地主は3人であるが，全員がマウル内の高齢農家である．年間売上高は1億7,000万ウォンと高く，売上高の8割がジャガイモの販売によるものである．10年ほど前から施設ジャガイモを導入しており，そのために面内の施設ジャガイモ作目班に参加し，生産から作業，販売に関連した一連の情報を，作目班班長に相談している．また，同じマウルの農家や里長と日常的に交流しているため，マウルの農家や地域の友人農家が相談先となっている．

事例④：農家番号73（ネットワーク規模14，クリーク数6，密度0.69）のAST氏（54歳）は施設ハウス2ha（借地）を経営している．1993年に帰農してから，高齢農家から農地を借りて米を生産していたが，8年前から同じマウルの農家（農家番号75）が施設野菜を導入したことに影響をうけ，同じ作目班に参加し，トウガラシ，スイカ，タマネギ，キュウリ，トマトを生産しつつ共販場へ販売している．営農における相談先としては，農民相談所，農薬販売店，農業技術センターなどである．主なネットワークは地域内の農家や行政機関，作目班メンバーである．

以上で紹介した事例の共通点は，各農家自らが所属している組織のメンバーとのネットワークを中心に経営活動を行っており，そのネットワークへ積極的に参加する傾向がみられる．また，新しい作目の導入や経営改善に必要

とされる事項に関して，農業技術センターや作目班，農民相談所などにコンタクトして相談・解決策を求めている．その範囲はマウル内外に限定されず，固定的なメンバーであるものの，自ら積極的にコンタクトしている．その結果，農業経営面においても経営規模が大きく，多様な作目を導入している．

4）広範囲・ネットワーク開放型

事例①：農家番号21（ネットワーク規模13，クリーク数8，密度0.47）のAKS氏（54歳）は明良2区マウルの里長で，マウルの農家に有機米の栽培方法を普及するとともに，マウルの農家と有機米の共同出荷，直販を行っている．農地は2000年に2.4haを農村公社の農地購入資金を利用して購入したものである．残りの面積10.7haは借地であるが，農村公社の斡旋によるもので，地域内の知り合いの農家の農地もあれば，地主が誰かわからない農地もあるという．AKS氏は1981年に軍隊を除隊後，新規就農した．大学を休学したまま軍隊へ入隊したが，除隊直前に父親が病気で亡くなり，母親の面倒を見るために大学を退学し，故郷で就農することとした．しかし，AKS氏は就農して間もなく農薬散布によって身体を壊した．この経験から父親がもともと病弱であったことも農薬による影響があったのではないか疑問を抱き始め，農薬を使用せずに米作りができる方法を探った．そして，全北農業人力開発院と親環境農林学校に入学し，有機農業の生産技術を習得した．卒業後も両校の恩師と同級生には連絡を取り続けており，営農活動の良き相談相手となっている．

卒業後は金堤市有機農協会に入会し，有機農産物を生産する農家との情報交流に努めてきた．現在は，その支部である竹山面有機営農組合の組合長を務めている．竹山面有機営農組合には22人の会員が参加し，有機米栽培面積は40haを誇っている．3年前までは今よりも組合農家数が多く，5カ所のマウルの農家（60戸）が参加していたが，販売代金の回収が円滑に行われなかったため会員農家の反発を受け，現在の規模に落ち着いた．

金堤市有機農協会と竹山面有機営農組合はそれぞれ月に1回の集会を開き，

有機農業の技術や有機農資材の使用後の評価などの情報を交換している．AKS氏は農業関連の情報入手のために新聞やインターネットを活用するとともに，有機農業関連団体にも積極的に参加している．

　有機農法で生産した米については，組合の会員農家の生産した米も集めて共同販売を行っている．その販売先は，生産量のうち50％が学校給食で，残りは長年契約を維持している仲買人（5カ所）である．こうした販売先はAKS氏が自ら販売先にコンタクトして取引をするようになったもので，取引先からの紹介や関連知人による紹介などもあって，次々と直売の販路を開拓してきた．また，有機米の流通と市場状況を把握するために取引先から情報を得ている．

　事例②：農家番号23（ネットワーク規模19，クリーク数10，密度0.64）のKHD氏（55歳）は，水田耕地面積72ha（うち，借地70ha），年間平均売上高が12億ウォンの大規模農家である．所有地2haはマウルの10戸の引退農家から購入しており，借地のうち20haは農村公社を仲介とした地域の高齢農家，残りの50haは大田広域市に居住している2戸の不在地主（兄弟関係の非農家）である．もともとこの農地は塩田であったが，地主が塩田事業から撤退する際に借り入れて，水田に開墾したものである．

　常時雇用人が7人いるため，2007年に労務管理の安定を目的に会社法人を設立した．親環境米（低農薬栽培，10ha），黒米（30ha）と飼料用トウモロコシ（30ha）を生産しており，それぞれの地域のRPC（セマングム農産）と仲買人，畜協などと全量栽培契約を結んでいる．

　KHD氏の営農関連の相談役は，親環境米研究所の所長と新環境米専門RPCの代表，地域の先輩，後輩関係などである．彼らとの交流は長く，これまで営農活動を行う上で，親環境農業に対する知識を提供してもらったり，現場で試験的に導入した農業技術の結果を話し合ったり，親環境米の価格や販路，消費者ニーズなど流通関連の情報を提供してもらうなど，頻繁に情報交換を行ってきた．また，農業技術センターの営農教育などには積極的に参加しているが，一緒に受講する農家との交流の場であると考えている．

さらに，同氏はウリミル営農組合法人の理事として運営に参加しており，地域の農家とともに国産小麦を生産し，共同出荷や販売先の確保など積極的に活動している．主に，小麦を利用した加工品を製造するパン屋や有機農産物専門店などに直接取引するなど販路構築に挑んでいる．

事例③：農家番号82（ネットワーク規模15，クリーク数7，密度0.59）のKHS氏（57歳）は，水田27.8ha（うち，借地11.9ha）のほかに，肉牛40頭，飼料用麦のコンポサイレージ作業（作業面積138.3ha）を行っている大規模農家である．1970年に就農した当時の水田は0.2aの相続地のみで，借地や作業受託地を確保することで耕地面積を拡大してきた．1992年には，農村基盤公社（現，農村公社）が提供する農地購入資金を利用し，マウルの高齢農家から農地を購入した．また，現在の借地の半分以上は作業受託地から借地へ転換されたものである．KHS氏は農地確保のために，マウル内だけでなく，トラックで10〜20分離れた農地をターゲットとするなど，広い範囲で作業受託活動や借地確保に努めてきた．このため他地域にも知人が多い．また，作業委託者となる地域の農家に対しては「信用が生命」という信念のもと，これまで徹底した作業の提供と委託者との良好な人付き合いに心懸けてきた．この裏づけとして，KHS氏が参加している親睦会の数は20を超えている．親睦会で同じマウルを単位とした組織（同年契）は1つのみで，進鳳面内や金堤市を単位とした農業者会，同窓会など農業関連のみならず多様な職業の人と交流をしている．

営農に関連した相談先としては農民相談所，農業技術センター，「健康米研究会」が中心である．農民相談所には平均週に1〜2回，農業技術センターには月に3回通っており，こうした機関を農業政策関連の情報のアンテナとして活用しており，営農教育や先進地見学などに積極的に参加している．また，地域の30戸の中核的米専業農家と結成した「健康米研究会」では役職に就いており，月に2回集まって新品種や栽培方法，資材関連情報や米販売状況などに関連した情報を交換している．

事例④：農家番号76（ネットワーク規模16，クリーク数7，密度0.59）

のSKY氏（64歳）は，水田面積10.0ha（うち，借地6.0ha），畑1.2haのほかに，ビニールハウス（5a）の経営を行う大規模農家であり，年間平均売上高は約1億5,000万ウォンである．農地は全州市へ離村した農家とマウルの農地処分を希望した農家の農地を購入したものである．借地については，マウル内の高齢・引退農家からのものが大半を占めている．2haは全州市や益山市の不在地主の農地であるが，契約単位が1年であるため，今後は農村公社の斡旋による借地を増やしていく計画である．

水田のうち7haは全北種子普及所と契約栽培を行っており，残り4haは忠清南道の仲買人（流通業者）と契約するなど，米の販売先を確保してから生産計画を立てている．また，畑とハウスで唐辛子，サツマイモ，胡麻，白菜を生産し，電話注文による直販を行っている．サツマイモは10年以上前から参加しているサツマイモ作目班を通して仲買人に販売しており，長年にわたり生産量や価格情報などの情報について相談している．

SKY氏の経営で新しい作目や直販を導入するようになった契機は，2005年から農業技術センターが実施した農家を対象とした教育事業の一環である「全北特性化教育事業団」への参加である．2005年と2007年の2回にわたり同事業へ参加して（合計4年間），親環境米の生産，流通，消費者ニーズなどに関連した海外市場見学，農協，流通関連の先進地見学などを通して，農産物の生産から直販や加工などに取り組むようになった．その後，他地域に居住している親戚や知人を通して直販を開始したが，4年経過した現在では，消費者ニーズに対応するため，自家で生産していない作物は知り合い農家から調達して販売しており，商品は直売開始当初の唐辛子に加え，胡麻，小豆，大豆，雑穀，白菜，塩漬け白菜にまで拡大している．さらに2009年からは固定的な消費者の規模に合わせて，周辺農家と生産品目や生産量を計画して作付けしている．

また，SKY氏は洛城里長，青年会長を務めるなど，地域内の中心的な役割を担っている．さらに地域の農業経営者会に参加しており，同会では年に4回の会合や先進地見学，総会（2回），収穫祭などを行っている．こうした

農業関連の情報交換や農業者との交流に自ら積極的に携わっている．

　全北特性化教育事業団で知り合った他地域の稲作農家3人とは，年に数回交流しており，その中の農家から，水田を利用した養殖が米生産より収益性があるという情報を入手し，2010年より水田0.3aに養魚場を造成し，鰌を養殖，販売している．

　事例⑤：農家番号75（ネットワーク規模18，クリーク数9，密度0.63）のCHY氏（49歳）は水田面積9.6ha（うち，借地4.8ha）と施設栽培1.6haを経営している．農地の確保については9割以上が兄弟や親族の農地を借地したものである．施設ハウスは18年前にハウス1棟（20a）にサツマイモとジャガイモを導入したことがきっかけで増設されたものであり，経営面積と作付け品目を徐々に増やして，2010年現在では，スイカ，タマネギ，ジャガイモ，サツマイモを生産している．

　こうした多様な作物の導入に影響を与えているのは農民相談所の所長である．園芸作物に詳しい所長に作物の選択や栽培方法，販売方法などの相談をしており，こうした作物関連のみならず，農業関連の政府施策や補助金などに関連した情報を得ている．また，もう1つの情報源は地域の仲間農業者で組織したウルタリ営農組合法人である．8人のメンバーはすべて稲作中心の経営から施設園芸を導入した複合経営農家で，経営面積規模が5〜13haの大規模農家である．各メンバーは同じマウルの人ではなく，金溝面所在の異なるマウルの農家で，幼馴染みの友人1人を除き，他のメンバーとは地域の農業経営者会や農業技術センターなどの営農教育をきっかけに知り合った関係である．これらのメンバーと作物の生産に関連した情報を交換し，生産した農産物を共同出荷しており，その販路確保においても協力して共販場や仲買人などを発掘するなど，現在5カ所で固定的に取引を続けている．

　さらに，現在，参加している作目班は稲作作目班，唐辛子作目班，柿作目班の3組織である．新たな作目を導入する際に，自ら地域の作物関連の作目班を探して参加しており，唐辛子と柿は2010年から新たに導入することを計画したもので，とりわけ「大奉柿」と呼ばれる大玉の干し柿として最適な

高糖度の柿は，加工までを念頭に入れた生産計画を進めている．

　以上，このグループに該当する農家の特性をまとめると，ネットワークの範囲を広く有し，マウルの里長や作目班の班長など地域の生産組織のリーダーの役割を担っている農家が多く該当している．また，経営成長に必要な情報や資源を調達するために，自ら学習会や団体などにコンタクトしており，新しい事業導入に積極的であるという特性がみられる．さらに，生産作目や栽培技術などの新しい農法に取り組んでおり，これらの農法などを周囲農家に伝授しながら，農家を取り結ぶ役割を担っている．

4．小括

　以上，本章では稲作農家におけるネットワークと経営との関係について分析し，以下の成果を得た．

　第1に，ネットワークにより農家を類型化して経営の特徴を比較した結果，4つの類型にそれぞれ明確な差異が存在しているとは言い切れないものの，小範囲・ネットワーク閉鎖型農家と広範囲・ネットワーク開放型農家の経営主の経営形態には明確な差異が存在していることが確認できた．

　第2に，ネットワーク規模が小さい農家はマウル内の小範囲でのネットワークを重視している農家で，高齢農家，小規模農家が多く該当しており，一方で，ネットワーク規模が大きく，多様なネットワークを構築している農家は地域のリーダー（里長，作目班長，農業法人の代表など）が多く該当していることが明らかとなった．さらに，こうした地域のリーダーは，地域の農家に新しい農法や生産及び販売面において組織化する必要がある部分に関して，周囲の農家に伝授・普及して共同販売（出荷）しており，両者は相互連携関係を構築していることが確認された．

　第3に，ネットワーク規模の大きい農家では，新たな作物や栽培方法の導入，また加工，流通部門などを導入する際に，既存のネットワークから新たなネットワーク（販売先や業者）を形成していることが確認された．また，

こうしたネットワークへのコンタクトは，農家（経営主）の自発性によるものであり，その自発性から新しいネットワークを構築していることが明らかになった．

こうしたネットワークと稲作農業経営との関連性が存在していることが確認されたことから，農業経営におけるネットワーク，すなわちソーシャル・ネットワーク（関係性，ネットワーク構築能力）が重要な経営要素であり，その管理・維持が経営において重要であることが明らかになった．

注
1) 原[12]は地域社会の親族・近隣の既存のネットワークを「所与」とし，友人関係等新たなネットワーク形成によるものを「選択」とした．
2) トポロジーとはギリシャ語のトポス（位置）に由来し，一般に①位相数学（位相幾何学），位相同型写像，②構造・形態，③ネットワーク論における結節点どうしのつながり方を指す．
3) クリークはネットワークグラフの中のサブグラフ（subgraph）のことで，グラフを構成する点と線のうちの一部の点と線によって形成される小さな部分グラフである．サブグラフを用いてクリークを特定するためには，相互に完全に連結しあっている3個以上の点からなるサブグラフを用いる．
4) ネットワーク密度（network density）の算出式はネットワークに存在する点と線の数によって決まる．理論的に存在可能な紐帯の数で実際にネットワークに存在する紐帯の数を除して計算する．

$$2\sum_{i=0}^{n}(ni)/n(n-1)$$

引用文献
1] 稲葉陽二（2008）：『ソーシャル・キャピタルの潜在力』日本評論社．
2] 上野眞也（2009）：「コミュニティの社会ネットワーク構造とソーシャル・キャピタル」，『熊本法学』116号，pp.299-323．
3] 金沢夏樹（2005）：「序章ネットワークの時代に生きる」，納口るり子・佐藤和憲編『農業経営の新展開とネットワーク』農林統計協会．
4] 小林国之・三谷朋弘（2008）：「農村におけるネットワークの構造と特質」，『2008年度日本農業経済学会論文集』，pp.137-144．
5] ソン・ドンウォン（2002）：『社会ネットワーク分析』経文社（韓国語）．
6] 西口敏宏（2009）：『ネットワーク思考のすすめ—ネットセントリック時代の組

織戦略―』東洋経済新報社.
7] 西口敏宏（2007）：『遠距離交際と近所づきあい―成功する組織ネットワーク戦略』NTT出版.
8] 高橋明広・梅本雅（2010）：「集落営農合併における営農情報ネットワークの重層的再編」,『農業経営研究』43(3), pp.1-10.
9] 高橋正也・比屋根哲・林雅秀（2009）：「社会ネットワーク分析による農山村集落の今後を担うリーダーの構造―岩手県西和賀町S集落の事例―」,『林業経済研究』55(2), pp.33-43.
10] Granovetter, M.（1973）："The strength of Weak Ties", American Journal of Sociology, Vol.78, pp.1360-1380.
11] ナン・リン（2008）：筒井淳也・石田光規・桜井政成・三輪哲・土岐智賀子訳『ソーシャル・キャピタル―社会構造と行為の理論―』ミネルヴァ書房.
12] 原（福与）珠里（2009）：『農村女性のパーソナルネットワーク』農林統計協会.
13] 森岡清志（2002）：『パーソナルネットワークの構造と変容』東京都立大学出版会.
14] リントン・C.フリーマン（Linton Clarke Freeman）（2007）：辻竜平訳『社会ネットワーク分析の発展』NTT出版.
15] ロナルド・S.バート（2006）：安田雪訳『競争の社会的構造―構造的空隙の理論―』新曜社.
16] 安田雪（1997）：『ネットワーク分析―何が行為を決定するか―』新曜社.
17] 安田雪（2001）：『実践ネットワーク分析―関係を解く理論と技法―』新曜社.
18] 安田雪（2004）：『人脈づくりの科学―「人と人の関係」に隠された力を探る―』日本経済新聞社.
19] 若林隆久（2011）：「ネットワークの接続のメカニズム―経営学輪講 Powell, White, Koput, and Owen-Smith（2005）―」,赤門マネジメント・レビュー, 10巻1号, Global Business Research Center.

付表　調査農家の経営概況

農家番号	密度	ネットワーク規模	クリーク数	類型区分	就農時期(年)	営農期間(年)	年齢(歳)	性別(1：男, 2：女)	学歴[1]	家族数(人)	農業従事(人)
1	0.79	11	3	A	1970	40	64	1	2	2	2
2	0.88	12	4	A	1965	45	63	1	3	2	2
3	0.48	10	6	D	1975	35	56	1	3	2	1
4	0.88	11	4	A	1980	30	65	1	1	2	2
5	0.83	12	4	A	1970	40	67	1	3	3	2
6	0.56	11	6	D	1960	50	72	2	3	3	2
7	0.64	13	6	D	1954	56	68	1	3	2	2
8	0.89	11	4	A	1980	30	59	1	2	4	2
9	0.90	5	2	A	1961	49	71	1	1	2	2
10	0.73	20	6	C	1997	13	48	1	1	5	2
11	0.90	7	2	A	1955	55	74	1	1	2	2
12	0.71	7	4	A	1976	34	61	1	2	2	2
13	0.90	7	2	A	1970	40	63	2	3	1	1
14	0.80	11	4	A	1997	13	48	1	3	4	2
15	0.44	10	5	D	1997	13	40	1	4	5	1
16	0.78	11	3	A	1957	53	76	2	0	2	2
17	0.64	10	5	D	1978	32	63	2	3	3	3
18	0.48	14	4	B	1976	34	60	1	3	2	2
19	0.56	13	6	D	1990	20	59	1	2	3	3
20	0.46	9	5	D	1990	20	42	1	4	5	2
21	0.47	13	8	D	1981	29	54	1	4	4	2
22	0.55	11	6	D	1996	14	39	1	3	5	2
23	0.64	19	10	D	1983	27	55	1	3	4	2
24	0.58	12	6	D	1995	15	44	1	4	5	1
25	0.42	9	5	D	1985	25	53	1	2	2	2
26	0.52	14	8	D	1997	13	58	1	3	4	2
27	0.67	11	5	C	1996	14	42	1	3	5	2
28	0.51	17	5	D	1985	25	55	1	5	3	2
29	0.83	13	4	A	1972	38	64	1	1	2	2
30	0.47	16	6	D	2000	10	41	1	4	2	1
31	0.69	11	6	C	1980	30	69	1	1	2	1
32	0.96	8	2	A	1950	60	78	1	1	2	2
33	0.73	6	3	A	1980	30	65	1	1	3	2
34	0.67	7	3	A	1964	46	66	1	2	1	1
35	0.56	11	6	D	1973	37	62	1	3	4	1
36	0.44	9	5	D	2001	9	33	1	4	7	3
37	0.50	12	6	D	1980	30	56	1	3	5	2
38	0.49	14	8	D	1992	18	51	1	4	6	2
39	0.71	7	3	A	1976	34	62	1	2	2	2
40	0.89	8	2	A	1970	40	64	1	3	2	2
41	0.30	12	8	D	1980	30	53	1	3	6	2
42	0.62	13	9	D	1983	27	51	1	3	4	3
43	0.55	11	6	D	1968	42	63	1	3	2	2

第 2 章 稲作経営におけるネットワークの構造

とネットワーク分類表

水田所有地(ha)	水田借地(ha)	水田合計(ha)	農外[2]有無	農外職種	農外就業[3]経験有無	農外就業経験職種
1.6	0.8	2.4	0		0	
1.7	0	1.7	0		0	
2.4	5.6	7.9	1	食堂経営	0	
0.8	2.0	2.8	0		0	
2.8	0.0	2.8	0		1	公務員
5.2	2.0	7.1	0		0	
0.8	5.2	6.0	0		0	
2.0	0.4	2.4	0		0	
1.6	1.2	2.8	0		0	
0.8	15.1	15.9	0		1	会社員(リゾート勤務)
2.8	0.0	2.8	0		0	
2.4	2.4	4.8	0		0	
1.6	0.0	1.6	0		0	
2.0	11.9	13.9	0		1	会社員
27.0	3.0	30.0	0		0	
1.4	0.0	1.4	0		0	
2.8	2.8	5.6	0		0	
3.6	5.6	9.1	0		0	
1.6	3.2	4.8	0		1	
5.3	0.5	5.8	1	出版業	1	会社員
2.4	10.7	13.1	0		0	
1.6	4.0	5.6	0		0	
2.0	70.0	72.0	0		0	
4.0	7.1	11.1	1		0	
39.8	7.1	46.9	0		0	
4.0	6.0	9.9	0		1	運輸業
6.0	2.3	8.3	0		1	自動車整備工場勤務
8.3	5.0	13.2	0		0	
3.6	5.2	8.7	0		0	
3.8	0.0	3.8	0		1	電気関連
1.2	0.0	1.2	0		0	
2.0	0.0	2.0	0		0	
0.6	2.4	3.0	0		1	美容師
0.4	0.0	0.4	0		0	
2.8	0.0	2.8	1	壁紙ぬり	1	壁紙ぬり
0.6	13.9	14.5	0		0	
3.2	2.0	2.0	0		0	
3.2	10.3	13.5	0		1	
3.2	2.8	6.0	0		0	
1.6	2.8	4.4	0		0	
5.6	0.0	5.6	0		0	
4.6	8.6	13.2	0		0	
1.6	2.4	4.0	0		0	

農家番号	密度	ネットワーク規模	クリーク数	類型区分	就農時期(年)	営農期間(年)	年齢(歳)	性別(1:男, 2:女)	学歴[1]	家族数(人)	農業従事(人)
44	0.62	11	4	B	1987	23	49	1	3	6	2
45	0.57	14	11	D	1988	22	42	1	4	4	4
46	0.65	16	13	D	1972	38	65	1	0	2	2
47	0.86	8	3	A	1947	63	76	1	0	3	2
48	0.87	6	2	A	2000	10	48	1	3	3	1
49	0.55	11	5	D	1988	22	49	1	4	4	2
50	0.68	15	5	C	1980	30	48	1	3	4	2
51	0.69	10	2	A	2006	4	45	1	3	2	2
52	0.70	12	6	C	1998	12	41	1	3	3	2
53	0.60	6	4	B	1970	40	68	1	0	2	2
54	0.60	6	2	B	2000	10	54	1	3	2	2
55	0.60	6	4	B	1980	30	69	1	3	2	2
56	0.86	7	3	A	1970	40	66	1	1	3	2
57	0.70	5	3	A	1960	50	71	1	1	2	1
58	0.63	14	4	B	1995	15	65	1	2	3	3
59	1.00	8	1	A	1960	50	70	1	1	2	2
60	0.71	8	4	A	1980	30	61	1	3	3	3
61	0.79	14	3	A	1978	32	66	1	1	2	2
62	0.80	10	4	A	1974	36	61	1	4	4	2
63	0.67	6	3	B	1980	30	65	1	3	2	2
64	0.40	6	4	B	1981	29	54	1	3	2	2
65	0.98	11	2	A	1980	30	50	1	2	4	3
66	0.76	7	3	A	1999	11	50	1	3	3	2
67	0.95	7	2	A	1980	30	45	1	4	4	1
68	0.90	7	2	A	1972	38	66	1	1	2	2
69	0.64	11	5	D	1963	47	63	1	2	2	2
70	1.00	4	1	A	2003	7	47	1	4	5	1
71	1.00	3	1	A	1969	41	65	1	2	2	2
72	0.62	7	4	B	1970	40	67	1	2	2	2
73	0.69	14	6	C	1993	17	54	1	3	4	3
74	0.57	19	3	B	1976	34	59	1	3	4	3
75	0.63	18	9	D	1992	18	49	1	4	5	3
76	0.59	16	7	D	1951	59	64	1	2	2	2
77	0.79	8	2	A	1973	37	67	1	1	2	2
78	0.47	11	5	D	1980	30	52	1	3	4	2
79	0.52	7	5	D	1990	20	52	1	3	2	2
80	0.52	15	9	D	1980	30	57	1	3	2	2
81	0.29	10	6	D	1987	23	49	1	4	4	1
82	0.59	15	7	D	1970	40	57	1	3	6	2
83	0.61	9	4	B	2000	10	52	1	3	5	2
84	1.00	7	1	A	2000	10	74	1	4	2	1
85	0.42	13	10	D	1984	26	51	1	4	3	2

注：1） 学歴：1＝学歴なし，2＝小学校卒，3＝中学校卒，4＝高校卒，5＝大学卒．2） 農外有無：0＝

第2章　稲作経営におけるネットワークの構造

水田所有地(ha)	水田借地(ha)	水田合計(ha)	農外2)有無	農外職種	農外就業3)経験有無	農外就業経験職種
2.4	3.0	5.4	0		1	
2.4	0.0	2.4	0		1	会社員（ガス関連）
1.6	5.0	6.5	0		0	
1.0	0.8	1.8	1	会社員（建築会社）	1	賃労働
0.8	0.8	1.6	0		0	
2.8	2.0	4.8	0		0	
1.2	2.3	3.5	0		0	
0.0	3.2	3.2	0		1	工場（生産職）
0.4	1.6	2.0	0		0	
1.7	0.0	1.7	0		0	
1.6	0.0	1.6	0		1	
3.6	0.0	3.6	0		1	
1.0	0.0	1.0	0		0	
0.2	0.4	0.6	0		0	
0.4	2.4	2.8	0		1	
2.0	0.0	2.0	0		0	
6.0	0.0	6.0	0		1	
4.0	0.0	4.0	0		1	
2.4	4.0	6.3	0		0	
3.2	0.0	3.2	0		1	
4.8	0.0	4.8	0		1	
4.0	0.0	4.0	0		0	
3.0	0.0	3.0	0		1	商売
2.8	0.0	2.8	0		0	
2.8	0.8	3.6	0		0	
4.0	1.6	5.6	0		0	
0.4	1.6	2.0	1	保育園運営	1	保育園運営
0.4	0.4	0.8	0		0	
3.2	1.6	4.8	0		0	
0.0	2.0	2.0	0		1	
5.3	0.0	5.3	0		1	文房具屋経営
4.8	4.8	9.6	0		0	
4.0	6.0	9.9	0	養魚場運営	0	
0.5	2.6	3.1	0		1	会社員
2.0	2.0	4.0	0		0	
2.8	2.4	5.2	0		1	会社員
4.0	4.0	7.9	0		1	運輸業（バス運転手）
5.0	3.0	8.0	0		1	公務員
15.9	11.9	27.8	0		0	
3.2	0.4	3.6	0		1	
1.2	0.8	2.0	0		1	会社員
5.6	5.6	11.1	0		0	

無，1＝有．3)　農外就業経験有無：0＝無，1＝有．

第3章
大規模稲作農家の存立条件
―韓国慶尚北道慶州市安康平野を事例に―

1. はじめに

　韓国の主要農産物は日本と同様にコメであるが，農産物市場のグローバル化のなかで，水田農業は高地価，高借地料の農地条件下で零細規模の農家が主流となっており，国際競争力に太刀打ちできない問題を抱えている．こうした状況を打開するために，1990年以降から韓国では，農業構造改善策の一環として「営農規模化事業」「専業農育成事業」など，大規模稲作農家の育成施策が進められている．こうした政策上の支援の影響もあり，農業調査統計によれば，耕地面積7ha以上の大規模稲作農家数は2000年の4,415戸（0.4％）から2009年の8,820戸（1.1％）へ増加傾向にある．

　これまでの大規模稲作農家を対象にした既往研究では，全羅南北道を中心に韓国西海岸における水田地帯を対象にしたものが多数を占めている．こうした研究の成果によれば，深川[3]は，稲作農家の規模拡大は制度資金の融資による農地購入と賃貸借によって達成されており，補助金と融資による機械化の進展が上層農形成の要因であると指摘している．また，糸山ほか[1]は，平均8ha規模の5農家を対象に規模拡大における農地供給者の特徴と農業機械化について分析し，高齢農家と不在地主が主たる農地提供者であること，政策による補助金や融資が規模拡大の要因であることを指摘した．さらに，土地購入に対する制度資金の融資によって，稲作地帯では買い手市場による高地価・高借地料が形成されていること，一方で，農業機械の大型化とその

表 3-1 韓国の地域別耕地規模別農家数の動向（2000-

区分　　年度 地域	水田作農家 2000	水田作農家 2009	～1ha 未満 2000	～1ha 未満 2009	1.0～3.0ha 2000	1.0～3.0ha 2009	3.0～5.0ha 2000	3.0～5.0ha 2009
全国	1,078,442	827,191	785,292	609,168	252,286	167,565	29,349	30,342
広域市など	52,095	44,178	38,547	35,026	11,567	7,224	1,418	1,235
京畿道	107,907	87,805	70,042	59,494	31,564	21,922	4,636	3,919
江原道	49,098	39,024	35,369	27,721	11,299	8,659	1,829	1,760
忠清北道	71,424	56,966	56,247	45,570	13,592	9,063	1,194	1,646
忠清南道	152,867	126,232	103,553	86,863	42,509	31,019	4,797	4,925
全羅北道	118,369	85,983	71,999	55,467	37,130	21,961	6,110	4,618
全羅南道	195,091	139,352	141,134	97,444	46,720	30,068	5,171	6,877
慶尚北道	186,621	142,207	149,201	114,453	33,977	22,512	2,768	3,376
慶尚南道	144,505	105,237	118,752	86,923	23,915	15,137	1,422	1,986
済州島	465	207	448	207	13	―	4	―

出所：農業調査 2000 年，2009 年（韓国統計庁）．1999 年までは 5～7ha 階層が区分されていないため，
注：「広域市など」は，ソウル特別市，仁川，釜山，テグ，光州，大田，蔚山広域市の農家数を合計し

過剰投資に起因する農家の負債問題が生じていることなどを指摘した．しかし，これらの既往研究は，代表的な稲作地帯とはいえ，干拓地造成により形成された地域に限定されていることに加え，調査農家数が少なく，全体的な動向とは一概に言えない問題点を抱えている．また，大規模稲作農家と農地提供者の間の土地の収益性と地価，借地料，さらに，賃貸借と作業受託における経済的条件については十分に解明されていない．

　そのため，本章では古くから形成されてきた標準的な稲作地帯における大規模稲作農家をとり上げ，大規模稲作農家がいかなる条件下で形成されているかについて社会的・経済的側面から解明を試みる．具体的には，大規模稲作農家を規模拡大のタイプ別に類型化し，各類型に該当する農家を事例に，規模拡大の過程と農地提供者の特徴を明らかにするとともに，耕作者と農地提供者の間における土地の賃貸借と作業受託をめぐる経済的条件についても解明する．

(単位：戸)

5.0〜7.0ha		7ha以上	
2000	2009	2000	2009
7,100	11,299	4,415	8,820
382	449	181	245
1,013	1,535	652	936
371	516	230	369
259	396	132	291
1,255	1,715	753	1,710
1,822	1,971	1,308	1,967
1,215	2,656	851	2,307
490	1,327	185	538
293	734	123	457
0	−	0	−

2000年度統計データを用いた．
たものである．

2. 調査方法と調査対象地の概要

　韓国慶尚北道の慶州市安康邑と江東面にかけて広がっている安康平野で稲作を営む農家のうち，7ha以上の大規模農家を対象に，聞き取り調査を実施した．今回の調査は，2009年8月と11月の2回にわけて実施したものである．

　前述したように，韓国では2000年から2009年までの間に，耕地面積7ha以上の水田作農家数は4,415戸から8,820戸へと約2倍増加している．地域別にみると，全羅南道が2,307戸で最も多く，続いて全羅北道（1,967戸），忠清南道（1,710戸），京畿道（936戸），慶尚北道（538戸），慶尚南道（457戸）の順となっており，大稲作地帯といわれている全羅南道，全羅北道で大規模稲作農家の出現が進んでいることがわかる（表3-1）．一方で，慶尚南北道は大規模稲作農家数の動向から，規模拡大が中庸的な地域であることがわかる．

　調査対象地である安康平野（安康邑と江東面）は，慶尚北道では尚州市の利安平野，義城郡の安渓平野に並ぶ3大平野と呼ばれる古くからの水田地帯である．また，稲作のみならず，畜産（韓牛と乳牛）やリンゴ，ブドウなど果樹の生産が盛んな水田複合経営地域でもある．加えて，兼業農家率も38％で全羅道の25％より高く，兼業機会が比較的多い．慶州市農業統計年鑑によれば，2007年の安康邑の耕地面積2,550haのうち水田面積は1,859ha（72.9％），江東面では耕地面積1,361haのうち水田面積が999ha（73.4％）で，稲作地帯である全羅道（80％以上）に比べて水田率はやや低い．しかし，水田の条件は，1920年代の耕地整理事業によりすべての水田が0.2ha

表 3-2 調査農

農家番号	就農時期(稲作開始)	出身地域	家族数(人) 総数	家族数(人) 基幹労働力	年齢(歳) 経営主	年齢(歳) 妻	農家区分	水田(ha) 合計	水田(ha) 所有地	水田(ha) 借地	水田(ha) 全面
A1	1981	盈徳郡	5	2	51	48	自作	23.1	15.9	7.3	11.9
A2	1998	盈徳郡	4	2	50	47	借地	13.9	0.9	13.0	—
A3	1973	安東市	6	2	56	53	自作	7.9	6.0	2.0	—
A4	1976	浦項市	3	2	60	56	自作	6.6	4.0	2.6	—
A5	1962	安康邑	2	2	66	60	借地	7.5	3.2	4.3	—
A6	1998	浦項市	2	2	52	46	借地	13.2	0.4	12.8	3.3
A7	2004	安康邑	3	3	63	57	借地	12.0	1.4	10.6	1.6
A8	1999	安康邑	5	2	47	44	借地	13.4	0.0	13.4	—
A9	1967	安康邑	6	3	62	65	自作	15.8	9.9	5.9	0.7
A10	1963	安康邑	3	2	61	57	自作	7.3	4.6	2.6	1.2
A11	1998	安康邑	5	2	41	35	借地	13.2	1.3	11.9	7.9
K1	1975	江東面	4	2	53	54	受託	6.5	0.4	6.1	51.1
K2	1997	江東面	6	2	44	42	自作	9.9	5.0	5.0	1.0
K3	1997	江東面	3	1	37	31	受託	13.2	6.6	6.6	23.1
K4	1974	江東面	4	2	51	46	借地	13.8	2.6	11.2	5.0
平均	—	—	4.1	2.1	52.9	49.4	—	11.8	4.1	7.7	10.7

出所:農家への聞き取り調査により作成(2009年8月・11月).
注:1) A1は,経営主家族以外に,弟(31歳)が一緒に農業に従事しているが表には表記されていな
2) K1は,他の3戸の農家と共同で委託営農組織を運営しており,K3は,個人農家で2名(男)

区画に整理され,2003年以降は1ha区画への大区画整備事業も進んでいる.なお,2005年農業総調査(農業センサス)では,耕作面積が7ha以上の大規模稲作農家は安康邑で17戸,江東面で8戸が存在している.

3. 安康邑と江東面における大規模稲作農家

(1) 経営概要

まず,農業総調査(2005年)で示された耕地面積7ha以上の25農家の情報を慶州市農業技術センターから取得した.うち,18農家の調査協力が得られたが,農地売却や借地返還により変動がある農家を除いた15農家を分析対象にした.分析対象となった15農家の耕作面積は7.3〜66.0haで,い

家の経営概要

作業受託 (ha) 部分			水田作付面積 (ha)				畑 (ha)	果樹園 (ha)	畜産	備考
耕起	田植	収穫	合計	稲作	大麦	飼料用麦				
—	—	—	36.3	23.1	3.3	9.9	0.7	—	牛90頭	育苗場運営
—	—	—	13.9	13.9	—	—	0.5	—	—	A1の育苗場で勤務
—	—	—	7.9	7.9	—	—	1.7	0.5	—	—
—	—	—	7.6	6.6	—	1.0	—	—	—	—
—	—	—	7.5	7.5	—	—	—	—	—	—
3.3	3.3	19.8	13.8	13.2	—	0.6	—	—	—	—
—	—	—	12.7	12.0	0.8	—	—	—	—	—
—	—	—	13.4	13.4	—	—	—	—	牛10頭	—
—	—	—	15.8	15.8	—	—	—	—	—	—
—	—	—	7.3	7.3	—	—	—	—	牛5頭	—
—	—	—	13.2	13.2	—	—	—	—	牛16頭	稲わら作業
15.5	15.5	22.8	66.0	6.5	—	59.5	—	—	—	委託営農会社運営
—	—	—	9.9	9.9	—	—	—	—	—	稲わら作業
14.9	6.6	23.1	15.9	13.2	—	2.6	—	—	—	稲わら作業・販売
—	—	—	13.8	13.8	—	—	—	—	—	—
11.2	8.5	21.9	17.0	11.8	2.0	14.7	0.9	0.5	—	

い(弟の妻は農業に従事していない).
の常時雇用をしているが,表には表記されていない.

　ずれも地域では優秀な稲作農家である(表3-2).経営主の年齢は37歳から66歳で,地域では中核的な担い手農家であるといえる.また,農家の平均面積は11.8haで,所有地4.1ha,借地7.7haで借地面積の方が多い.

　労働力についてみると,農家の平均家族数4名のうち,基幹労働力は2名となっており,主に夫婦2名での労働力構成となるが,具体的には,A7農家を除くすべての農家が,機械による一貫作業(耕うん・整地—田植—収穫)の可能なトラクタ,田植機,コンバインを保有して,耕うん・整地作業はトラクタ運用者1名,田植と収穫作業は機械運用者1名と補助作業者1名の計2名で行っている.また,多数の労働力が必要となる播種作業を近隣農家と労働力の交換を行っているほかは,作業受託農家K1,K3を除くすべての農家では,作業は家族労働力で賄っている.

作目構成については，水田では稲単作が中心となっており，二毛作を行う農家は大麦が2戸，飼料用麦が5戸（うち，A1農家は両者）でその数は少ない．この理由は，麦の収穫時期が稲作の田植時期と重なり，労働過剰となるためである．また，K2, K3農家の場合は，稲わらの収集作業を行うため，麦の播種期と作業時期が重なることから裏作を行っていない．なお，所有地と借地以外に作業受託地を保有している農家も半数以上あるが，K1, K3農家のように作業受託を専門的に行うケース以外の農家では，主に全面作業受託（育苗―耕うん・整地―田植―収穫の一連の作業を受託）を行っている．

(2) 規模拡大過程

調査農家の規模拡大過程について表3-3をみると，1995年以降から所有地と借地の面積が著しく増加している．農地購入においては，既往研究[1],[3]でも指摘されているが，主に農村公社（当時，農業基盤公社）の農地売買事業の融資金を利用して確保したものである．この中で1995年から2000年にかけて融資金を利用して農地を購入したケースが最も多いが，なかには，1980年代後半から農地購入融資資金を利用して農地購入を行ったケースもある．

また，所有地の増加とともに，借地の増加傾向も著しい．これは，1990年代半ば以降における近隣の高齢農家の引退や離農者の増加により，借地提供が増加したためである．また，表の合計面積の動向をみると，農地購入が急増した1995年から99年前後に借地面積も増加する傾向を見せているが，これは，農地購入を通じて規模拡大をした農家が，大型機械を購入して，さらなる作業面積確保のために借地をする傾向が強まったためである．

なお，農家の聞き取り調査によると，ほとんどの農家では耕作面積が小さかった時は，大型機械を所有していない農家の作業を代行する部分作業受託地を確保していたが，農地の購入や借地確保により面積が拡大される過程で部分作業受託地を返還している．

以上のように，大規模稲作農家の経営規模の拡大は，所有地，借地，作業

第3章 大規模稲作農家の存立条件

表 3-3 調査農家の規模拡大過程

(単位：ha)

農家番号	農地区分	～1979年	1980-84年	1985-89年	1990-94年	1995-99年	2000-04年	2005-09年
A1	所有地		0.4			15.1	0.3	0.2
	借地			19.8		−12.5		
A2	所有地						0.4	0.5
	借地						7.3	5.7
A3	所有地					3.6	1.9	0.4
	借地						2.0	
A4	所有地	0.3		2.1		1.6		
	借地					2.6		
A5	所有地	0.2*	0.3			2.3	0.2	0.2
	借地					2.1	1.4	0.8
A6	所有地					0.4		
	借地					2.4	7.9	2.6
A7	所有地	1.4*						
	借地	5.8						4.8
A8	所有地							
	借地					1.0	6.6	5.8
A9	所有地	0.4	0.8			4.2	3.8	0.7
	借地				4.0		2.0	
A10	所有地	1.7*	0.2		0.4	1.4	1.0	0.2 −1.6 1.3
	借地						0.6	2.0
A11	所有地						1.1	0.2
	借地					1.0	10.9	
K1	所有地	1.8*			0.4	−1.8		
	借地				1.2	5.0		
K2	所有地	2.0*				1.5	1.6	−0.4 0.3
	借地					1.3	2.6	1.0
K3	所有地	1.7*				5.0	3.3	−3.3
	借地						4.5	2.1
K4	所有地				0.2	2.4	0.1	−0.1
	借地				6.6	2.3	2.3	
合計	所有地	10.0	1.2	2.5	2.0	37.0	12.9	3.9
							−1.8	−5.4
	借地	5.8		19.8	11.8	17.7	48.1	24.7
						−12.5		

出所：表 3-2 と同じ．
注：1) A11 の借地 10.9ha については年度別の借地面積を詳細に把握できなかったが 2000 年以後であることは確認できたため，合計は 2000-04 年に合算した．
2) ＊のついた数値は，相続地を示す．
3) －（マイナス）のついた数値は，所有地の場合は「売却」，借地の場合は「返還」を示す．

受託地の3タイプの農地の確保によって行われている．以下では，3タイプの農地の確保において，耕作者と提供者がいかなる条件によって成立しているかを明らかにするため，農家の経営面積に占める所有地と借地の割合を基準に，「自作型：自作地の割合50％以上」「借地型：借地の割合50％以上」「作業受託型：経営面積のうち作業受託地の割合が最大」に類型化し，各類型別の農家と農地提供者の特徴，さらに，農地受給者と農地提供者間の農地賃貸借をめぐる経済性について分析する．

4. 規模拡大タイプと農地提供者の特徴

(1) 自作型農家

自作型農家にはA1，A3，A4，A9，A10，K2の6戸が該当する（該当する農家の経営概要については，前掲表3-2を参照）．これらの農家の平均耕地面積は11.8haで，所有地7.5ha，借地4.2ha，経営面積に占める所有地の平均割合は63％となっている．また，自作型農家の平均営農年数は32年で，他のタイプ（借地型18年，作業受託型23年）と比べて長く，6戸の農家のうち，4戸の経営主が地元出身の農家であるという特徴がある．また，作業受託地については全面作業受託地のみを受けている．

農地購入においては，主に自作地と隣接した農地を中心に購入しており，また，農地の提供者は，高齢・引退農家の農地が最も多く，一部，他地域に居住している非農家の相続地も含まれている．

(2) 借地型農家

借地型農家には，A2，A5，A6，A7，A8，A11，K4の7戸が該当する．これらの農家の平均水田面積は12.4haで，うち所有地1.4ha，借地11ha，耕地面積のおよそ90％が借地で構成されている．また，他の類型に比べて比較的営農年数の短い農家が含まれている．例えば，A2とA6農家は両者ともに地元出身ではなく，1998年に他地域から転居してきた者であるが，

第 3 章 大規模稲作農家の存立条件

農村公社を通じて借地を確保することで，短期間に 10ha 以上の面積にまで規模拡大した．なお，A8 農家は，地元の出身であるが，1999 年に畜産から稲作へ転換したケースである．彼が属する集落には高齢農家が多く，稲作の担い手として唯一の存在であることから，集落の高齢農家による借地が増加し，現在の面積にまで拡大したものである．

表 3-4 は，全農家（15 戸）の借地提供者の特徴を在村有無別，地主との関係別に整理したものである．不在地主の面積が 55ha（90 件）で最も多く，続いて在村農家 48.2ha（73 件），在村非農家 12.2ha（22 件）となっており，村外の地主によるものが多くの割合を占めている．一方で，村内の地主はほとんど高齢農家である．

表 3-4 借地における地主の特徴

農家番号	総件数(件)	総面積(ha)	在村地主 農家 件数(件)	在村地主 農家 面積(ha)	在村地主 非農家 件数(件)	在村地主 非農家 面積(ha)	不在地主 件数(件)	不在地主 面積(ha)	親戚 件数(件)	親戚 面積(ha)	知人 件数(件)	知人 面積(ha)	農村公社 件数(件)	農村公社 面積(ha)
A1	8	7.3	4	5.0	—	—	4	2.3	—	—	4	5.0	4	2.3
A2	27	13.0	7	5.2	3	0.8	17	7.0	—	—	10	6.0	17	7.0
A3	4	2.0	3	1.4	1	0.6	—	—	—	—	4	2.0	—	—
A4	8	2.7	2	1.0	3	0.8	3	1.0	—	—	5	1.8	3	1.0
A5	9	4.3	3	0.8	—	—	6	3.5	2	0.9	4	1.9	3	1.4
A6	13	12.8	3	3.6	5	4.6	5	4.6	2	2.4	6	7.9	5	2.6
A7	10	10.6	—	—	—	—	10	10.6	7	6.5	—	—	3	4.0
A8	15	13.4	5	8.1	3	3.3	7	2.0	3	4.0	11	9.2	1	0.2
A9	9	5.9	6	4.0	—	—	3	2.0	—	—	6	4.0	3	2.0
A10	9	2.6	1	0.3	1	0.1	7	2.3	1	0.3	8	2.4	—	—
A11	27	11.9	20	8.9	3	1.0	4	2.0	3	1.0	20	8.9	4	2.0
K1	8	6.1	7	5.6	—	—	1	0.5	1	0.5	7	5.6	—	—
K2	11	5.0	4	1.4	—	—	7	3.6	—	—	8	4.0	1	1.0
K3	12	6.6	5	2.5	3	1.0	4	3.2	—	—	10	4.5	2	2.1
K4	15	11.2	3	0.6	—	—	12	10.6	—	—	0.6	12	10.6	—
合計	185	115.3	73	48.2	22	12.2	90	55.0	22	16.2	115	73.7	48	25.5

出所：表 3-2 と同じ．
注：— は，該当なしを示す．

次に，耕作者と地主の関係についてみると，知人関係が73.7ha（115件），農村公社25.5ha（48件），親戚16.2ha（22件）の順で，知人関係によるものが最も多い．ここで示す知人関係とは，集落内の地縁も含まれているが，主として友人や何らかの契機で知り合いになった人々である．地主のうち，不在地主の場合，居住地が安康邑と江東面よりも，蔚山や慶州，釜山など他地域に居住する地主の農地が多く含まれている．すなわち，同じ地域の人の間での農地移動だけでなく，集落や地域に限定されない知り合い関係にある人々との間に借地関係が結ばれているのが特徴である．

もう1つの特徴は，親戚関係による農地移動が最も少ないことである．かつて韓国では，農地の移動は血縁や親戚関係などに強く規定されているといわれていたが，今回の調査では血縁関係は少なく，知り合い関係による借地が最も多いことから，現在は農地移動のハードルが低くなっていると評価できる．さらに，規模を拡大するためには，人間関係が重要な役割を果たしているという点が指摘できる．

(3) 作業受託型農家

作業受託型農家には，K1，K3が該当する．両者とも彼らが属している集落の出身で，集落に根づいた代表的な担い手である．これらの農家で作業受託を行う体系をみると，K1農家は田植機やトラクタを保有している2戸の農家とともに作業を分担することで，効率的な作業受託を行っている．一方，K3農家は2名の雇用労働者を雇用した個別経営で作業受託を行っている．以下では，作業受託型農家の作業委託面積の拡大過程と委託者の特徴について，K1農家を事例に分析する．

K1農家は1985年からトラクタを購入して，機械を所有しない農家の部分作業受託を行っていたが，1994年に親戚農家および知人農家と一緒に作業受託会社を設立した．当初の作業受託地面積は11ha程度であったが，2009年現在では51haへと大きく増加している．しかし，会社とはいえ，トラクタ，田植機，コンバインを3名が分担して保有し，分担した作業分の作

業料をそれぞれが受け取るという運営形態である．

作業委託者の特徴とも関わる規模拡大過程についてみると，当初の受託地は，K1農家が属する丹丘里と多山里の集落が中心であった（表3-5，図3-1）．しかし，これらの集落は姓氏ごとの門中[1]で構成されている集姓村で，人間関係に一家や門中などによる血縁関係が深く関わっており，作業受託地の確保は容易ではなかった．しかし，2000年に老堂里の高齢農家から作業受託を依頼されたことがきっかけで，老堂里の作業受託地が著しく増加した．老堂里には門中が存在せず，一家だから任せる，そうでなければ任せないという意識がないため，作業の評判が広がり委託者が徐々に増加したものである．また，老堂里には作業受託を行う農家や組織がなかったため，高齢農家は親戚や近隣農家に農地を貸し出していたが，農地の貸し出しよりも作業委託の収益性の方が高いために，貸し出した農地を回収して作業委託に出す農

表3-5 作業受託地の拡大過程（K1農家の事例）
（単位：戸，ha）

年度	多山1里 農家数	多山1里 面積	多山2里 農家数	多山2里 面積	丹丘1里 農家数	丹丘1里 面積	丹丘2里 農家数	丹丘2里 面積	老堂1里 農家数	老堂1里 面積	その他(他地域) 農家数	その他(他地域) 面積	計 農家数	計 面積	累積面積
1994	11	6.3			1	0.5	5	4			2	0.5	19	11.3	11.3
1995													0	0	11.3
1996	1	0.7											1	0.7	12
1997					1	0.3							1	0.3	12.3
1998	2	1.8			1	0.7	4	3.5			1	0.2	8	6.2	18.5
1999	4	1									2	0.8	6	1.8	20.3
2000	1	0.4							10	8.3	3	1.9	14	10.6	30.9
2001	1	0.8			1	0.3			1	1.6	1	0.4	4	3.1	34
2002	2	1.4	1	0.5					1	0.6			4	2.5	36.5
2003			1	1.6	1	0.3			3	2.6	2	1	7	5.5	42
2004	1	0.9							1	0.3	1	0.2	3	1.4	43.4
2005	2	0.9									1	0.3	3	1.2	44.6
2006					3	1.4	1	0.5	2	1.5	2	0.6	8	4	48.6
2007									1	0.6			1	0.6	49.2
2008													0	0	49.2
2009	1	0.5					1	0.4	1	0.2	1	1	4	2.1	51.3
合計	26	14.7	2	2.1	8	3.5	11	8.4	20	15.7	16	6.9	83	51.3	51.3

出所：K1農家の作業受託名簿および聞き取り調査により作成（2009年10月現在）．

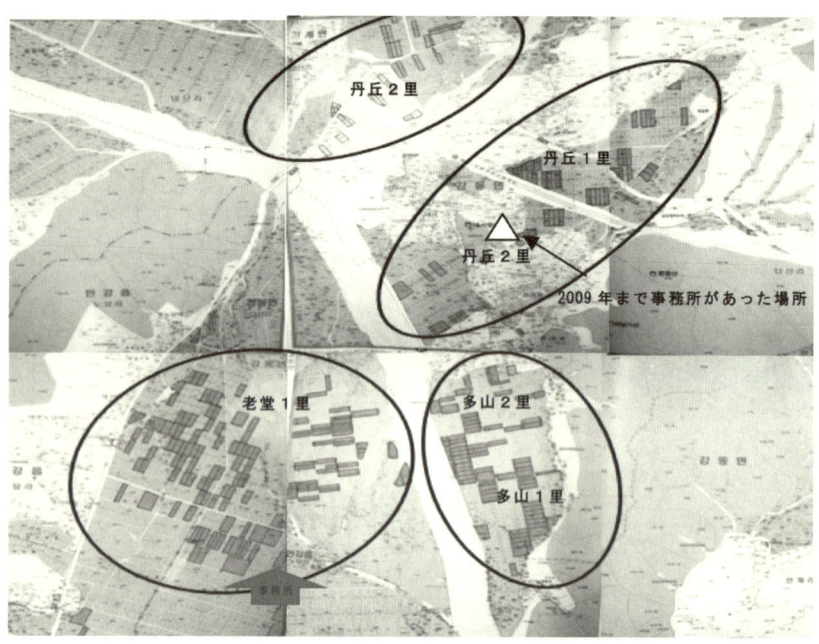

図 3-1　K 社の作業受託地の圃場図（2008 年度実績）

表 3-6　作業委託者の特徴（K1

		委託者の職業と面積				委託者の居住地			委託者の農家区分	
		職業	農家数	面積	平均	居住地	農家数		農家区分	農家数
委託 全面 ・作 83業 戸		高齢農家	53	64%	31.8	0.6	丹丘・多山里	47	57%	専業	55	66%
		畜産農家	3	4%	4.5	1.5	老堂里	20	24%	兼業	12	14%
		個人商店	9	11%	5.7	0.6	六通里	1	1%	Uターン者	8	10%
		定年退職者	8	10%	3.8	0.5	安康邑	3	4%	非農家	8	10%
		会社員	7	8%	4.5	0.6	慶州市	2	2%			
		運輸業	3	4%	0.8	0.3	浦項市	10	12%			
委部 託分 ・作 20業 戸		高齢農家	9	45%			丹丘・多山里	15	75%	専業	12	60%
		畜産農家	4	20%			老堂里	3	15%	兼業	6	30%
		果樹農家	4	20%			浦項市	1	5%	非農家	2	10%
		個人商店	1	5%			清松市	1	5%			
		会社員	2	10%								

出所：表 3-5 と同じ．
注：部分作業委託の場合は，各農家の委託する作業が異なるため，面積の集計は表記していない．

家が増えている．また，作業委託者のなかには，借地をした農地をさらに作業委託するケースもある．

次に，作業委託者の特徴についてみると，育苗から収穫まで稲作に関わる一連の作業を行う全面作業委託は，委託者の職業別では，高齢農家53戸（64％）と畜産農家3戸（4％），また，居住地別では，丹丘・多山里や老堂里，六通里が68戸（82％）で，主に集落および近隣集落の農家からのものである（表3-6）．さらに，委託者の経営形態別委託面積をみると，土地持ち非農家によるものは3.3ha（7％）で，農家（専業＋兼業＋Uターン者）によるものが全面作業委託面積の93％を占めている．

また，稲作に関わる作業の一部のみを委託する部分作業委託は，高齢農家と複合経営農家による作業委託が多くを占めている．そのほかには，定年退職者，会社員，農業兼個人商店主，運輸業者など農業外に従事している兼業農家や非農家によるものである．こうした受託者と委託者の関係については，知人36戸，地縁26戸，血縁（一家）21戸と，知人関係が最も多いが，一方で地縁や血縁（一家）関係を合わせると47戸で地縁・血縁関係も多く存

農家の事例）

（単位：戸，％，ha）

委託者の経営形態と面積					委託者と受託者の関係				
経営形態	農家数		面積	平均	関係	農家数		面積	
稲作	68	82％	41.0	0.6	知人	36	43％	23	45％
稲作＋果樹	3	4％	1.9	0.6	地縁	26	31％	13	25％
稲作＋畜産	3	4％	3.7	0.2	血縁（一家）	21	25％	15	29％
稲作＋畜産＋精油業	1	1％	1.4	1.4					
土地持ち非農家	8	10％	3.3	0.4					
稲作	6	30％			地縁	8	40％		
稲作＋畜産	4	20％			知人	8	40％		
稲作＋野菜・果樹	4	20％			血縁（一家）	3	15％		
稲作＋非農家	4	20％			友人	1	5％		
土地持ち非農家	2	10％							

在する．

5. 規模拡大における経済的条件

(1) 農地購入による規模拡大

当地域の農地価格は，1995年には10a当たり390万ウォンであったものが，2008年には2,250万ウォンへと急激に上昇した．特に，2003年以降からの上昇が大きいが，その原因は，隣接地域である蔚山の空港，永川の道庁の立地計画であり，それに伴い土地補償を受けて安康地域の農地を代替地収得する者が増加し，農地の買い手市場が形成されたためである．

2008年における10a当たり2,250万ウォンの農地を農地購入資金融資を利用して購入するならば，1坪当たり最大3万ウォンを年利2％で借りることができるので，900万ウォンの融資が受けられる．そのため残り1,350万

表3-7 調査農家の10a当たり農業所得（米部門）と土地純収益

(単位：ウォン)

	全国平均①	全国平均②	全農家平均	自作型	借地型
粗収入①	1,013,362	1,013,362	1,155,611	1,128,846	1,218,332
直接生産費	358,616	267,826	361,779	354,397	369,160
物財費②	265,896	198,476	292,429	285,047	299,810
労働費③	92,720	69,350	69,350	69,350	69,350
間接生産費	271,059	308,305	293,902	270,302	317,502
借地料④	242,167	280,550	201,158	120,257	282,059
資本用役費⑤	28,892	27,755	92,744	150,045	35,443
農地購入資金利子	－	－	69,110	124,594	13,627
農業機械購入資金利子	－	－	23,634	25,451	21,816
総生産費	629,675	576,131	655,681	624,699	686,662
農業所得	383,687	437,231	499,930	504,147	531,670
土地純収益 (①-②-③-⑤)	625,854	717,781	701,088	624,404	813,729

出所：調査農家（12戸）の農業所得，米生産費調査により作成（A11農家は生産費データが得られなかったため除いた．また，作業受託型であるK1，K3農家の生産費データも含まれていない）．

注：1) 全国平均は，2008年の米生産費統計値で，①は全体，②は5ha以上の農家の平均を示す．
　　2) 労働費は，詳細なデータが得られなかったため，全国平均②を用いた．
　　3) 粗収入には，米販売収入と稲わらの販売収入，米直接支払金が含まれている．

ウォンは一般金利5%で購入しなければならないので，年間土地費用は10a当たり85万5,000ウォンとなる．一方，表3-7で示したように，自作型の土地純収益（＝粗収益－物財費－労働費－資本用役費）は62万4,404ウォンで，土地費用よりも低いことから，土地購入による規模拡大は2008年時点では採算が取れない価格水準となっていることがわかる．

(2) 借地による規模拡大

借地料は，安康邑では慣行的に10a当たり2叺（1叺は80kg，白米基準），江東面では1.5叺とされており，10a当たり生産量6.5叺と比べると生産量の23～30%の水準となっている．かつて借地料の水準は，生産量の30%あるいは40%という基準であったが，長年にわたり10a当たり2叺という慣行がそのまま残ったために，単収が高くなっても借地料が固定的になっていることで，借地料割合は低くなっている．

借地による規模拡大の収益性について検討すると，前掲表3-7の借地型農家における10a当たり土地純収益は81万3,729ウォンである．この土地純収益から実際の借地料32万4,832ウォン（2叺，2008年収穫期平均米価16万2,416ウォンにより計算）を引いても48万8,897ウォンが残ることから，借地による規模拡大の経済性が成立していることがわかる．

加えて，農地価格の上昇に合わせて，借地料水準の今後について検討してみると，まず借地料は慣行的に農地価格よりも生産量と米価によって決められてきた．また，借地の主たる地主は引退高齢農家または離農などによる不在地主であるが，これらの地主の農地保有目的は，農地賃貸による借地料収入の獲得よりは，地価上昇による資産的価値の上昇に対する期待によるものとみられる．したがって，農地の賃借は農地価格上昇後の処分前まで保有するための手段とされる．さらに，地主は耕作が不可能な立場にあるため，米価が下落するなかでは借地料を上げる動機はないとみられる．しかも，高齢化による借地の供給量は増加すると見込まれる一方，耕作者の数が限られているため，農地の需給関係の面からも借地料は低下すると予想される．よっ

て，農地価格の上昇にもかかわらず，借地料は現状維持または米価下落とともに低下すると考えられるのである．

(3) 作業受託地による規模拡大

作業委託者と作業受託者における借地ならびに作業受(委)託地の10a当たり農業所得を示したものが表3-8である．

まず，作業委託者側の農業所得は，借地の場合は32万4,832ウォン，全面作業委託の場合は65万287ウォンで，作業委託の方の収益性が高い．し

表3-8 作業委託者と受託者の10a当たり農業所得

(単位：ウォン)

区分	作業委託者		作業受託者	
	借地	全面作業委託	借地	全面作業委託
農業所得	324,832	650,287	474,003	148,548
粗収入	324,832	1,055,704	1,055,704	405,417
費用	0	405,417	581,701	256,869
育苗		99,000	33,638	33,638
耕うん・整地		60,000	30,195	30,195
田植	―	35,000	6,180	6,180
収穫		45,000	20,439	20,439
運搬		15,000	15,000	15,000
乾燥		75,000	75,000	75,000
肥料散布		6,000	6,000	6,000
農薬・肥料費		70,417	70,417	70,417
労働費		―		
借地料		―	324,832	―

出所：K1農家の営農日誌と聞き取り調査により作成（作業受託者の10a当たり費用は，K1農家の運営する作業受託の生産費実績に基づいており，各作業別の面積は耕うん・整地，田植73ha，収穫70haである．作業者数は耕うん・整地2名，トラクタ2台で，田植は田植機運用者1名と補助1名，収穫はコンバイン運用者1名で行ったものである（運搬別途））．

注：1) 借地料は，10a当たり2叺，粗収入は米生産量6.5叺を，米価は16万2,416ウォン（2008年度平均米価）で換算したものである．
2) 農薬・肥料費は，2008年米生産費の平均農薬・肥料費を適用した．
3) 育苗の作業受託者の費用は，K1農家の育苗1枚当たりの生産原価1,121.27ウォンを適用し，10a当たり平均30枚で計算した．
4) 運搬，乾燥，肥料散布作業は，別の農家に委託しているため，K1農家には全額費用となる．
5) 作業受託者の各作業の費用には労働費が含まれている．

たがって，在村農家で水管理などの労働が可能な農家であれば，農地を賃貸するよりは，作業委託を選択する方が有利になる．

一方，作業受託者側にとっては10a当たり収益は，借地の場合は47万4,003ウォン，作業受託地の場合は14万8,548ウォンで借地の方の収益性が高く，作業受託地の収益は借地の31%に過ぎない．

しかし，作業受託者は，作業受託面積を大規模に行うことにより経営全体の所得を増大させることが可能であり，さらに，高齢農家の作業受託地は将来的には借地へ転換する可能性が高い．このような理由から両者の作業受委託関係が成立しているものと考えられる．

また，作業受託を専門的に行う農家組織では，稲わらの収集作業や畜産農家との連携による液肥散布事業，トウモロコシサイレージ作業など米作以外の事業部門を導入することで農業所得を確保している．

6. 小括

以上，本章では安康平野における大規模稲作農家を対象に，農地購入，借地，作業受託の面積拡大における耕作者と農地提供者間の社会的・経済的条件について検討してきた．その分析結果をまとめると以下の通りである．

第1に，調査対象地では，借地料の水準は租収入の25%ほどで，全羅北道の稲作地帯の48%に比べて低い水準にある．これは，稲作単作以外の複合経営農家が存在し，さらに，兼業機会が多いことから，農業所得を得るために水田を集積する傾向が弱いためであると考えられる．

第2に，大規模稲作農家の農地提供者は，主に高齢・引退農家と不在地主であり，作業受託地の場合は，高齢農家と複合経営農家など主に集落に在村する農家であった．農地提供者と農地受給者の関係は，借地と作業受託地ともに知り合い関係が最も多い．このことから，規模を拡大するためには，人間関係が重要な役割を果たしている点が指摘できる．また，大規模農家の存立によって農地を提供している高齢農家や引退農家，複合経営農家などの所

得が得られ，維持される一方で，耕作者である大規模農家も借地の提供が期待されることによって経営が存続する．このことから，地主と耕作者の関係は，相互の農業経営による所得創出という目標において相互依存関係におかれているといえる．そのため，両者の関係維持が水田農業の存続のための必要条件となっている．

第3に，農地の購入，借地，作業受託における経済的条件について分析した結果，近年の農地価格上昇のために，農地購入による規模拡大は現時点では採算が取れない価格水準となっていることが明らかになった．一方，借地による規模拡大は経済性が存在していることが確認できたことから，今後も借地による規模拡大が増加すると考えられる．「2008年農地賃貸借調査」によると，韓国の全耕地面積に占める賃貸借農地の割合は，1992年の37.2%から2008年の43%へと上昇している．なかでも，5ha以上規模の農家層では2007年には63.9%となり，2005年以降から継続的に増加している．このことから本章の分析結果と同様に，韓国全体でも農地の購入よりも借地による規模拡大が進んでいることが示されている．

第4に，作業受託者の場合，作業受託地の収益は借地の31%に過ぎず，借地の方の収益性が高い．しかし，作業受託者は，作業受託面積を大規模に行うことにより経営全体の所得を増大させることが可能であり，さらに，高齢農家の作業受託地は将来的には借地へ転換する可能性が高い．このような理由から両者の作業受委託関係が成立しているのである．

注
1) 門中とは，共通の先祖の子孫，すなわち，一家（姓氏が同じ一族）で構成された父系の血縁集団を示す．このような集団が居住する村落を「集姓村」と呼ぶ．

引用文献
1] 糸山健介・坂下明彦・朴紅 (2004)：「韓国における大規模稲作農家の形成とその条件」，『農業経済研究別冊 2004年度日本農業経済学会論文集』，pp. 356-359.
2] 糸山健介・坂下明彦・朴紅・宋春浩 (2002)：「韓国稲作地帯における大規模稲作農家の存立条件と地域農業の特質」，『農経論叢』Vol. 58, pp. 85-97.

3］　深川博史（2002）:『市場開放下の韓国農業―農地問題と環境農業への取り組み―』九州大学出版会．

第4章
農業法人の現状と特徴

1. はじめに

　韓国における農業法人化は政府主導による育成でもあったため，政府補助金を受けることを目的に，形式だけ法人化した農業法人数が急増する問題も発生した．例えば，農漁業法人事業体統計（2006年）で把握されている5,308法人のうち出資者が個別に運営しており，実際には法人経営には含まれない法人が1,651法人もあり，全体の31%を占めている．

　韓国における農業法人に関する既往研究は，主に1995年前後に行われたものが多く，この時期には政策上でも農業法人育成が積極的に推進され，農業法人数の増加に対応した研究が精力的に行われている．しかし，同時期の研究には，設立して間もない農業法人を対象としたものが多い．また，近年における農業法人に関する研究は，制度や政策評価に特化した研究に偏っており，その経営の内容にまで掘り下げた研究は極めて少ない．加えて，公表されている「農漁業法人事業体統計」では，個々の法人経営体の特徴をつかみにくく，具体的な動向の把握に限界がある．

　そこで，法人経営の経営成果や組織経営として地域で果たしている役割など，韓国における農業法人をめぐる最近の動向を分析し，農業法人が抱えている経営的な諸問題を解明する必要がある．本章では，これまでの農業法人をめぐる制度の変貌を整理するとともに，「農漁業法人事業体統計調査」[1]の個票データや法人経営の実態調査を通じて，韓国における農業法人の経営の

現状を明らかにし，これからの課題について考察する．

2. 農業法人の現状

(1) 農業法人制度
1) 制度の導入と改正

韓国における農業法人制度は，1990年4月「農漁村発展特別措置法」の制定により導入された．そのベースとなった1989年の「農漁村発展総合対策」では，海外からの農産物市場開放の圧力の中で，農水産業の構造改善を求めている．その方策として，農漁村における工業化の推進と零細な農漁家の転業を支援する一方，それにより流動化される農地を専業農家，営農後継者，営農組合法人，委託営農会社が引き受け，営農規模の拡大・農業機械化を実現させる対策を提示している．すなわち，農業法人制度の当初の構想は，専業農家の大規模化支援に対応した小規模農家に対する支援策としての，共同営農組織と営農代行組織の育成であった[2],[3],[4],[5]．

農業法人制度の導入初期，当該制度は営農組合法人と委託営農会社の2つの形態を対象としていた．営農組合法人は小規模の零細農家による協業経営体と規定する一方，委託営農会社は，農作業の受託組織で，農家に対する営農便宜を提供するサービス事業体として規定された．このために，営農組合法人においては，法人の設立において，構成員の規模（農地面積1ha未満の農家であること），農家の有無（営農経歴3年以上の農家であること），居住地（当該市・郡に居住すること），事業範囲（農業と附帯事業，共同利用施設の設置・運営，農作業の代行）に制限があった．しかし，1ha未満の零細農家が集まった協業経営では規模拡大に限界があり，また，収益を確保するためには事業の範囲も広げる必要性があった．このため1993年と1994年の農業法人制度改正により，小規模農家の協業経営という趣旨が改定され，農産物の品目別専門経営体として位置づけられるとともに，営農組合法人の組合員要件が緩和され，事業範囲も拡大された．

表4-1 韓国における農業法人制度

区分	営農組合法人	農業会社法人
根拠法令	農業・農村および食品産業基本法 第28条	農業・農村および食品産業基本法 第29条
設立目的	協業的経営	企業的経営
設立資格	農業者・農産物の生産者団体	農業者・農産物の生産者団体
構成人数と出資者の責任	5人以上の組合員（無限責任）	合資会社：有限・無限　各1人以上 合名会社：無限責任社員2人以上 有限会社：2～50人（有限責任） 株式会社：3人以上（有限責任）
準組合員	・組合員に生産資材の供給，生産技術の提供者 ・組合員に農地賃貸，経営委託者 ・組合法人の農産物の大量購入・流通・加工・輸出をする者（ただし，議決権はなし）	・非農業者の議決権を認める
出資限度	・農地・現金・その他現物の出資 ・組合員の出資限度：無制限 ・準組合員の出資限度：無制限	・農地・現金・その他現物の出資 ・非農業者：総出資額の3/4以下
議決権	1人1票制	出資1口当たりまたは，1株当たり1票
事業範囲	・農業経営および附帯事業 ・農業関連の共同利用施設の設置・運営 ・農産物の共同出荷・加工および輸出 ・農作業の代行 ・その他定款で定める事業	・農業経営，農産物の流通・加工・販売，または農作業の代行と附帯事業 （営農資材の生産・供給，種子生産，種菌培養，農産物の購買・備蓄，農業機械装備の賃貸・修理・保管，小規模の灌漑施設の受託・管理）
農地所有	可能	可能（ただし，農業者が代表であるとともに，業務執行権者の1/2以上である法人に限る）
他法基準	民法のうち，組合に関する規定 商法第176条に準用（法人の解散命令）	商法のうち，会社に関する規定 商法第176条に準用（法人の解散命令）
加入可能な生産者団体	農協・森林組合・葉煙草生産協同組合	農協・森林組合・葉煙草生産協同組合

出所：キム・スソック「農業法人の運営実態と制度改善方案研究」，韓国農村経済研究院，2006年．
注：2007年11月に「農業・農村基本法」が「農業・農村および食品産業基本法」へ改定されたため，根拠法令部分を修正した．

　また，農家の生産活動を補完する農業サービス事業体と規定されていた委託営農会社は，1994年の改正で，企業的な農業経営を行う経営体と規定されるとともに，農業会社法人へと名称が変更された．そして，出資者要件

(農業者であること)や出資制限要件の緩和(非農業者の出資を許容),さらに,事業範囲も農作業の代行から農産物の生産・流通・加工・販売,農業経営に関わる附帯事業にまで拡大されるようになり,営農組合法人と事業内容が同等になった.

1999年になると,農業法人の設立に関する通知規定の廃止,営農組合法人の組合員の出資限度規定の廃止,農業会社法人のうち株式会社の出資限度の緩和などの規制が改定された.また,実際に運営されていない営農組合法人が多いことから,営農組合法人の強制解散請求に関する規定が追加された.さらに,2003年の農地法の改正により,農地所有が制限されていた株式会社も一定条件のもとに農地所有が可能となった.こうした改正を経て現在の農業法人制度になっている(表4-1).

2) 韓国における農業法人化までのプロセス

韓国農業における協業・共同営農の端緒をたどると,1960年代には,農家の自発的な動きにより集落内の労働力の共同利用および機械の共同購入・利用組織である「プマシ」と「ドゥレ」などの組織があった.1970年代になると,農協が農家と事業の連携をとるために「作目班」を内部組織として結成させ,重点的に育成した.「作目班」とは,自然集落または耕地集団別に同じ作物を栽培する農家を組織化して技術を伝授させ,協同作業,協同購入,共同利用,共同販売などを行う組織であるが,共同作業よりは,むしろ流通部門を組織化した組織であるといえる[8].1980年代には,政府主導による農業機械化事業が行われ,農村労働力不足の問題解決や農業機械の利用効率向上のために農業機械の共同利用組織を育成する目的で,「機械化営農団」が重点的に育成された(前掲図0-1参照).

こうした「作目班」と「機械化営農団」は,1990年までに全国でそれぞれ8,800および2万6,000の組織が結成されていたが,1990年に農業法人制度が導入されると同時に,「作目班」が営農組合法人へ,「機械化営農団」が委託営農会社(現:農業会社法人)へと法人化するケースが多く見られた.

しかし，こうした法人は個別農家が自身の経営とは別途に参加する形態であったため，法人経営自体が軌道に乗らなくなると解散するケースが多かった．また，1995年前後に農業政策のなかで，農業補助金の優先対象として農業法人の育成を推進したため，各地で法人設立が過熱し，形式だけ法人化するケースも多く見られた[4],[5],[6]．

(2) 農業法人の現状
1) 農業法人数の動向

韓国における農業法人の設立数は，1999年まで継続的に増加してきた（表4-2）．特に，1994年の法人制度の改定によって，設立規定が緩和されるとともに，法人を政府支援事業の優先対象とし補助金や支援資金を大幅に拡充してから，農業法人の設立数が著しく増加した．

法人形態別にみると，1994年以降に営農組合法人の設立が急増し，1999年には5,993法人（78％）となった．一方，農業会社法人は1,687法人（22％）であり，営農組合法人の方が圧倒的に多かった．2000年以降のデータは「運営中」のものを把握したもので連続しないが，営農組合法人が2000年の3,852法人から2006年の4,410法人へ大幅に増加している一方で，農業会社法人は2000年の1,356法人から2006年の898法人へと減少している．

「農漁業法人事業体統計調査」によって設立年次別に法人の動向を見ると（表4-3），1999年以前に設立された農業法人が継続的に減少しているなか，その減少率は，営農組合法人が△24％，農業会社法人が△45％で，農業会社法人の減少率が高い．一方，2000年以降に設立された農業法人では営農組合法人と農業会社法人の両者とも大幅に増加している．

1999年以前設立法人の減少率が高いことは，韓国では農業法人のライフサイクルが短いことを示唆している．農業法人のライフサイクルの長短を減少率の大小としてみるならば，事業形態別[2)]にその順位は，①営農代行型（減少率△60.3％），②農業サービス型（同△51.0％），③農業生産型（同

表 4-2　農業法人数の動向

(単位：法人, %)

年度	農業法人全体	営農組合法人 法人数	営農組合法人 割合	農業会社法人 法人数	農業会社法人 割合
1990	5	0	0	5	100
1991	93	25	27	68	73
1992	321	89	28	232	72
1993	833	320	38	513	62
1994	2,189	1,335	61	854	39
1995	3,791	2,596	68	1,195	32
1996	5,231	3,739	71	1,492	29
1997	5,998	4,373	73	1,625	27
1998	6,381	4,711	74	1,670	26
1999	7,680	5,993	78	1,687	22
2000	5,208	3,852	74	1,356	26
2001	5,167	3,919	76	1,248	24
2002	5,598	4,315	77	1,283	23
2003	5,432	4,274	79	1,158	21
2004	5,492	4,425	81	1,067	19
2005	5,260	4,293	82	967	18
2006	5,308	4,410	83	898	17

出所：1)　「農漁村構造改善事業白書」，韓国農村経済研究院，p. 289.
　　　2)　朴文浩「農業法人経営の発展方向と政策改善研究」，韓国農村経済研究院，p. 17.
　　　3)　「農漁業法人事業体統計調査報告書」各年度，統計庁.
注：1)　1990年から1998年の法人数は，各市・郡の「農業法人経営体管理カード」を集計した結果であり，法人数は設立されている法人数である.
　　2)　1999年については，統計庁の2000年農業法人センサス調査結果である.
　　3)　2000年から2006年の法人数は，韓国の統計庁で調査された「農漁業法人事業体統計調査」結果であり，運営中であると把握された法人数である．なお，1998年以前，1999年，2000年以降の数値に連続性はない．

△32.6%)，④加工型（同△19.7%），⑤流通型（同△13.2%），⑥その他事業型（同△3.2%）となっている（表4-4）．特に，農業生産型農業法人は，減少率も高く増加率も高いことから，参入と退出が激しいことをうかがわせる．

第4章 農業法人の現状と特徴

表4-3 農業法人の設立年次別・法人形態別動向

(単位：法人，%)

設立年次	2001年 農業法人全体 法人数	割合	営農組合法人 法人数	割合	農業会社法人 法人数	割合	2005年 農業法人全体 法人数	割合	営農組合法人 法人数	割合	農業会社法人 法人数	割合
～1993年	362	12	151	6	211	26	268	8	140	5	128	22
1994-99年	2,513	80	1,946	83	567	71	1,750	49	1,449	49	301	51
2000年～	271	9	251	11	20	3	1,531	43	1,369	46	162	27
合計	3,146	100	2,348	75	798	25	3,549	100	2,958	83	591	17

出所：「農漁業法人事業体統計調査」の個票データを再集計したものである．

表4-4 事業形態別・設立年次別の農業法人数

(単位：法人，%)

区分		農業生産 2001	2005	加工 2001	2005	流通 2001	2005	営農代行 2001	2005	農業サービス 2001	2005	その他 2001	2005	合計 2001	2005
合計	法人数	1,369	1,421	335	483	337	526	513	227	110	84	413	595	3,077	3,336
	増減率	3.8		44.2		56.1		−55.8		−23.6		44.1		8.4	
1999年以前法人	法人数	1,266	853	289	232	296	257	504	200	102	50	370	358	2,827	1,950
	増減率	−32.6		−19.7		−13.2		−60.3		−51.0		−3.2		−31.0	
2000年以降法人	法人数	103	568	46	251	41	269	9	27	8	34	43	237	250	1,386
	増減率	451.5		445.7		556.1		200.0		325.0		451.2		454.4	

出所：表4-3と同じ．
注：各法人の事業形態別分類は，各法人の事業部門のうち，最も収入が高い事業部門をその法人の事業として分類したものであるため，収入の記載がない法人は分類されなかった．

2) 農業法人の経営成果

「農漁業法人事業体統計調査2005年」の個票データのうち，経営成果の記載がある2,087法人の中から，異常値[3]を除く1,868法人を抽出して，経常利益を見ると，黒字である法人は1,428法人で全体の76.4%を占めている（表4-5）．これを事業形態別にみると，加工型は黒字の法人が全体の83.2%と最も高く，農業生産型，流通型，その他事業型，農業サービス型などの農業法人も，経常利益が黒字の法人が70%以上と高い割合を占めている．その一方で，営農代行型農業法人は，赤字又はゼロである法人が50%で，他の事業形態の法人に比べて割合が高い．また，経常利益の平均を見ると，農

表 4-5 事業形態別法人の経常利益分布 (2005 年)

(単位:法人, %, 百万ウォン)

区分	農業生産 法人数	農業生産 割合	加工 法人数	加工 割合	流通 法人数	流通 割合	営農代行 法人数	営農代行 割合	農業サービス 法人数	農業サービス 割合	その他 法人数	その他 割合	合計	割合
赤字又はゼロ	166	25.0	61	16.8	103	23.4	22	50.0	13	31.0	75	24.0	440	23.6
黒字	499	75.0	302	83.2	338	76.6	22	50.0	29	69.0	238	76.0	1,428	76.4
合計	665	35.6	363	19.4	441	23.6	44	2.4	42	2.2	313	16.8	1,868	100.0
平均 (百万ウォン)	73.4		63.6		53.9		12.3		24.8		42.6		59.2	

出所:表 4-3 と同じ.
注:1) 2005 年に運営されている農業法人 3,549 のうち,経営成果の記載があり,かつ異常値を除く,1,868 法人を抽出して再集計した結果である.
2) 異常値とは,売上高経常利益率が−50 以下である法人と+50 以上である法人を示す.

表 4-6 事業形態別法人の従業員 1 人当たり売上高 (2005 年)

(単位:法人, %, 百万ウォン)

区分 (単位:ウォン)	農業生産 法人数	農業生産 割合	加工 法人数	加工 割合	流通 法人数	流通 割合	営農代行 法人数	営農代行 割合	農業サービス 法人数	農業サービス 割合	その他 法人数	その他 割合	合計	割合
5,000 万未満	179	26.9	79	21.8	64	14.5	33	75.0	6	14.3	94	30.0	455	24.4
5,000 万以上	486	73.1	284	78.2	377	85.5	11	25.0	36	85.7	219	70.0	1,413	75.6
合計	665	35.6	363	19.4	441	23.6	44	2.4	42	2.2	313	16.8	1,868	100.0
平均 (百万ウォン)	232		490		447		75		603		228		337	

出所:表 4-3 と同じ.
注:従業員 1 人当たり売上高=売上高÷従業員数合計×100(従業員数は,常時雇用者の数を示しており,臨時雇用者数は含まない)

業生産型が最も高く,続いて加工型,流通型の順となっている.

また,表 4-6 によって事業形態別法人の従業員 1 人当たり売上高を見ると,5,000 万ウォン(およそ 500 万円)以上の法人は 1,413 法人で全体の 75.6% を占めているが,事業形態別では,農業サービス型,流通型,加工型農業法人の 75% が 5,000 万ウォン以上となっており,生産性の高い法人が多い.

以上のように,農業生産型は他の事業形態に比べて収益性は高いが生産性が低い.これに対して流通型と加工型農業法人は,収益性とともに生産性も高い水準にある.一方,営農代行型農業法人は収益性と生産性ともに低位に

3) 優秀経営法人と長期運営法人の特徴

先の1,868法人のうち，従業員1人当たり売上高5,000万ウォン以上，かつ経常利益率が黒字である法人を優秀経営法人[4]，また，優秀経営法人のうち，1998年以前に設立された（7年以上運営されている）法人を長期運営法人[5]と定義して抽出した．その数は優秀経営法人が1,178法人，長期運営法人が605法人であった．両者の経営成果を全法人の平均と比較してみると，収益性，生産性は平均より高いが，安定性は平均よりやや低い水準にある（表4-7）．

両者の出資関連をみると，長期運営法人は，全体に比べて，出資者数が多

表4-7 優秀経営法人と長期運営法人の経営成果

（単位：％，百万ウォン）

区分	売上高経常利益率	従業員1人当たり売上高	負債比率	固定負債比率
全法人	2.4	337	187.6	62.7
優秀経営法人	5.2	476	195.5	75.6
長期運営法人	5.7	372	215.4	89.8

出所：表4-3と同じ．
注：1）売上高経常利益率＝売上高÷経常利益×100．
　　2）従業員1人当たり売上高＝売上高÷従業員数（常時雇用者の数を示しており，臨時雇用者数は含まない）．
　　3）負債比率＝総負債÷資本×100，固定負債比率＝固定負債÷資本×100．

表4-8 優秀・長期運営法人の出資における特徴

（単位：法人，百万ウォン）

区分	出資者数 農業者	出資者数 非農業者	出資者数 合計	出資金 農業者	出資金 非農業者	出資金 生産者	出資金 合計	資本金	剰余金	総資本
全法人	21	2	23	268	29	3	301	301	185	486
優秀経営法人	21	1	22	323	31	4	358	358	282	641
長期運営法人	26	1	26	347	29	6	382	382	326	708

出所：表4-3と同じ．
注：数値は，全法人（1,868法人），優秀経営法人（1,178法人），長期運営法人（605法人）に該当する法人の平均値を示す．

表 4-9　優秀・長期運営法人の事業形態別数

(単位：法人，%)

区分	合計	農業生産		加工	流通	営農代行	農業サービス	その他事業
		畜産	作物生産					
全法人	1,868	665	296	369	363	441	44	42	313
	100	35.6	15.8	19.8	19.4	23.6	2.4	2.2	16.8
優秀経営法人	1,178	410	238	172	250	300	8	26	184
	100	34.8	20.2	14.6	21.2	25.5	0.7	2.2	15.6
長期運営法人	605	241	138	103	119	138	4	10	93
	100	39.8	22.8	17.0	19.7	22.8	0.7	1.7	15.4

出所：表 4-3 と同じ．

く，出資金が高い（表4-8）．優秀経営法人と長期運営法人の両者とも資本金と剰余金が高いことから，利益の一部を繰り越すことで，より安定的に経営を維持していると考えられる．特に，長期運営法人は，出資者数が多いことから，運営においての透明性や高い収益性が求められるため，より一層効率的な経営に力を入れていると考えられる．

次に，優秀経営法人と長期運営法人の事業部門別法人数をみると，全体動向と同じく，農業生産型農業法人が最も高い割合を占めており，次いで，流通型と加工型農業法人の割合が高い（表4-9）．しかし，農業生産型の中では，畜産の割合が高い一方，作物生産の割合は両者ともに低いという特徴がある．

(3) 農業法人の特徴と今後の課題

以上の分析結果から，韓国における農業法人の特徴は以下の3点にまとめられる．

第1は，農業法人のライフサイクルが短いことである．その要因は，農業法人設立前の母体組織にあると考えられる．農産物の共同出荷や共同販売を行う任意組織であった「作目班」や「機械化営農団」の法人化により，法人経営を担う主体が自身の個別経営を維持しながら，それとは別に法人を設立するケースが多い．このため，法人経営が上手くいかないと，出資した分の

み負担し，解散しようとする傾向がある．

　第2に，加工・流通部門における農業法人の設立数の増加である．加工・流通部門においては，収益性や生産性が高いため，解散する法人も少なく，新たに設立される農業法人の数も増加している．一方，収益性と生産性が低い営農代行事業では，農業法人の減少率が高く，新しく設立される法人の数も少ない．こうした営農代行型農業法人の減少は，農業会社法人の減少の要因にもなっている．また，2000年以降に設立された農業会社法人のなかでは農業サービス型とともに営農代行型は極めて少ない．

　第3に，全体の3割にあたる1,178法人は，従業員1人当たり売上高が5,000万ウォン以上かつ経常利益が黒字である優秀な経営を行っている．さらに，そのうちの半数の法人は長期にわたり安定した経営を行っている．両者とも出資金と資本金が高く，安定した経営を行っているが，その一方で，全法人に比べて畜産の割合が多く，作物生産部門の法人の割合が少ないという特徴がある．

　最後に，韓国における農業法人の今後の課題についてまとめると，次の3点に整理できる．

　第1に，韓国における農業法人は生産部門の法人が主流であるが，その中心は畜産型法人であり，しかも加工・流通部門の法人が増加するなど，耕種生産以外の部門における農業法人の割合が高くなっている．しかし，土地利用から乖離した流通・加工および農業サービス部門における法人化の進展は，韓国の農業構造改善において根本的な解決策にはならない．

　第2に，優秀経営法人と長期運営法人のうち，農産物の生産を行う法人の数が少ないことから，農業生産を行う法人の数を増やすための新たな施策とその推進が必要である．

　第3に，共同および単独で運営されている農業法人のうち，3割の法人は経営成果も高く，自立した運営を行っている．その一方で，3割近くは赤字経営である．今後は優良法人の持続性を確保するとともに，赤字法人の経営改善を支援する条件整備の強化が必要である．

3. 稲作における農業法人の実態と類型

韓国の農業では家族経営が主たる経営体として発展してきており，未だ主流になっている．しかし，高地価と高賃金など農業の与件変化は，個別農家の経営構造を変化させており，このような問題を克服する手段として個別農家を構成員とする新たな営農組織や農業法人などの設立が政策的に推進されている．また，今日の韓国における稲作経営を取り巻く環境は，経営主の高齢化，担い手不足，遊休農地の増加，生産資材価格の上昇と米価の下落による農業所得の減少など，きわめて厳しい条件下にあり，稲作分野においても個別農家の組織化や法人をいかに育成するかが課題となっている．

しかし，2005年「農漁業法人事業体統計」によると，生産部門の法人が主流であるとはいえ，畜産型の法人が多くを占め，作物生産型の法人は少なく，一方，加工・流通部門における法人の設立が著しく増加している．

全耕地面積の6割以上，全農家の8割が稲作農家である韓国の農業において，稲作におけるさらなる法人化を推進していくためには，まず，現在の稲作における法人経営の実態と課題について明らかにする必要がある．

ところが，これまでの農業法人に関する研究では，農業経営の全部門における法人を対象にした研究が多く，稲作部門に特化して法人の実態と課題を取り上げた研究は皆無である．そこで，本章では稲作農家の実態を踏まえて，どのような農業法人が設立されているのか，その実態を把握し，法人設立の特徴と課題について解明する．

なお，農家調査については，稲作の代表的地域である全羅北道のうち扶安郡における77戸の稲作農家を対象に経営調査および意向調査を行った．

(1) 稲作農家の実態

全羅北道扶安郡の農家構成についてみると，総農家数8,426戸のうち，専業農家6,093戸（72%），兼業農家2,333戸（28%）で，専業農家の割合が高

い．耕地面積については，総耕地面積に占める水田の割合は84％で，稲作地帯であることが示される．また，農家1戸当たり水田面積は1.8haとなっている．特に，界火面では1970年に干拓地が造成されたこともあり，1戸当たり水田面積が3.6haとなっている．また，扶安郡では，2001年における65歳以上の農家人口が5,788人（24％）から2005年の6,607人（31％）へ増加しており，農家人口の高齢化が進んでいる．

扶安郡における耕地規模別農家数をみると，2005年には耕地面積が1ha未満（耕地がない農家を含む）の零細農家が3,854戸（45.7％）である一方，3ha以上の農家も1,778戸（21％）でその割合を高めている．また，扶安郡では「親環境農業大団地事業」を推進しており，郡内で親環境農業が積極的に行われている．2007年における親環境認証面積は1,166ha（総耕地面積の6％）に上っている．

調査対象となった農家の家族数は平均3人であり，農業従事者は2人である．しかし，農業後継者のいる農家は22戸（29％）と少ない．専兼別農家の構成については，専業農家の割合が92％を占めている．また，経営部門別では「稲作のみ」である稲作単作農家が中心となっている．農地のうち，借地のある農家は50戸（65％）で借地農家が高い割合を占めている（表4-10）．

次に，農作業において作業委託をしている農家は，全体の7割以上を占めている．その委託先としては大型農業機械の保有農家が最も多く，農業法人の割合は少ない．また，作業を委託する理由としては「大型農業機械を保有していないため」が最も多い．

このように，稲作農家は作業委託を通じて農作業を行うため，作業に対する負担が少ない状況にある．しかも，農外所得源が極めて限られている状況下で，農家は農業所得を確保するために，水田を集積しようとする傾向がある．こうした農地の集積傾向により，水田借地に対する需要が高くなり，高借地料が形成されている（2008年8月調査時点では生産量の約46％）．加えて，扶安郡界火面の場合は，全農地面積3,150haのうち，1,570ha（約

表 4-10　稲作農家の経営概況

(単位：人, %)

区分		農家数(人数)	割合
家族構成員	平均家族構成員数	(3.1)	
農業従事者	農業従事者数	(2.1)	
農業後継者 有・無	有	22	29
	無	55	71
	回答農家数	77	100
専業・兼業別農家	専業農家	71	92
	兼業農家	6	8
	回答農家数	77	100
経営部門別農家	稲作のみ	48	68
	稲作＋畑作	14	20
	稲作＋畜産	1	1
	稲作＋施設栽培	2	3
	稲作＋畑作＋畜産	6	8
	回答農家数	71	100
借地の 有・無	有	50	65
	無	27	35
	回答農家数	77	100
作業委託 有・無	作業委託をしている	53	74
	作業委託をしていない	19	26
	回答農家数	19	26
作業委託先	農業法人	5	13
	大型農業機械保有個人農家	33	83
	その他	2	5
	回答農家数	40	100

出所：農家調査結果（2008年10月）により筆者作成．

50%）が不在地主の農地である．

次に，農地に対する意向調査の結果によれば，今後の農地価格に対して58農家（75%）が「現在より上昇すると思う」と回答している（表4-11）．また，農地価格が上昇した場合に農地をいかに処分するかについては，29農家（38%）が「先祖から受け続いている農地であるため売らない」，13農家（17%）が「今後もっと上昇することを考えて保有する」と回答している．

第4章　農業法人の現状と特徴　　　　　　　　　155

表4-11　稲作農家の農地に対する意向調査結果
(単位：人, %)

区分		農家数	割合
今後の農地価格の予想	現在より上昇すると思う	58	75
	現在と差がないと思う	7	9
	現在より下落すると思う	6	8
	分からない	5	6
	その他	1	1
	回答農家数	77	100
今後の農地価格が上昇した場合の農地処分についての意向	いつでも売る	13	17
	先祖から受け継いでいる農地であるため売らない	29	38
	今後もっと上昇することを考え保有する	13	17
	分からない	11	14
	その他	11	14
	回答農家数	77	100
営農引退後の農地処分に対する意向	息子（娘）に相続させる	39	51
	農地を必要とする血縁関係の個人農業者に預ける	10	13
	農地を必要とする地縁関係の個人農業者に預ける	3	4
	農地を必要とする農業法人に預ける	9	12
	農地を必要とする地域の農業者組織に預ける	5	6
	農村公社など農業関連の行政機関組織に預ける	9	12
	その他	2	3
	回答農家数	77	100

出所：表4-10に同じ．

　さらに，営農引退後の農地処分については，約半数が「息子や娘に相続させる」と考えており，続いて10農家（13％）が「農地を必要とする血縁関係の個人農業者に預ける」と答えている．このように，多くの農家が営農を中断・引退する際には，農地として保有することを前提に，家族や親戚といった身内に限定して相続させるかあるいは借地として貸す傾向がある．

　以上のように，稲作農家の多くが借地農家で構成されていることと，不在地主の農地の耕作者などが存在していることは，耕作者に農地の処分権限がないことを意味する．これらは，農作業の効率を上げるための農地の再整備や団地化において阻害要因として作用する．また，上述した農地価格の上昇期待心理と農地保有心理も売買による農地流動化の阻害要因となっている．

　こうした状況の下において当該地域のような主要稲作地域で実際にどのよ

うな農業法人が設立されているのか,この点について次項で明らかにする.

(2) 農業法人の実態
1) 農業法人の特徴

　稲作という特定した経営部門における農業法人の情報収集が困難であるため,「韓国農村振興庁」が管理している「優秀経営体支援システム」に登録されている稲作関連の農業法人（全国50法人）を抽出した.そのうち代表的な稲作地域である全羅南道,全羅北道と忠清南道に所在する農業法人29法人のうち,調査の承諾を得た7法人と,調査該当地域の農業技術センターが提供した資料による7法人（2008年度現在）を加え,全羅北道11法人,全羅南道1法人,忠清南道2法人,合計14法人を対象に聞き取り調査を行った（表4-12）.

　調査対象となった14の農業法人の特徴は,次の4点にまとめられる.

　第1に,法人の設立動機については,すべての法人の共通点は「政府補助対象になるため」となっている.農業における事業化のために必要とされる施設や農業用機械の購入などには高額の資金が必要とされるが,外部資金調達が難しく,さらに,自己資金の規模も小さいために,法人化することで補助対象となり,資金を補助金で賄う方法が選択されていた.調査対象14法人のうち,12法人が政府補助金を受けており,主に大型農業機械の購入や農産物の加工施設の用途に使用していた.また,「政府補助対象になるため」を除いた法人化の動機についてみると,親環境農産物（有機栽培）の生産・販売を行うためなど,特別な栽培方式で生産された農産物の流通・加工・販売のための法人化が見られる.また,当該市・郡の政府事業として掲げられた飼料用麦生産の事業対象になるために法人化したケースもある.

　第2に,平均出資者数は5名である.これは営農組合法人の設立のために発起人数が5名以上必要とする規定によるものとみられる.また,出資者の平均年齢は51歳と韓国農村の平均年齢に比べて若い年齢の農業者で構成されている.出資者の関係については,13法人では出資者が地域の知人関係

で構成されている．

　第3に，出資者の個人経営と法人との関係は，10法人が「別々」である一方，3法人が「同一」である．個人経営と法人経営が「同一」である3法人は，すべて個人事業を法人化したケースである．また，運営形態については「共同運営：法人運営において意思決定が出資者らの協議・合意による」，「個人運営：法人運営において意思決定はリーダーの単独決定による」，「個別運営：法人事業と個人事業において出資者らが個別に事業を運営（実体としては法人経営として評価できない）」という3タイプで分類すると，「共同運営」8法人，「個人運営」4法人，「個別運営」2法人となる．

　第4に，「生産」を行う法人が4法人，「加工・販売」のみを行う法人が7法人，「作業受託」を行う法人が3法人で，「加工・販売」を行う法人が最も多い．

2）農業法人の類型化

　調査事例の特徴をさらに明確にするため，経営実態がわかる項目（運営形態，出資者の個別経営と法人経営の関係，会員農家の有無）と事業内容の項目から「ミニ農協型」，「作業受託型」，「個人事業拡張型」，「出資者個別型」の4タイプの法人に類型化した（表4-13，前3者については図4-1）．

　まず，「ミニ農協型法人」は，出資者が共同で運営しており，主な事業を加工・販売としている法人が該当する．また，出資者の経営とは別に設立されている．加えて，多数の会員農家（組合農家）を有しており，集落ぐるみのような組織である．この類型では会員農家の農家所得増大を目的とするため，利益を地域の会員農家に還元する経営を行っている．

　次に，「作業受託型法人」は，出資者が別々または共同で運営している法人で，作業受託を主な事業部門とする．出資者の経営は「ミニ農協型」と同様に別々であり，会員農家はいない．

　「個人事業拡張型法人」は，個人経営方式で運営されている法人である．事業内容は農業生産から加工・販売事業部門まで多様である．また，出資者

表 4-12 稲作における

No.	法人名	法人形態	地域	設立年度	設立動機	政府補助金 需給実績	出資者数
1	N	営農組合	全羅北道金堤市	2005	①金堤市が推進する飼料用麦事業の対象になるため ②有色米の販売のため	1億ウォン ：飼料用麦生産のための機械購入補助	6
2	B	営農組合	全羅北道金堤市	1997	①農協に対する不信による農協離れ ②地域農家の親環境農業栽培米の共同加工施設装備を設置するため（地域農家の所得増大）	1億4千万ウォン ：親環境米団地の精米施設・保管施設補助	5
3	JB	営農組合	全羅北道金堤市	2004《1993》	①2003年，農業機械の補助対象になるため（委託営農会社） ②2004年，飼料用麦生産事業の対象になるため	8千万ウォン ：農業機械購入の補助	5
4	W	営農組合	全羅北道金堤市	2007《1991》	①1991年，農作業代行のため大型農業機械保有農家で設立（委託営農会社：1997年倒産・閉業） ②2007年，個人農業部門の法人化：雇用の安定確保のため ③政府補助対象になるためには，個人より法人が有利であるため	0 《2億ウォン》 《：農業機械・精米施設設置の補助》	7 《5》
5	HM	営農組合	全羅北道扶安郡	2004	①親環境農業栽培米の差別化した販路開拓のため ②参加農家の所得増大のため	11億ウォン ：親環境農業大団地造成事業・加工施設	10
6	JS	営農組合	全羅北道扶安郡	2000	①親環境農産物の差別化した販売のため ②生産・加工・販売の可能な一貫システムを構築し，参加農家の所得増大のため	8億ウォン ：親環境農業生産基盤施設支援事業	5
7	SJ	農業会社	全羅北道扶安郡	1995	農家の高齢化による労働力不足に対し，担い手の役割を行うため	1億ウォン ：農業機械購入補助	4 《10》
8	MB	営農組合	全羅北道扶安郡	2003	大型農業機械の購入の政府補助金を受けるため	0	5
9	D	営農組合	全羅北道扶安郡	2007	①共同生産・共同販売のため農家を組織化 ②飼料用麦の生産機械の購入のため（補助金対象になるため）	0	5
10	H	農業会社	全羅北道群山市	1996	大型農業機械保有農家で作業委託を行うため	1億5千ウォン ：農業機械の購入補助，倉庫設置	4
11	Y	営農組合	全羅北道任実郡	1994	地域内での有機栽培団地化を実現するための堆肥製造工場の設立のため	4億8千ウォン ：堆肥工場の施設設置に対する補助	6
12	YD	営農組合	全羅南道海南郡	1998	個人より法人の方が政府補助事業の対象において有利であるため	1次：8千万ウォン 2次：1億6千万ウォン（1次：低温貯蔵庫設置，2次：精米施設設置）	6

第4章 農業法人の現状と特徴

農業法人の概要

出資者平均年齢	出資者関係	出資金	出資者の個別経営と法人経営の関係	運営形態	事業内容	出資者の農地面積	会員農家数	会員農家の耕地面積
46歳	地域知人	現物出資：3億ウォン（農業機械） 現金出資：8千万ウォン	別途	共同	精米・販売	39.9ha	12農家	30ha
45歳	地域知人	現金出資：2億ウォン	別途	共同	倉庫保管・精米・販売	66ha	21農家	51.6ha
60歳	地域知人	現金出資：1億ウォン	別途	共同	作業委託	19.8ha	15農家	39.7ha
45歳《51歳》	地域知人	現金出資：8,400万ウォン《現物出資：―》	同一	個人	生産・乾燥《生産・精米・販売》	62ha《30ha》	0《80農家》	0《70ha》
53歳	地域知人	現金出資：5千万ウォン	別途	共同	乾燥・販売	68ha	84農家	187ha
45歳	地域知人	現物出資：1億1千万ウォン（農業機械＋精米所）	別途	共同	乾燥・精米・加工品生産・販売	25ha	61農家	102ha
54歳	地域知人	現物出資：6千万ウォン（農業機械）	別途	個別	作業委託	20ha	10農家	42ha
52歳	地域知人	現物出資：1億ウォン（農業機械）	別途	個別	乾燥・販売	59.5ha	0	0
56歳	地域知人	現金出資：5千万ウォン	別途	共同	乾燥・販売	23.8ha	10農家	39.2ha
57歳	地域知人	現金出資：7千5百万ウォン	別途	共同	作業委託	59.5ha	30農家	27.8ha
―	地域知人	現金出資：1億ウォン	別途	共同	精米・販売・堆肥製造・観光農園	―	30農家	80ha
49歳	地域知人	現金出資：5千万ウォン	別途	個人	生産・乾燥・精米・販売	56.2ha	0	0

No.	法人名	法人形態	地域	設立年度	設立動機	政府補助金 需給実績	出資者数
13	HN	農業会社	忠清南道保寧市	1995	大規模営農経営のため	1億ウォン ：農業機械購入補助	5
14	SW	農業会社	忠清南道牙山市	1993	政府の法人化推進に沿って個人経営を法人化	1次：5千万ウォン 2次：1億ウォン 3次：6千万ウォン 4次：3億ウォン (1次：事務室設置， 2次：倉庫，3次：育苗場，4次：ミニRPC施設)	3

出所：筆者の全羅北道，全羅南道，忠清南道の稲作関連14法人を対象とした聞き取り調査（2008年2月）
注：《　》のなかは，現在の法人を設立する以前の法人に関する内容である．

表4-13　稲作における農業法人の類型化

項目	ミニ農協型	作業受託型	個人事業拡張型	出資者個別型 (運営実績なし)
運営形態	共同運営	共同・個別運営	個人運営	個別運営
事業内容	加工・販売	作業受託	生産・加工・販売	加工・販売
出資者の個別経営と法人経営の関係	別々	別々	同一	別々
会員農家の有無	有	有	無	無
該当法人	・N営農組合法人 ・B営農組合法人 ・HM営農組合法人 ・JS営農組合法人 ・D営農組合法人 ・Y営農組合法人	・JB営農組合法人 ・SJ委託営農会社	・W営農組合法人 ・YD営農組合法人 ・HN委託営農会社 ・SW委託営農会社	・MB営農組合法人 ・H営農組合法人

出所：筆者の調査結果により類型化したものである．

の個別経営あるいは法人経営と同一であり，生産部門における会員農家はいない．経営の目的は経営体の収益増大にある．

　最後の「出資者個別型」は法人名になってはいるが実態は出資者が個別に事業を行っているものであり，法人としての実体のないものである．そのため，本項の分析からは除外する．

　次に，前者の3タイプに該当する代表事例を取り上げ，それぞれの経営的特徴について明らかにする．

出資者平均年齢	出資者関係	出資金	出資者の個別経営と法人経営の関係	運営形態	事業内容	出資者の農地面積	会員農家数	会員農家の耕地面積
45歳	親戚	現金出資：1億2,500万ウォン	同一	個人	生産・乾燥・精米・販売	27.8ha	0	0
60歳	社員	現金出資：2億4千万ウォン	同一	個人	生産・乾燥・精米・販売・受託販売	59.5ha	《150農家》《受託販売》	―

の結果により作成．

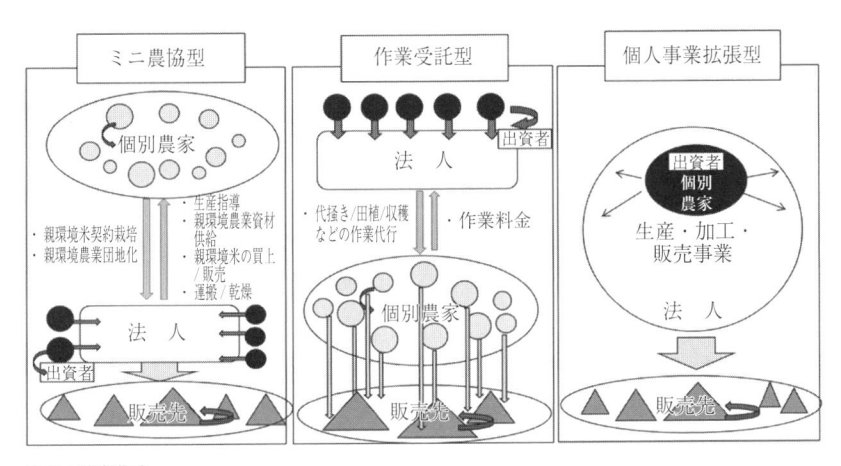

図4-1 稲作における農業法人の類型別運営体系

出所：筆者作成．

3)「ミニ農協型」法人

①設立動機および運営目的

　HM営農組合法人は，集落ぐるみで親環境農業を行っている集落型組織である．1999年に下西面地域の稲作農家で親環境農業を行う作目班が組織され，この組織を基礎に2004年，親環境農業で生産された米の独自的な加工，貯蔵，販売を行うために営農組合法人が設立された．法人の設立当時は，

出資者農家（12戸）と会員農家（10戸）の22農家，耕作面積78haであったが，2008年には会員農家84戸，耕作面積187haへ大きく増加した．また，面内で親環境農業を行う水田面積300haのうち60%をHM営農組合法人の会員農家が耕作している．法人運営の目的は組合農家の農業所得の増大であり，運営による収益を最大限に農家へ還元する運営を行っている．

　JS営農組合法人も集落ぐるみで親環境農業を行っている組織であるが，代表のK氏が主軸となり法人を設立した．ソウルで勤務していたK氏は1988年に父親の看病を契機に就農した．農業を始めてから生産者が米を生産して販売に至る過程において中間マージンが大きいこと，農家という形態では農協以外の販売チャンネルを確保することが難しいことに気がつき，これを解決するためには生産面では有機農法を採用し，既存の慣行栽培米と差別化し，また自家精米や加工品開発による高付加価値化が必要であると判断した．そのため，地域の仲間4人（水田面積35ha）で法人を設立した．なお，親環境農業のためには水田の団地化，直接販売のためには一定以上の物量が必要であるため地域の農家を会員（61戸，102ha）としており，法人経営に係る農家の農業所得を増大させるため運営している．

②出資者と運営

　HM営農組合法人の出資者は法人の母体組織である作目班の構成員であり，出資者の平均年齢は53歳で，全員が地縁関係で構成されている．出資金は1人当たり500万ウォンを同一額とする現金出資と組合員の農業用機械での現物出資となっている．

　組織の運営においては，41歳の若手農業者であるR氏がリーダーとなり，生産指導から会計までに関わる全業務を総括的に担当しており，その他の構成員は品質管理，農業資材の管理，生産管理などそれぞれチームを編成し，業務を分担して運営している．しかし，組織の意思決定に関しては理事10人の話し合いで決まり，共同運営を行っている．法人経営と個人の個別経営の関係については，全員が法人経営と個人経営を別々の経営としている．また，当該法人では，農作業や米生産に関しては84戸の会員農家がそれぞれ

個別に行っている．

　JS営農組合法人の出資者は代表を含む5人が平均年齢45歳の地域の若い農業仲間である．出資金は出資者5人の1億ウォンの現金出資と，精米所と農業機械等の2億ウォンの現物出資となっている．

　出資者の5人は個別経営を別途に行いながら法人経営に参加しており，法人運営においては経営企画，生産管理部門（農業資材管理，栽培管理，堆肥生産），マーケティング部門に分け，それぞれ役割を分担している．また，61戸の会員農家はJS法人と栽培契約を結び，親環境農業用の資材や堆肥をJS法人から調達し，マニュアル通り親環境米を生産している．なお，一部の水田には，裏作として麦（10ha），菜の花（バイオディーゼル用，4ha），レンゲや飼料用のイタリアングラス等を栽培している．

③事業内容

　主な事業内容としては，統一した品質の米を生産するために，組合員農家を対象に有機栽培技術の指導や有機栽培資材の供給，共同防除作業の実施，栽培方式，管理方法などの指導を行っており，秋には組合農家から生産された米を買い上げて共同販売を行っている．言いかえれば，地域内で「農協」としての機能を果たしていることになる．地域農協が存在しているにもかかわらずこれらの組織が存在する理由は，親環境農業で生産された米を農協で加工する場合，米の量が少ないため稼働が非効率になる問題，慣行栽培で生産された米と混合される可能性がある問題などのため，親環境米のみ加工できる独自の加工施設が必要とされたためである．

　HM営農組合法人では，組合農家から買い上げた米の販売をする代わりに，施設使用料や親環境認定費用などを含めた手数料（販売額の5％：米は1kg当たり35ウォン，小麦と大麦は1kg当たり70ウォン）を受け取り法人の収益にしているが，この料金の水準は農協よりも安い．また，米の販売先は，生協，有機農産物の専門売場，ネット販売，学校給食など多数のチャネルを確保している．

　JS営農組合法人の主たる事業は親環境米の流通・販売である．会員農家

から委託買上手数料・加工（乾燥・精米）料・運送料などの費用として1kg当たり200ウォンを受け取っている．その代わり，米の買上価格は農協より1kg当たり30ウォンを上乗せすることを原則としている．

米の販売においては慣行栽培米より30％高い価格の設定，食品企業と提携し，相手先のニーズに合わせた米の加工（玄米が中心），小包装単位の流通を行うことで，2007年のJS法人の年間米販売量は400tとなり，売上高は18億ウォン，純収益は2億ウォンに上っている．さらに，生食を中心とした健康ダイエット食品，玄米加工によるスナックなど，米の2次加工品の開発にも取り組んでいる．

4）「作業受託型」法人
①法人設立の動機および運営目的

JB営農組合法人は，地域の農業者仲間5人で稲作の作業受託を行うために設立されたものである．法人を設立した理由は，農業機械購入の補助金を受けるためである．運営目的は，作業受託を行うことによる農業機械の効率的な利用と作業受託による出資農家（＝作業者農家）の利益創出にある．

②出資者と運営

JB営農組合法人の出資者は，地域の大型農業機械保有者で構成されており，法人は出資者の個別経営とは別の事業体である．出資金は1人当たり2,000万ウォンとする同一額で出資した．運営は法人で作業受託を受け，作業者（＝出資者）5人で作業を分担して行っている．しかし，農業機械は各自保有・管理している．また，作業受託料金は法人が受け取り，作業者に作業量に準じて分配している．

SJ委託営農会社は，大型農業機械の保有農家10人が個人経営とは別途に法人を設立した．法人設立の理由は，JB営農組合法人と同様に農業機械購入の補助金を受けるためである．法人設立当時の出資者数は10人であったが，2008年には6人に減少している．この理由は，4人の出資者が作業受託事業を個人で行うようになったためである．なお，SJ委託営農会社では法

人こそ存在するものの，作業と作業料金精算において個別制を採用している．すなわち，作業受託に用いる農業機械等を出資者各自が保有・管理し，作業料金も各自が委託先より直接受け取る形態である点がJB営農組合法人とは異なる．

③事業内容

　JB営農組合法人の主な事業は稲作における作業受託である．また，地域農家の冬季の裏作物である飼料用麦生産の全作業を請負っている．水田の作業受託面積は59.5ha（うち，出資者の農地面積19.8ha含む）で，15農家から全作業委託を受けており，5人の出資者で作業を分担して行っている．作業料金は，1筆（1,200坪）当たり代掻き：18万ウォン，田植え：12万ウォン，収穫：18万ウォン，乾燥：17万ウォンと設定している．これらの作業料金の水準は，地域で作業受託を行っている個人事業者や他の作業受託組織と同一水準である．

5)「個人事業拡張型」法人

①法人設立動機および運営目的

　HN委託営農会社は，代表であるY氏が大規模水田経営を目指して水田の借地面積の拡大と水作業受託を本格的に進める過程で法人化した．その理由は，農作業代行に必要とされる農業機械を政府補助金で調達するためである．運営目的は，個人事業を拡張したものであるため，生活できる収益の確保を最低目標として，それ以上の利益追求を目指している．

　W営農組合法人も代表のK氏が家族経営を法人化したケースである．法人化を図った理由は，耕作面積62haの大規模水田経営を行うなか，社員の常時雇用の安定化を図るためである．運営目的は会社構成員の生活維持が可能な収益の向上を目指している．

②出資者と運営

　HN委託営農会社の出資者は，Y氏の親戚4人で構成されている．これらは法人設立登記時に書面上において必要とされるため名義のみ借りたもの

であり，実際の法人経営には全く関与していない．また，生産・加工部門における会員または組合員農家はなく，事業における意思決定はY氏の単独で決まる．出資者の法人経営と個人の個別経営の関係についてもY氏の個人経営が法人経営に含まれており，法人は個人事業を拡張した形態である．

W営農組合法人の出資者については，代表のK氏を除く6人のうち農業機械運用を担当している3人は，以前の法人経営時の雇用者である．また，残りの3人は農繁期に作業を手伝ってくれていた地域の農家である．なお，6人の出資者全員は個人経営を別に行っている．

一方，K氏の個人経営と法人経営の関係は個人経営部門が法人経営に含まれている形態であり，K氏が今まで農地銀行や個人農家から借り入れた借地経営を法人経営に転換したものである．

③事業内容

HN委託営農会社は，法人設立当時は作業受託事業をメインとしていたが，作業受託量の減少とコストの上昇による収益の悪化が問題とされた．こうしたなか，作業受託の面積を借地へ転換するとともに，米の精米・加工施設の導入を図った．精米・加工施設を導入してからは，米の加工・販売も行っている．さらに，自家生産の米のみならず，周辺農家からの受託加工（精米）も行っている．加工した米は，農協，レストラン，ネット販売，直売で販売している．

W営農組合法人の主な事業は，米の生産である．また，冬季の裏作として，飼料作物である麦とイタリアングラスを生産しており，麦は地域の畜産農家へ，イタリアングラスは酪農農協のTMR飼料工場へ販売している．

(3) 類型別法人の経営成果の比較

次に，各類型別に農業法人の経営成果を比較したものが表4-14である．この経営成果の比較から，次のようにいうことができる．

第1に，売上高の最も高い類型は「ミニ農協型」法人で，続いて「個人事業拡張型」法人，「作業受託型」法人の順となっており，「ミニ農協型」法人

表 4-14 類型別農業法人の経営成果 (2006 年)

(単位：百万ウォン，%)

分析指標	法人運営類型	ミニ農協型(乾燥事業のみ)	ミニ農協型(精米事業あり)	作業受託型	個人事業拡張型(精米事業あり)
	事例法人	HM営農組合	JS営農組合	JB営農組合	HN委託営農会社
	売上高	1,373	906	23	182
	当期純利益（損失）	2.1	20	5	9.7
収益性	売上高営業利益率	△2	2.0	20.7	1.9
	売上高経常利益率	0.2	2.2	20.7	6.1
	売上原価率	99.1	95.0	77.6	54.4
成長性	売上高伸び率	78.9	4.9	△27	70.9
	経常利益伸び率	35.3	46.7	△35	44.3
付加価値性	付加価値率	0.9	5.0	22.4	45.6

出所：各法人の財務諸表により筆者作成.
注：JB営農組合法人では財務諸表上では，飼料用麦の作業受託部門のみ計上している．

のビジネスサイズが最も大きい．これは，会員農家の数が多いことから，年間売上高が高いためである．

　第2に，収益性については，「作業受託型」法人の売上原価率が最も小さく，売上高経常利益率が最も高い．続いて「個人事業拡張型」法人，「ミニ農協型」法人となっている．「ミニ農協型」法人の収益性が最も低いのは，運営目的が会員農家の農家所得増大にあるため，米を会員農家から買い上げる際に，米価を高く設定しているためである．しかし，HM営農組合法人とJS営農組合法人の売上高営業利益率が異なる理由は，JS法人の場合は自ら加工事業（精米・包装）を行っており，学校給食，大型量販店，食品会社など多様な販路を確保しており，有機米の少量包装による販売まで行っているためである．また，米のみならず，食品業者と提携して加工食品を生産・販売しているため，営業利益率がより高い結果となっている．

　第3に，成長性については，売上高伸び率と経常利益伸び率が「ミニ農協型」法人がそれぞれ78.9%と35.3%，「個人事業拡張型」法人が70.9%と44.3%で良好である一方，「作業受託型」法人は成長率がマイナスとなっており，売上高と経常利益が減少傾向にある．この理由は，経営成果分析の事

例として取り上げた JB 営農組合法人の場合，地域の水田で用排水路の改修作業が進行中であることと，近年飼料用麦の作業受託を行う事業体が多くなり，前年度に比べて受託事業量が減少したためである．

　第4に，付加価値創出性については，「個人経営拡張型」法人が45.6％で最も高く，次いで「作業受託型」法人，「ミニ農協型（精米事業あり）」法人の順であった．特に，精米事業の有無によって収益性と付加価値率に差が生じている．

4. 小括

　これまでの分析の結果，韓国の稲作における農業法人の特徴について次の4点にまとめることができる．

　第1に，稲作地帯における農業法人の経営は，8割以上が専業農家で構成されており，借地経営の割合が高く，不在地主の農地の割合が高い現状にある．このため，農地利用の効率を高めるための特別の施策が必要とされる．

　第2に，韓国の代表的稲作地帯では，主に地域に密着した集落ぐるみ組織の「ミニ農協型」法人，地域の大型農業機械運用者で構成され，農作業代行をメインとする「作業受託型」法人，個人の事業を拡張する中で法人化する「個人事業拡張型」法人の3タイプの法人が形成されている．

　第3に，共同運営を行っている法人の多くは，特別な米を生産する個別農家を組織化した集落ぐるみの組織である．特に，生産は個別農家が行い，加工・販売部門を共同で行う販売組織のような形態となっている．

　第4に，「個人事業拡張型」法人は，大規模借地（事例では27.8～62.0ha）が確保された個別農家が加工・流通部門を経営に取り入れるために法人化した形態が多く，組織経営よりも個別経営体に該当するものであった．家族経営の法人化により対外信用度の獲得や取引先との交渉力の向上，また，労働雇用における安定化を図るための法人化も見られる．

注

1) 「農漁業法人事業体統計調査」は，韓国の統計庁の管轄で行われている．調査は，法院に登録されている農漁業法人全数を対象に，専門調査員が事業体を訪問し，面接調査で実施されている．これを集計して，公表したものが「農漁業法人事業体統計」である．
2) 事業形態別法人の分類は，各法人の事業部門のうち，収入の最も高い部門をその法人の形態とみて分類したものである．
3) 異常値を示す法人とは，売上高経常利益率がマイナス50以下である法人と経常利益率がプラス50以上である法人のことである．
4) 優秀経営法人には，1,868法人のうち経営成果の記載があり，かつ異常値を示す法人を除いた1,178法人が該当する．
5) 長期運営法人には，優秀経営法人1,178のうち，7年以上運営が継続している605法人が該当する．

引用文献

1] 李裕敬・八木宏典（2008）:「韓国における農業法人化の現状と課題」,『農業経営研究』第47巻2号，pp.185-190，日本農業経営学会．
2] キム・スノック，パク・ソクドゥ（2006）:『農業法人の運営実態と制度改善方案研究』韓国農村経済研究院，pp.19-24．
3] 金正鎬（1990）:『専業農育成と営農組織活性化方案』韓国農村経済研究院．
4] 金正鎬，ジョン・ギファン，朴文浩（1993）:『土地利用型農業の経営体確立に関する研究―稲作大農経営の成立・発展のための経営形態論的接近―』韓国農村経済研究院．
5] 金正鎬（1994）:『営農組合法人の実態と育成方案―農業法人制度の再定立のための接近―』, pp.9-57．
6] 金正鎬，イ・ソンホ，パク・ムンホ（1997）:『農業法人の運営実態と政策課題』韓国農村経済研究院．
7] 金秉鐸・鄭丁錫・金聖恩（1992）:『農業の法人経営分析と発展戦略に関する事例調査研究』韓国農村経済研究院．
8] キム・ジュンオ（1998）:『作目班の共同事業の実態と発展経路』，農協調査月報．
9] 朴文浩（2000）:『農業法人経営の発展方向と政策改善研究』韓国農村経済研究院．

第5章
作業受託型農業法人における協調戦略

1. はじめに

　本章では，韓国の水田農業の生産構造の再編主体として核心的な活動を見せている作業受託型稲作経営について，長期的に組織的運営を維持・発展させている事例を取り上げ，事業展開と経営戦略の側面から関係主体間との連携関係の構築プロセスを重点的に分析し，事業拡大と経営維持の成功要因について解明を試みる．

　特に，既往研究で農業会社法人（水田の作業受託組織）の経営課題として指摘されてきた①事業の多角化，②経営の持続的成長の2点について，新しい事業の導入契機とそれに関わる主体間との関係構築に視点をおいて分析する．

　さて，韓国のように多数の零細規模農家で構成されている農業構造下では，面的拡大による大規模化を達成するためには，農地提供者となる地権者から如何に農地を獲得し，あるいは契約を維持するかが経営成長における鍵となる．この方法としては，農地購入，借地，作業受託地の確保がある．今日では米価の下落傾向のなか，道路建設や宅地開発等の転用に対する需要が存在するため農地価格は右肩上がりの上昇を見せており，農地購入による規模拡大は採算が取れず，借地による規模拡大が有利な状況となっている．しかし，借地は主に離農や高齢引退農家からのもので，専業農家比率の高い韓国農村では借地確保のための競争が激しく，その結果，借地料が高止まりしてい

表5-1 作業受託と経営受託の長所と短所

	部分作業受託	全作業受託	経営受託
収益性	低	中	高
計画的な作業の実施	低	低	高
努力の収益への反映	無	無	高
事業量の収益	容易	比較的容易	困難
関連作業の負担	小	中	大
収量変動のリスク	無	無	有
雇用労働のリスク	小	小	大
転作の負担	無	無	有

出所：木南章・石田正昭（1995）：「作業受託と経営受託の選択」，和田照男編『大規模水田経営の成長と管理』東京大学出版会, p.241.

る[1]．

　その一方で，農地提供者の立場に即してみると，農村地域では兼業所得源が限られ，農業所得の依存度が高い構造となっているため，在村する農家は高齢化しても営農による所得確保の選択を好み，農地を貸し出さず，作業委託を選択するケースが多い．その背景には，借地料が高い水準にあるものの，貸し出しよりは作業委託による経営所得の方が高いことが挙げられる[1]．

　他方，耕作者側としても，作業受託は借地に比べて収益性は低いものの，収入の安定性，事業量の確保の容易さのほかに，管理労働の負担が少なく，収量変動や雇用労働のリスクが少ないなどのメリットがある[8]．したがって，農地の流動化が活発に進まない地域では，借地より作業受託地を確保することで規模拡大を達成している農家が多い．2005年農業センサスによると，稲作農家の6割以上が代掻き，田植え，収穫作業を委託しており，それぞれ1990年の48％，56％，60％から2005年には64％，62％，85％へ増加している．近年では経営主の高齢化が急速に進行しており，米価下落の影響で作物を転換する農家が発生することも考慮すると，作業委託がさらに増加することが見込まれる．

　しかし，作業受託型稲作経営は，①品種や作業日の設定を自らの経営計画の中に取り込むことができない，②乾燥・調製作業が委託者ごとに分断され

る，③圃場が一層分散するなど，受託者が生産力を十分に発揮していく上で桎梏となる[6]という側面がある．これに加えて，作業受託の場合は契約が農家同士の相対での口頭契約が多く，契約期間も1年あるいは部分作業委託の場合は一時的なものが多く，作業受託地の継続的な確保においてリスクが存在する．

　すなわち，作業受託経営においては作業委託者からいかに作業受託地を獲得し，さらにその契約を維持するかが経営維持・発展において重要な課題になる．そのために，作業委託者と友好な関係を構築することで，契約を長期に維持することが重要な経営戦略となる．

2. 分析の理論的枠組み

　経営における顧客と同業者等との関係性に注目し，関係（取引）維持の要因について整理した理論として組織間関係理論と関係性マーケティング論がある．このうち組織間関係理論には，組織が他組織との相互依存関係を認めた上で，他組織との折衝で合意を見いだし，良好で安定した関係を作り上げる「協調戦略」がある．協調戦略では，双方依存的関係構築によって資源調達・利用のための連携を図ることで，機会主義の発生を回避できるとされている．すなわち，作業委託者との関係が単なる取引関係ではなく，取引が継続して維持されるパートナーシップ関係（両者が対等かつ相互依存の関係）を構築していくことで，上述した作業受託のリスクを回避することができる．

　なお，関係性と関連して一般経営学では，こうした顧客に対する持続的な関係維持のための企業戦略を「レピュテーションマネジメント」という．この関係性重視の傾向は，市場そのものが不透明かつ不確実になったことにより派生したもので，その対応として，顧客や関係者集団（ステークホルダー）との安定的な関係を構築することで市場を創出するものである．

　関係性マーケティングについてBerry & Parasuraman[18]は，「顧客を創出・維持するために，顧客との関係性を発展させるマーケティング活動」で

あり,「顧客を引き付け,顧客との関係性を発展,維持させることである」と定義している.こうした関係性マーケティング論も,①取引の継続性,②主体間関係の相互作用性のある関係構築という面を強調しているが,継続性や主体間関係の相互作用性はパートナーシップの構成要素と同じである.これらのことから,第5章の作業受委託関係に対する分析アプローチとして,組織間関係理論およびパートナーシップ理論が適していると考えられる.また,関係性マーケティング論[9]では,流通主体間に形成される関係の長期性や継続性に着目しており,一般に商行為が行われる場合,売り手と買い手の1度限りの取引成立後にその取引関係が終了することは少なく,条件を変えることによって複数回の取引が継続されるなど,取引継続性とそれを可能とする主体間の関係がどのように形成されているかについて焦点についても当てている.また,流通主体間で形成される関係の相互作用性を強調している.すなわち,関係主体の間でコミュニケーションを通じて相互の意向が理解され,商品開発や流通改善に反映されると捉えており,その両主体は価値創造プロセスに関与する"パートナー"であると位置づけられているのである.

　こうした相互依存関係は,継続的取引と相互理解によって提携がさらに深まり,主体間での学習効果によって,理念や戦略が共有されるようになるという.例えば,生協と産地・生産者との関係も,産直という取引関係から成熟化した農業生産法人等との関係を媒介に,相互に資源を活用し,共に成長する事業の連携へと発展することが想定される.

　一方,組織間関係理論における協調戦略では,ある組織が他組織に対する依存を認めた上で,他組織との折衝により妥協点を発見することによって,他組織との良好な関係が形成されることに着目している.すなわち,組織間では相互依存度の違いによって"パワー関係"が生じる.相互の関係に不均衡が生じた場合,取引相手の機会主義の発生等が懸念され,組織間の関係の維持・継続が困難となる.そのため,組織間関係における"パワー関係の不均衡"を調整することが,組織間関係の維持・発展のためには不可欠となる.また,協調戦略は組織行動に何らかの意味で他組織の立場を反映させること

で，他組織との関わり合いを通じて，不確実性を減少させ，将来にわたる他組織からの支持を発展させることができる．しかし，協調戦略では自律化戦略のように依存を完全に吸収するものではないために，自律しつつ相互依存している諸組織を調整する方法として，規範形成，契約締結，合併，役員の受入れ，業界団体の形成，調整機構の設置などが必要となる．

そこで第6章では，生産部門においては個別に営農活動を行いながら，加工・流通面において協同・組織的な経営行動を行っている，いわゆる自律しつつ相互依存関係にある組織経営体の経営維持・成長の要因について，関連諸主体間が関係を維持・発展させるため，いかなる仕組み（規範，契約締結，合併，役員の受入れ，業界団体の形成，調整機構の設置などといった協調戦略）を採用しているかについて焦点を合わせて分析する．

3. 作業受託型農業法人における経営維持・事業拡大要因

(1) 設立と事業展開
1) K委託営農会社の設立と構成メンバー

本章で取り上げるK委託営農会社（以下，K社）は韓国の慶尚北道慶州市江東面に位置しており，1994年に現在のリーダーLCH氏（53歳，以下L氏）と4人の農家によって設立された．法人設立の契機は，当時の大型農業機械の購入補助を受けるためには法人であることが条件であったため，L氏は親戚および知人農家を構成員として組織を結成し，水田農業の作業受託事業を開始した（表5-2）．

法人経営と参加メンバー個人の経営との関係は，メンバー各自は水稲部門以外に果樹，畜産部門を導入した複合経営を営んでおり，個別経営部門は各自で経営しながら，水稲作業受託部門と水稲以外の作業受託に関して協業体制を組んでいる．すなわち，彼らは複合部門を含む個別経営を営みながらK社（組織経営）の経営に参画している．

組織メンバーの経営面積をみると，リーダーL氏の場合，1994年水稲の

表 5-2 K 社の構成員と担当業務

氏名	年齢	役職	代表との関係	担当作業	備考
LCH	53	代表	本人	①トラクタ作業 ②コンバイン作業	トラクタ所有：90ps，コンバイン所有：5条（2009年から）
SHI	54	理事	親戚	コンバイン作業	コンバイン所有：5条
KKD	48	理事	SHI 氏と親戚	コンバイン作業	田植機所有：8条
LDG	45	作業班長	隣の集落の後輩	トラクタ作業	トラクタ所有：85ps（1996年から参入，隣の集落の営農後継者）
LSW	26	作業者	L 氏の息子	トラクタ作業	2008年から就農
A	58	設立メンバー	地域の知人	—	（脱退）
B	54	設立メンバー	地域の知人	—	（脱退）

出所：K 社の聞き取り調査（2011年8月）による．

　作業受託事業を開始した当初は所有地 1.3ha のみであったが，2010 年現在では作業受託地のうち借地へ転換された農地 1.3ha と，2005 年から農村公社の斡旋により確保した借地 6.8ha を合わせ，8.1ha である．理事の LDG 氏の場合も，参加当初は 0.2ha の所有地のみであったが，現在は 3.6ha（うち，借地 3.4ha）へ，また，同じく理事の KKD 氏は所有地のみの 0.6ha から 2.2ha（うち，借地 1.6ha），果樹園 0.3ha へと個別経営を拡大している．借地の確保は各自の力量に任せているが，リーダー（L 氏）には農村公社や地域の作業委託者からの借地依頼が多い．しかし，地主から必ず L 氏にやって欲しいという要請があるケース以外は，参加メンバーに相談して分け合っている．その理由は，「組織経営の維持は，参加メンバーの個別経営の確立・成長がベースとなる」が L 氏の経営哲学であるためである．

　作業管理体制は，会社設立を契機に 5 人のメンバーが各自作業受託をしていた水田を統合し，共同作業・共同精算するシステムへ，配分に関しては月給制を導入した．しかし，共同資産である農業機械の故障に対する怠慢，メンバー間の機械運転能力差による作業量のバラツキ，年間を通じた仕事がないことによる月給制に対する資金圧迫などの問題が発生し，メンバーの 2 人（A，B 氏，いずれも知人関係）が会社を脱退するとともに，月給制による給与払いも中止することになった．そして，管理体制を変更し，農業機械を

各自に配分・担当させることで作業に専門化させ，給与も仕事に対するモチベーション向上のため，出来高制に変更した．

出資はL氏による現金700万ウォンのみで，政府補助金を用いて導入した農業機械（トラクタ，コンバイン，田植機）はすべて会社の共同資産としている．収益の配分については，2001年に導入した育苗場の収益は組織メンバー間で均等配分する一方，機械作業に関しては作業（トラクタ2台，田植機，コンバイン）ごとに1人が専任担当し（機械も各自所有・管理），作業量に応じて作業料金収入を配分する方式を採用している．

2）事業部門と管理体制

K社では水稲作業受託をベースに，育苗生産販売，米乾燥・委託販売事業，飼料用作物と転作作物の作業代行，地域の肉牛および養豚農家と連携した液肥散布作業，トウモロコシサイレージ作業などを行っている．K社の事業部門別売上高を示したものが表5-3である．

各事業の売上高に占めるシェアは，水稲の全・部分作業受託が32%と最も高く，次いで育苗生産販売事業27%，米の乾燥，委託販売事業12%で，稲作関連の受託作業が全体の7割を占めている．この他にトラクタとトラックなど大型農業機械を活用した畜産関連の液肥散布事業18%，飼料用作物作業受託6%となっている．このような稲作以外の事業を取り入れたことで，K社では年間作業が確保できるシステムを構築した（図5-1）．

作業のスケジュールは，組織メンバー間の話し合いで決めており，作業時期は各メンバーの個別経営の作業時期と重ならないように調整している．

表5-3　K社の事業部門別売上高（2010年実績）

(単位：ウォン，%)

事業区分	稲作全・部分作業受託	育苗生産販売	米乾燥・委託販売	肥料散布	液肥散布作業	飼料用作物作業受託	トウモロコシサイレージ作業	合計
売上高	124,449	105,078	45,000	2,808	68,730	24,660	16,500	387,224
割合	32	27	12	1	18	6	4	100

出所：K社の営農帳簿と聞き取り調査（2009年8月～2011年8月，計8回実施）により作成．

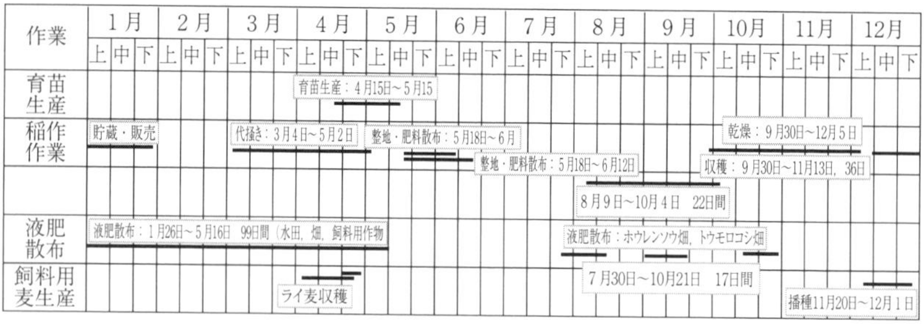

作業	1月	2月	3月	4月	5月	6月	7月	8月	9月	10月	11月	12月
育苗生産				育苗生産:4月15日～5月15日								
稲作作業	貯蔵・販売		代掻き:3月4日～5月2日		整地・肥料散布:5月18日～6月				乾燥:9月30日～12月5日			
						整地・肥料散布:5月18日～6月12日			収穫:9月30日～11月13日、36日			
								8月9日～10月4日 22日間				
液肥散布	液肥散布:1月26日～5月16日 99日間(水田、畑、飼料用作物)								液肥散布:ホウレンソウ畑、トウモロコシ畑			
飼料用麦生産				ライ麦収穫			7月30日～10月21日 17日間				播種11月20日～12月1日	

出所:K社の営農帳簿(2009年,2010年の実績)と聞き取り調査により作成.

図5-1 K社の年間作業スケジュール

作業体制についてみると,まず,稲作の作業受託作業は,耕うん・整地作業はトラクタを所有しているリーダーL氏とLDG氏,田植作業は機械運転者KKD氏と作業補助1人,収穫作業は機械運転者1人(L氏)と補助労働力1人,それに収穫した米をRPCあるいは委託者が指定した精米所への運搬を担当する2人で行っている.育苗の生産・販売事業は苗運搬の際には,地域農家で構成された作業班(8人)があり,毎年この班に任せている.

稲作以外のトウモロコシサイレージ作業や液肥散布事業の場合は,各自のスケジュールを調整し労働力を配置しており,基本的には組織メンバー4人が中心となっている.液肥散布事業の作業量は米収穫後が最も多く,1月から5月にかけて行っている.すべての装備が整った2010年から通年作業が可能な体制となったが,あいにく,2011年の口蹄疫の影響により,地域の養豚農家が打撃を受けたため,作業量が3分の1にまで減少した.現在はその作業量も回復しつつある.

液肥散布事業は慶州市の補助事業として実施されており,散布面積1ha当たり15万ウォンの補助金を受けている.2008年の事業量は218haとなり,この事業による収入は3,000万ウォンに上った.表5-4で示されている費用項目の人件費が組織メンバーの収入額(1カ月平均147万ウォン/1人)であり,この賃金は地域の一般製造業なみの水準である.また,トウモロコシサイレージ作業に関しても,1人当たり1カ月に約100万ウォンの収入が得ら

表 5-4 組織メンバーの液肥散布事業による収入額（2008 年実績）

(単位：ウォン)

事業	作業面積 (作業量)	単価	収入	費用	費用項目
液肥散布	218ha	150,000	32,700,000	31,932,053	合計
		(1ha 当たり)		549,800	修理・修繕費
				7,947,986	軽油
				1,384,267	液肥散布車両減価償却費
				22,050,000	人件費（作業者5人，98日間）
	純所得（収入－費用）			767,947	
トウモロコシ サイレージ	755bag	30,000	22,650,000	13,200,000	合計
		(1bag 当たり)		700,000	軽油
				7,550,000	バック代
				4,950,000	人件費（作業者5人，22日間）
	純所得（収入－費用）			1,600,000	

出所：表5-3と同じ．

れている．育苗場の運営は組織メンバー4人の共同収益部分としており，次年度の活動資金として繰越金2,000万ウォンを除いた利益は，メンバー間で均等配当している（1人当たり約400万ウォン/年）．

(2) 新事業の導入プロセス

1) トウモロコシサイレージ事業の導入プロセスと関連主体との関係

K社でトウモロコシサイレージ作業を行うようになった契機は，水稲作業委託している，畜産農家からトラクタを活用してトウモロコシサイレージ作業を行うことを提案されたことにある．この地域には，畜産農家が多く所在しており，従来から畜産農家が肉牛・乳牛の管理をしながら自らトウモロコシサイレージ作業を行ってきた．しかし，トラクタ導入および管理には大きな費用が掛かるとともに，複合経営により時間的にも余裕がない条件下に置かれていた．こうした提案に対して，K社では作業時期が水稲の管理作業がない8月初め～9月末であること，トラクタに装着するサイレージ機械を準備するだけで済むことから，事業多角化に着手した．そして，事業を提案した畜産農家の紹介により，他の畜産農家からも作業を受託することにな

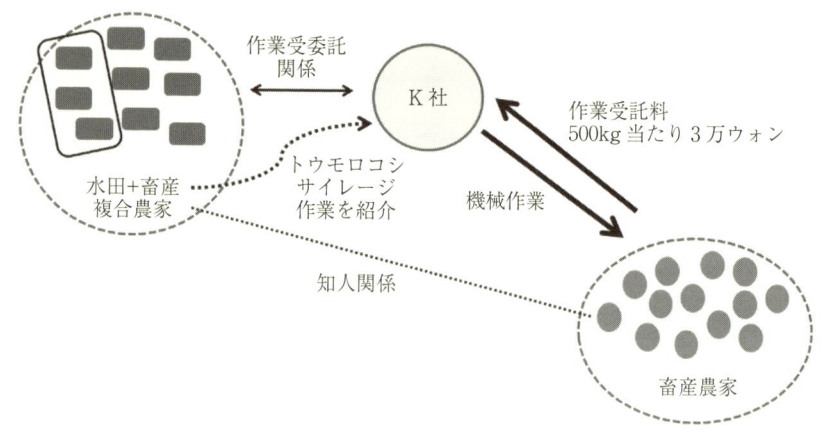

出所：K法人の聞き取り調査を基に作成．
図5-2　トウモロコシサイレージ事業の導入プロセスと主体間関係

った．なお，これをきっかけにK社は地域の畜産農家とより積極的に交流するようになった．

2) 液肥散布事業の導入プロセスと関連主体との関係

　液肥散布事業に取り組むようになった契機は，リーダーL氏が稲作作業を受託していた養豚農家との会話から出た話である．2005年度から家畜糞尿処理基準法の規制が厳しくなり，糞尿処理場の設置や副産物の散布農地面積確保基準など，多くの負担が養豚農家にかかることになった．家畜糞尿処理基準には，処理された糞尿，液肥を水田に散布するよう定められていたが，畜産農家にとっては大量の液肥を散布できる面積を確保することが困難であった．こうしたなか，慶州市養豚組合長（上記の養豚農家と知人関係）がL氏と協議し，養豚糞尿処理施設の導入と散布作業受託の話を地域の農業技術センター担当者に持ちかけた．施設導入に関しては，慶州市の補助事業対象として指定されることで設備導入費を全額負担してもらい，液肥生産技術の指導，液肥基準値のチェックなどは農業技術センターが担当し，K社では散布に必要となる糞尿・液肥運搬タンク，散布機などを負担することで事業

図 5-3 液肥散布事業の導入プロセスと主体間関係

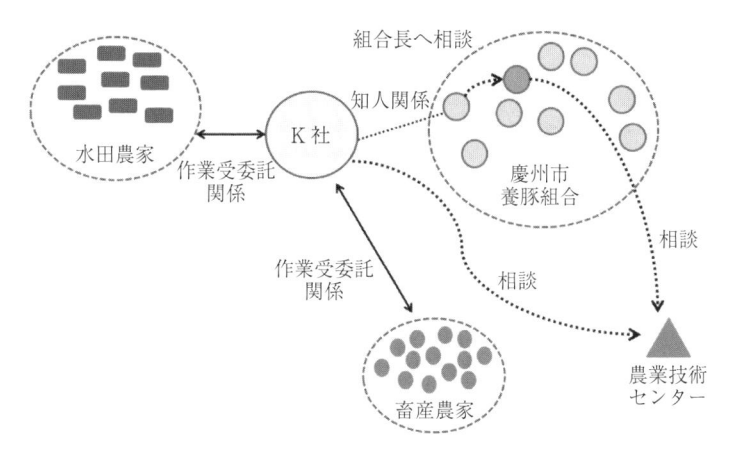

出所：図 5-2 と同じ．

を開始するようになった．

3）飼料用麦生産事業の導入プロセスと関連主体との関係

　飼料用麦の生産事業は，トウモロコシサイレージ作業を委託していた畜産農家から，飼料価格高騰によって飼料費が高くなるという情報を聞いて，何か対応できる方法はないかと思い，農業技術センターの補助事業担当者に相談を持ちかけたのがきっかけである．一方，農業技術センターでは，飼料用麦の生産を政府補助事業として進める上で，予算は確保したものの，当該地域で大規模な耕地面積を持った経営体が存在しないため，事業対象者の選定に悩んでいた．飼料用麦生産・収穫専用の大型機械の採算性を考慮して，大規模面積を確保した経営体を事業対象とする方針であった．K社は所有地および借地面積は小さいものの，作業受託地の面積が50ha以上（完全＋部分作業受託地を含む）であるため，飼料用麦生産事業者に適すると判断した．その結果，K社は水稲作業委託農家の同意を得て，50ha以上の水田に飼料用麦を生産し，畜産農家に販売するようになった．

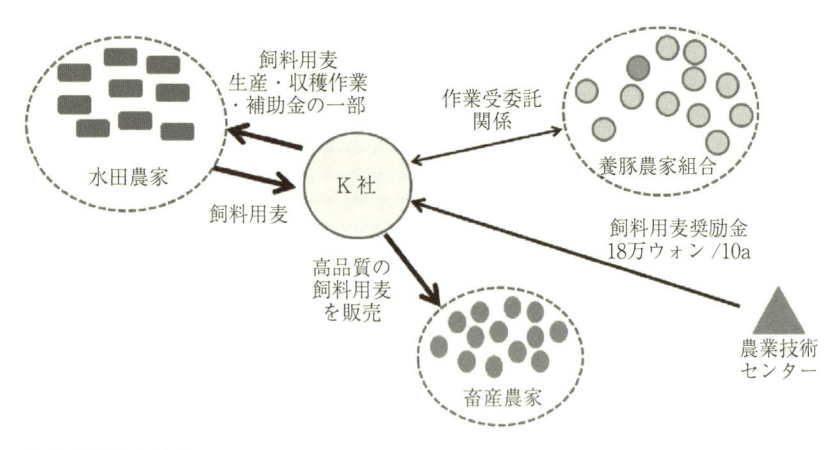

出所：図5-2と同じ.

図5-4 飼料用麦生産事業の導入プロセスと主体間関係

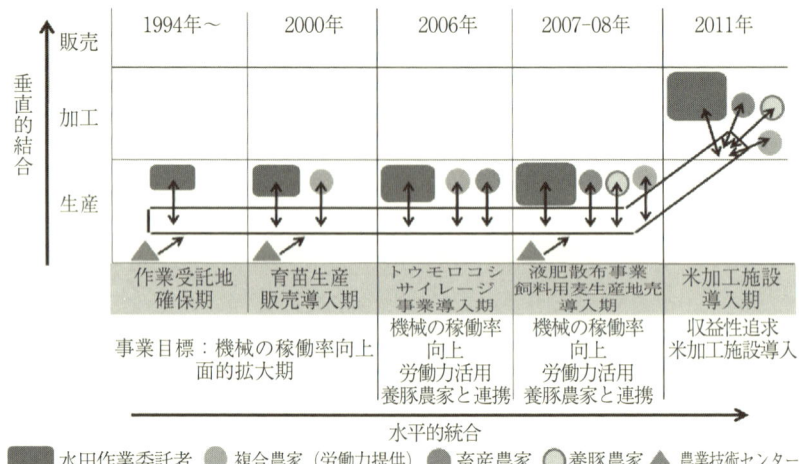

図5-5 K社の新事業の導入プロセスと主体間関係図

4）事業拡大における諸主体間の関係

　K社の新事業の導入プロセスを総合すると，作業委託者の声に耳を傾け，顧客ニーズ・情報をキャッチしており，また，顧客ニーズに合う事業を構想

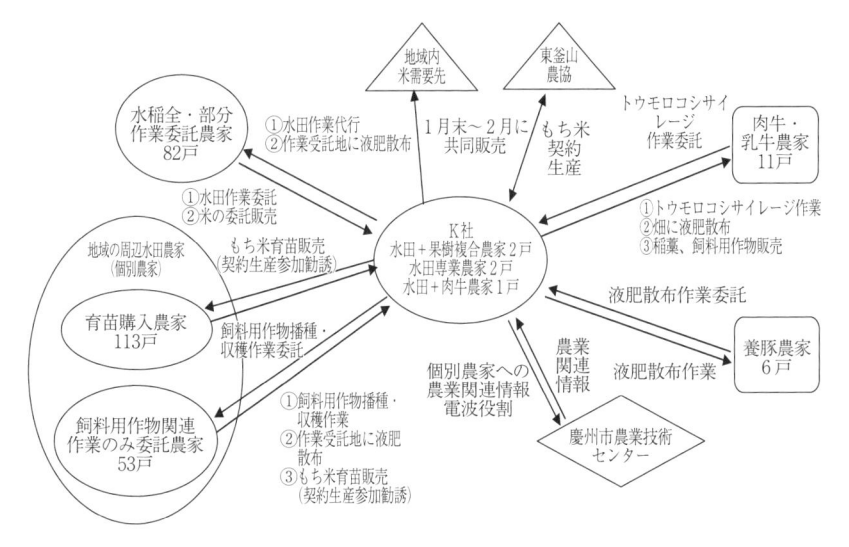

第 5 章　作業受託型農業法人における協調戦略　　　　　　　　183

図 5-6　K 社の事業経営における諸主体間との関係図

するために，人々とのネットワークを通じてその事業に関するキーパーソン（key person）へリンク（link）することにより，事業が具体化されている．すなわち，地域の畜産農家や養豚農家との交流，また，その中でも養豚組合の組合長や慶州市農業技術センターの職員などが事業を具体化する上でキーパーソンとなっており，これに K 社の経営者が辿り着いている．そして，事業拡大とともにネットワークの範囲がさらに広がっているのである．

　また，K 社の新事業に係る各主体間の関係を見ると（表 5-5），まず，水稲作業受託事業において委託者は，①賃貸借より農業所得が高い，②肥料使用量の節減によるコスト節減，③安定的な単収の確保，④飼料用麦の導入による収益向上であり，作業受託者は，①大型機械の採算性アップ，②液肥散布事業の導入可能，飼料用麦の生産・販売事業の導入可能，遊休労働力の活用というメリットが存在している．次に，新たに導入した事業において畜産農家および養豚農家は，①大型機械導入費用や家畜糞尿処理費用の節減，②本業への集中・専門化が可能となる．作業受託者は，①トウモロコシサイレ

表 5-5 K 社の事業における作業委託側と作業受託側の相互関係

区分	作業委託側	作業受託側
水稲作業委託農家	①賃貸借より農業所得が高い ②肥料使用量の節減(従来使用分の1/2) ③熟練された機械作業により平年並みの単収確保 ④飼料用麦の導入により収益発生(75,000 ウォン/10a)	①作業受託地の確保により大型機械の採算性アップ ②大規模面積確保による液肥散布事業の導入可能 ③飼料用麦の生産・販売事業の導入可能(収入源創出) ④遊休労働力の活用
畜産農家(トウモロコシサイレージ作業委託)	①大型機械導入費用の節減 ②畜産管理に集中・専門化できる	①トウモロコシサイレージ事業導入(収入源創出) ②大型機械の採算性アップ ③畜産農家との交流の場を形成
養豚農家	①家畜糞尿処理費用の節減(施設導入,散布農地確保など)	①液肥散布事業導入(収入源創出) ②大型機械の採算性アップ ③養豚農家との交流の場を形成

出所:表 5-3 と同じ.

ージ事業や液肥散布事業などの新事業導入による収入源の確保, ②大型機械の採算性アップ, ③畜産農家や養豚農家など新たな顧客階層との交流の場の確保というメリットが存在する.

(3) 組織経営の維持・事業拡大の要因
1) 組織メンバー間のパートナーシップ関係の構築

まず, 組織メンバー間の関係に注目したい. K 社では各メンバーが対等な関係に置かれており, 個別経営部分を別途に運営しながら (独立した主体間), 組織の事業においては各自の役割分担によって協働体制を組んでいる (相互依存).

また, 最も基本的な条件となるが, 組織のメンバーは K 社の経営に参画することで, 経済的メリットを得ており, これが組織活動に対する参画維持の要因として働いている.

また, 完全作業受託地は必ず共同で受託するが, それ以外はメンバー個人の能力によってさらなる作業を受けることが可能であり, その利益に関しては本人のものになる. こうした, 個別経営の確立・成長が組織経営を維持し

ていく上でのモチベーションになっている．すなわち，組織的なチームプレー（協調）のなかで，個別能力によるインセンティブ（競争）が存在する関係が構築されているのである．

なお，リーダーは自分に依頼された借地に関しても，メンバー間の耕作規模の格差を調整するためメンバーに提供している．こうして構築された関係（組織メンバー＝パートナー）が組織経営の維持・成長の原動力となっている．

2）事業多角化の進展の要因

作業受託型組織の事業多角化が可能となった要因は以下の通りである．

第1に，稲作における作業委託者と作業受託者間には相互に経済的メリットが存在する関係が構築されており，取引継続に対する条件が形成されている．

第2に，新しい事業の導入は，委託者との相互のコミュニケーションの中から委託者の意向や需要に応えるために工夫されてきた結果である．また，解決策を見出すために，農業技術センターや地域の各農業関連主体とコミュニケーションを取りながら模索している．

第3に，リーダーのネットワーク能力である．新しい事業を導入するプロセスにおいて新しい情報を提供するキーパーソンにアプローチしており，さらにその情報を具体化（現実化）するために連携可能な主体にもアプローチし，新しい価値（事業）を生み出している．すなわち，リーダーが既存の関係主体との情報交流から，新しいニーズをキャッチする努力をしており，また，そうした新しいニーズに対応可能な事業を構想し具体化する上で，リーダー自身が有している人的ネットワーク（農業技術センターや既存の知人等）から情報・資源を調達しているのである．このことから，事業多角化においてリーダーの組織間関係論でいう「対境担当者」のリンケージ能力が1つの要因になっていることが示されている．

4. 作業受託型稲作経営の作業委託者に対する協調戦略

　作業受委託における両者間の関係は，委託者の「米生産による所得確保」という目的達成のため，作業者が対価を受ける代わりに作業を行う，農地という資源をめぐる相互補完関係にあるといえる．
　規模拡大を志向する大規模作業受託者からしばしば聞かれる言葉が「周囲の目」，「評判」である．この言葉には委託条件の中に，「信頼に基づく評判」が欠かせない要素であることが示されている．つまり，作業受委託関係は信頼と協力関係によって構成されている一種のパートナーシップ[2]とみなすことができる．とりわけ，作業受託型稲作経営は委託者と長期的な取引を維持することで，安定的な経営基盤を構築することが可能になるため，パートナーシップ関係の形成と維持が経営戦略の不可欠な要素となる．
　本節では作業受託を通じた大規模化における作業受託者と委託者の関係構築について，パートナーシップ形成理論を援用し，その形成条件について検討する．

(1) パートナーシップの形成条件
1) パートナーシップの定義
　パートナーシップという用語は，英米法における「2名以上の自然人や法人が金銭・役務などを出資し，共同で事業を営む事業体」という制度として使われている場合が多い[3]．しかし，パートナーシップの言葉自体の意味・特性について考えると，partnership は partner（相棒・仲間）と ship（在り方）の合成語であり「仲間の在り方」という意味である．「仲間」は一緒に物事をする間柄であるが，協同を組もうとする動機となる条件は相手への信頼であろう．
　こうしたパートナーシップについて，張[12]は「それを構成する自律的な行為者間の信頼に基づいた協力関係」，橋口[15]は「共に何事かを成す仲間との

信頼に基づいた対等な関係」であると定義している．これらを総合すると，パートナーシップは「独立した主体が相互に信頼に基づいて協力する関係」と捉えることができる．

これらを踏まえ，本節ではパートナーシップを「独立した2人（組織）以上の主体における信頼に基づいた対等な協力関係」と定義する．

2）パートナーシップの構成要素と形成条件

上述のパートナーシップの定義から，パートナーシップの構成要素は「信頼」，「対等」，「協力関係」となる．まず，信頼について張[12]は，自律的な行為者が各自の目的を持って継続的な利益を得ながら協働活動を繰り返すプロセスの中で信頼は生まれるといい，その関係は取引が持続されることで「契約への信頼」→「能力への信頼」→「好意的信頼」へと強まるという．

「契約への信頼」とは取引パートナー双方が特定の書面または口頭の同意を守るという信頼であり，「能力への信頼」は取引パートナーの有する能力を評価した上での信頼である．「好意的信頼」とは取引パートナーの要求であれば，あらゆる課題に対応するという相手に対する理解をベースとした信頼である．「能力への信頼」と「好意的信頼」の違いは，後者が取引パートナー間で約束以上の新たな機会の開拓に積極的に取り組むことにある．

これら3つの信頼のうち「契約への信頼」と「能力への信頼」は，取引の前にも社会的な評判やインフォーマルな関係からも生まれるが，「好意的信頼」は長期間の取引後に生み出される信頼である．こうした信頼こそが取引維持の原動力となる．

次に，協力関係は共通目標を成し遂げるために，相互に補い合う関係であることから，相互補完性を有した関係であるといえる．ただし，2つの主体の協働への動機は必ずしも対称ではない場合が存在し，関係によってはどちらかに他方へのパワーが発生する．しかし，パワー不均衡は相手の機会主義の発生が懸念されるなど継続的な関係維持の阻害要因となる[21]．そのため，協力関係の維持のためにはパワーバランスをいかに調整して対等な関係を保

つかが重要で，本節ではその取り組みを「調整」と呼ぶことにする．この過程を繰り返すことで，取引が維持されるとともに相手への信頼が高まり，相互補完性が強まる．

以上のように，パートナーシップは双方の主体関係がパワーアンバランス状態から，調整によりパワーバランス状態へ導かれることによって，主体間の取引が維持され信頼が高まるが，このような過程が繰り返されることで，強固なパートナーシップが形成され，相互の主体が信頼にもとづき共存・共栄する関係が構築されるのである．

(2) 作業委託農家の意向
1) 調査対象地の農地流動化条件

K委託営農会社（以下，K社）が所在する韓国慶尚北道慶州市江東面地域の農業は，農外就業機会がほとんどないため，主に専業農家で構成されている．また，近年，道路建設や隣接都市の発展の影響により農地価格が上昇している地域である．そのため，農地売買による規模拡大の需要は限られており，借地に対する耕作者の需要が多く，面的拡大の方法として作業受託に依存せざるを得ない条件にある．しかし，近年では高齢農の引退により借地が増加しつつある．

2) 長期（10年以上）作業委託者の意向

K社に10年以上水稲全作業を委託している農家（43戸）を対象に，作業委託の理由，K社を選択した理由，作業受託地を使った他事業に対する意向，今後の作業委託意向等について聞き取り調査ならびにアンケート調査を行った（表5-6）．

まず，作業委託の理由は「高齢であるため」(58%)が最も多く，続いて「兼業や複合農業に従事するため」(26%)が多かった．作業受託者の選択理由としては「K社なら評判もよく誠実で信頼できるため」(67%)が最も多い一方で，「作業技術が優れている」(2%)「作業料金が安い」(0%)は低い

表5-6 長期委託農家に対するアンケート調査結果

(単位：戸, %)

調査対象農家の概況					Q2—作業委託者選択の理由	回答数	割合
経営形態	平均年齢	戸数	面積(ha)	平均面積	作業技術が優れているため	1	2
高齢農家	74歳	28	18.4	0.7	作業者の誠実さ（評判）と信頼できるため	29	67
複合農家	67歳	3	3.3	1.1	作業料金が安いため	0	0
兼業農家	65歳	8	5.7	0.7	親戚・同じマウルという関係があるため	6	14
非農家	63歳	4	1.4	0.4	その他	7	16
全体	71歳	43	28.8	0.7	合計	43	100

Q1—作業委託の理由	回答数	割合
高齢であるため	25	58
農業機械がないため	3	7
稲作以外の農業部門に集中するため	5	12
農業以外（兼業）に従事するため	6	14
その他	4	9
合計	43	100

Q3—水田への他作目導入に関する意向	回答数	割合
作業者が勧めることなら信頼できるため	22	51
経済的なメリットがあるため	19	44
他の農家が勧めたため	0	0
親戚・同じマウルという関係があるため	0	0
その他	2	5
合計	43	100

Q4—今後の作業委託意向	回答数	割合
今後も委託する	40	93
分からない	3	7
委託しない	0	0
合計	43	100

出所：K社に10年以上水稲作業を委託している農家（43戸）を対象に実施したアンケート調査の結果である（2011年8月実施）．

ことから，作業委託者の選定条件ではK社の信頼・評判を重視していることがわかる．

次に，委託地における液肥散布や飼料用作物の栽培に同意した理由については，「K社が勧めることなら信頼できるため」（51％）と答えた農家が最も多く，次いで「経済的なメリットがあるため」（44％）が続いている．

今後の作業委託の意向については，多くの農家が「今後も委託する」（93％）と回答している．なお，残りの7％（3戸）の回答は，農地の売れ行き次第のため不確定と答えたものである．

表5-7 K社と作業委託者とのパートナーシップ形成

区分			【パートナーシップ生成期：1994-99年】	【パートナーシップ発展期：2000-06年】
経営理念			大型機械の損益分岐点規模までの面積確保	既存受託地の維持・管理，新顧客の確保
事業部門			①水稲の部分・全作業受委託	②育苗場運営（育苗の生産・販売）
信頼		段階	「契約への信頼」	「契約への信頼」+「能力への信頼」
		契約形態	相対・口頭契約	相対・口頭契約
		支払形態	後払，手渡し	先払，銀行振り込み
		委託農家の特性	血縁・地縁関係が中心	仕事関係が中心
		契約回数	最小1回～最大6回	最小1回～最大13回
		取引継続農家数	35戸（10回以上農家数：0戸）	78戸（10回以上農家数：21戸）
パワー状態	リスク	委託者 収穫変動	大	小
		米価変動	大	大
		作業能力	大	小
	外部環境（代替要素状況）		作業委託農家―少	作業委託農家―多
			作業委託先―多	作業委託先―少
			借地―少	借地―中
			委託者パワー＞受託者パワー	委託者パワー＜受託者パワー
調整	調整内容		①受託者のリスク軽減管理 ②条件不利農地の受け入れ ③契約外サービスの提供（水管理や除草作業） ④隣接農家とコミュニケーション ⑤支払方法の変更	①不良農地整備依頼への対応 ②隣接農地の地主に対する挨拶と交流 ③作業委託農家の新たなニーズ把握
			関係構築の管理	関係の維持・拡張の管理
相互補完性	経済的メリット	委託者	水稲の機械作業の代行	K社での雇用による収入獲得
		受託者	大型農業機械の投資費用の回収	雇用労働力の地域内調達による地域貢献
			作業受委託関係	作業受委託関係＋雇用

出所：表5-3と同じ．

プロセス
【パートナーシップ成熟期：2007年～】
地域の農家と水田を維持
③乾燥作業受託・米委託販売 ④液肥散布事業 ⑤飼料用作物の作業受託 ⑥トウモロコシサイレージ作業
「契約への信頼」+「能力への信頼」+「好意的信頼」
相対・口頭契約 先払，銀行振り込み 仕事関係が中心 最小1回～最大13回以上 79戸（10回以上農家数：43戸）
小 中 小
作業委託農家—多 作業委託先—少 借地—多
委託者パワー＜受託者
①2008年燃料代上昇にも，作業料金を現状維持 ②作業受託地を活用した新たな事業発掘 →飼料用作物作代行，液肥散布事業開始 →高齢農家に転作作物導入を推奨 →乾燥機導入により，共同販売実施
共存・共生関係の模索・管理
他事業部門導入による収入発生 ①冬季作物導入 ②転作作物 ③液肥散布による肥料の半減 ④米の共同販売
新たな事業収入源の獲得
作業受委託関係+雇用+新事業

以上のことから，作業委託者はK社に対して高い信頼を寄せており，今後も作業委託継続の意向をもっていることがわかる．

(3) K社のパートナーシップ形成プロセス

こうした長期委託者の意向は，K社が水稲作業受託地の継続した取引を維持するため，委託者と友好な関係（パートナーシップ）構築に努めてきた結果である．次に，その関係形成プロセスを「パートナーシップ生成期」「パートナーシップ発展期」「パートナーシップ成熟期」の3つに区分して分析する（表5-7）．

1) パートナーシップ生成期

この時期のパートナーシップ構成要素について見ると，信頼に関しては契約形態，支払形態，委託農家の特性がある．この時期はK社と委託農家が取引してまだ日が浅く，K社の作業遂行や作業技術・能力について十分な信頼が得られていなかったため，作業料金の支払い形態が作業後の「後

表5-8 水稲全作業委託農家の特性

(単位：戸)

委託農家の関係＼年度	1994	1995	1996	1997	1998	1999	2000	2001	2002	2003	2004	2005	2006	2007	2008	2009
血縁	9				3		1						3			2
地縁	8		1	1	4	4		1	3	2	1	2	1			
友人	1															
隣接農地	1				1	2	13	2	1	5	2	1	4	1		2
合計	19	0	1	1	8	6	14	4	4	7	3	3	8	1	0	4

出所：K社の水稲全作業委託農家調査（2009年11月調査実施）．
注：1) 血縁には親戚関係以外に一家関係も含まれる．
　　2) 同じマウルの農家である関係を地縁と分類した．
　　3) 作業受託を契機に知り合った隣接地主との関係．

払い制」となっているなど，「契約への信頼」段階にとどまっている．

　表5-8によれば，1994年から1999年までの作業委託者は主に血縁・地縁関係であり，K社は一家（血縁）や各自所属するマウル[4]の農家を中心に作業受託地を確保している．すなわち，能力に対する信頼関係よりは，「血縁や地縁」という関係によるものが中心となっている．

　パワー状態に関連してみると，この時期は借地や作業受託地が限られているという外部環境の中で，作業委託者は米の収量・米価，K社の技術能力に対するリスクを抱えていること，一方で，受託者は機械費用負担を解消するため委託地への依存度が高いことから，委託農家はK社よりも優位にある．こうしたパワー関係を調整するため，K社は委託農地の収量維持のために徹底的な農地管理を行った．また，機械作業に関しては，各自分担された作業に関する熟練度を高める努力をしている．

　なお，この時期は既存の作業委託地から離れている遠隔農地や，圃場条件が不良な農地も引き受けるとともに，作業委託の契約に含まれていない水管理や除草作業をサービスとして行っている．さらに，農地ですれ違う農家に対してはきちんと挨拶することを鉄則とした．

　こうした努力の結果，K社では毎年春先に経営活動資金を銀行から借入することによる利息（150万ウォン）の負担と，作業料金未回収の問題を解

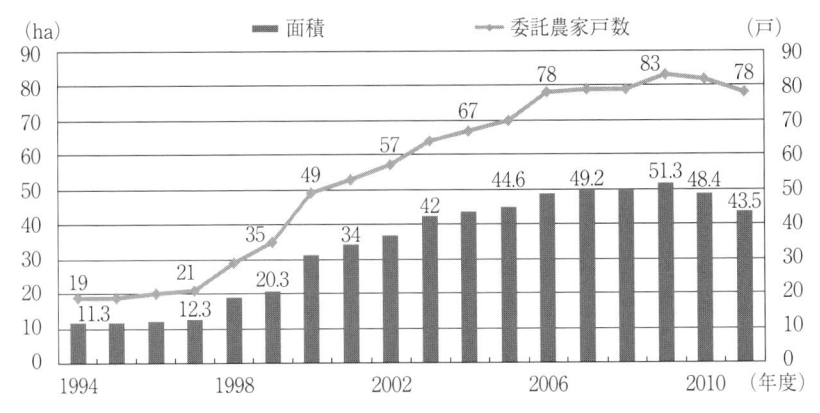

図5-7 K社の水稲全作業受託面積の動向

出所：表5-3と同じ．

消するため，農家から同意を得て「先払い制」へ変更することができた．また，手渡しによる確認作業の非効率性に関しても，銀行振り込み制へ変更することで解消した．このような努力の中で，徐々に受託面積も拡大され，農業機械の損益分岐点を超える規模にまで至ることができた．

この時期の相互補完性をみると，委託者側は作業代行を通じて契約したとおりの経済的メリットを受けている．一方，受託者側は大型農業機械の投資費用の回収という経済的メリットを受けている．ちなみに，1995年にK社のメンバーが保有していた農業機械はトラクタ（55ps），田植機（6条），コンバイン（4条）であるが，それぞれの機械の損益分岐点規模は22.2ha，20.1ha，40.2haであった[5]．

2) パートナーシップ発展期

この時期の作業委託者の特徴を見ると，新規作業委託者は主に既存受託地の隣接農地の地主であった．地域の農家間でK社の作業に対する誠実さと「評判」が口コミで広がった影響によるものである．

前掲表5-8で示されている通り，この時期の委託者の特徴は隣接農地地主

が多くを占めており，作業能力が評価されたことによる実益をベースにした関係に移行していることから，「能力への信頼」段階といえる．

パワー状態についてみると，作業受託業者の減少による委託先の限定，委託農家の高齢化と体力低下によるK社への依存度の増大，一方で，作業委託地や借地の新たな増加という外部環境の変化の中で，作業能力が認められたという作業委託者のリスクの減少により，双方のパワー関係は作業受託者優位に動いている．

こうしたパワー状態のなか，K社はさらに高い評価を獲得するために，高い機械作業の運転能力に加えて，不良農地の整備依頼への対応や，隣接農地の地主や周囲農家との挨拶・交流を通じて，顧客のニーズを把握することに努めた．そして，委託農家とのコミュニケーションの中から，高齢農家の自己労働の実現というニーズを認知し，K社の育苗場での労働を希望する場合には，雇用労働力として雇用することにした．

その結果，相互補完性は作業受委託事業によるメリットの他に，委託者はK社での労働雇用により1人当たり約100〜300万ウォンの賃金収入が得られる一方，K社は雇用労働力を地域内から調達することで，地域貢献への「評判」や労働力調達のコスト削減効果が得られることになった．

3) パートナーシップ成熟期

この時期は「好意的信頼」の加わった段階である．その裏づけとなるものが，作業料金水準の据えおきである．2008年に燃料価格が大幅に上昇（K社では前年対比17%高，統計では27%高）した影響により，周辺の作業受託料金は10a当たり1万5,000ウォンほど上昇するようになったが，K社では委託農家の所得に影響するため，作業料金水準を据えおいている．その代わりに，作業受託地を活用して，新たな収入が得られる事業（液肥散布事業や飼料用作物生産）や米の乾燥・委託販売事業を導入することで，コスト増加に対応した．液肥散布や飼料用作物導入は米収量への影響や悪臭などのリスクが存在するにもかかわらず，こうした事業に対して作業委託者が同意し

第 5 章　作業受託型農業法人における協調戦略

表 5-9　K 社の事業部門別委託農家数と特徴

事業区分		作業委託農家（戸）		作業量（ha）		特徴
年度		2010	2011	2010	2011	
水稲全作業委託		82	78	48.4	43.5	高齢農家，複合農家，兼業農家など
育苗生産販売		195	194	55,895 枚	37,454 枚	全作業委託農家以外の苗の購入農家数：113 戸
肥料散布		54(32)	*	55.7	*	全作業受託農地が中心
トウモロコシサイレージ作業		11	*	550bag		地域の畜産（肉牛）農家
液肥散布作業		6	5	458.2	109	養豚農家　散布地：作業委託地が中心＋周囲の畑
米乾燥・委託販売		76	*	750t	*	全作業委託農地が中心
飼料用作物生産事業	ライ麦	59(29)	45(33)	53.6	53.5	全作業委託農地が中心
	スーダングラス	*	57(16)	*	34.4	全－16 戸，9.7ha：非－41 戸，24.7ha

出所：表 5-3 と同じ．
注：1）括弧の中は水稲全作業委託農家の戸数である．
　　2）表中の「＊」は調査時点で未定であった．

ている．

　さらに，この時期の K 社の経営理念は「地域の農家と共に水田を維持していく」ことに変更されたが，これは作業委託を継続してくれた農家のお陰で現在の K 社の経営が存続するという認識から生まれたものである．高齢農家でも労働意欲のある時期まで営農を維持できる環境を作り，地域の水田を地域の農家とともに維持していくことを構想するようになったという．これらは相手への理解をベースとした「好意的信頼」段階に生まれたものである．

　以上のような調整の結果，継続した取引関係により両者のリスクが相殺されるとともに，両者に新たな経済的効果が生まれていることで，新たなパワーバランス状態に至ったということができる．

　また K 社は，高齢のために水管理や除草管理ができなくなった委託農家に対しては，借地としての提供依頼を行わず，労働のかからない転作作物（スーダングラス）栽培を推奨している（表 5-9，なお，図 5-7 の水稲全作

表 5-10　水稲全作業受委託と転作作物の収益比較

(単位：ウォン)

		借地	水稲全作業受託	転作作物作業受託
K 社	収入	1,055,704	374,000	120,000
	費用	362,452	137,452	31,276
	所得	693,252	236,548	88,724
作業委託者	収入	225,000	1,055,704	430,000
	費用	0	374,000	120,000
	所得	225,000	681,704	310,000
	米所得補塡支払金	不可	可能	可能
	冬季作物生産	不可	可能	可能

出所：表 5-3 と同じ．
注：K 社の水田作費用は 2008 年，転作作物は 2010 年の実績をもとに算出した．

業面積の減少部分は転作作物作業面積へ転換された部分である）．K 社には経済的に不利となるが，高齢の委託者にとっては転作作物所得が 31 万ウォン（10a 当たり）となり，賃借料収入（22.5 万ウォン）より有利な選択肢となる（表 5-10）．

　こうした結果，相互補完性をみると，委託者側は冬季作物導入による収入発生（10a 当たり 7 万 5,000 ウォン），借地より高い転作作物所得の確保，液肥散布による肥料使用量の半減効果，米の共同販売による所得増加（10a 当たり 13 万 1,250 ウォン）の経済的メリットが得られている．一方，受託者側も作業受託地の継続的な契約をベースとした新たな事業部門創出により追加所得を得ている．さらに，委託農家が引退する際には，K 社に借地として委託する（14 戸の実績）という大きなメリットを得ており，両者の協力関係が強まった結果，新たな関係（賃貸借関係）へと移行している．

5．小括

　以上，韓国における作業受託型稲作経営の作業受託者と委託者の関係をパートナーシップ形成理論を用いて検討を試みた結果，以下の成果を得た．
　水稲作業の受・委託者間において取引関係を維持するためには，両者間の

パワーバランスが変化するなか，それらを調整して両者の均衡な状態に導くことで取引が維持されるとともに，信頼がさらに高まり，相互補完関係が強まることで，新たな共生関係が構築されている．このことから，パートナーシップ形成条件として両者の信頼，パワーの調整，対等，協力関係が重要であることが明らかとなった．

さらに，作業受委託関係は委託者の営農引退によって取引関係の終了を迎えるが，それと同時に借地関係へ発展するか否かは，いかに相互補完性の高い協力関係を構築したかによって決まることが示されており，その関係性構築が重要であることが明らかとなった．

また，多数の専業かつ零細規模農家が存在しているなか，集落共同体という地縁社会の概念が薄い韓国農村では，地域の農家・農業経営組織がパートナーシップを構築し，共生関係を構築することで，地域の水田農業の維持・発展に貢献する可能性が示唆された．

しかし，本論はパートナーシップ形成条件についての1つの事例分析であるという限定性があり，委託農家の作業受託者選定要因，賃貸借選択要因などについての分析や，パワー関係における相互依存度の定量的な検証など，まだ課題が残されている．

注
1) 作業委託者の特徴と経済的条件については，第3章の図3-1，表3-6，表3-8を参照．
2) 『広辞苑』ではパートナーシップ（partnership）は「協力関係，提携」と定義されている．
3) 事業体としてのパートナーシップについては八木[20]を参照のこと．
4) マウルとは村落・部落と同じ意味であるが，近年では最下位行政区域の'里'を構成する地域を指す．
5) 農村振興庁が把握した農業機械の作業性能および負担面積の結果である[20]．

引用文献
1] 李裕敬（2010）：「韓国における大規模稲作農家の存立条件—韓国慶尚北道慶州市安康平野を事例に—」，日本農業経済学会『2010年度日本農業経済学会論文集』，

pp. 456-463.
2] 伊丹敬之（1980）：『経営戦略の理論』日本経済新聞社.
3] 井上淳子（2002）：「インターネットがマーケティングにもたらした革新―マーケティング・ミックスの観点から―」,『経営情報学会誌』第11巻3号, pp. 81-90.
4] 井上淳子（2002）：「リレーションシップ・マーケティングにおけるコミットメント概念の検討―多次元性の解明と測定尺度開発にむけて―」,『早稲田大学論文集』, pp. 81-96.
5] 岩本俊彦（2010）：「ターゲット・マーケティングにおける顧客維持戦略の階層性」,『東京情報大学研究論集』第13巻2号, pp. 10-27.
6] 梅本雅（1997）：『水田作経営の構造と管理』日本経済評論社.
7] 韓国農村経済研究院（2000）：『農漁村構造改造事業白書（1992～1998）』韓国農村経済研究院.
8] 木南章・石田正昭（1995）：「作業受託と経営受託の選択」, 和田照男編『大規模水田経営の成長と管理』東京大学出版会, pp. 236-246.
9] 櫻井清一（2008）：『農産物産地をめぐる関係性マーケティング分析』農林統計協会.
10] 櫻井通晴（2005）：『コーポレート・レピュテーション』中央経済社.
11] 嶋口充輝（1994）：『顧客満足型マーケティングの構図』有斐閣.
12] 張淑梅（2004）：『企業間パートナーシップの経営』中央経済社.
13] デビット・フォード（2001）：小宮路雅博訳『リレーションシップ・マネジメント―ビジネス・マーケットにおける関係性管理と戦略―』白桃書房.
14] 農村振興庁（2001）：『農業機械の経済的利用』韓国農村振興庁（韓国語）.
15] 橋口寛（2006）：『パートナーシップ・マネジメント』ゴマブックス.
16] ドン・タプスコット編（2001）：Diamondハーバード・ビジネス・レビュー編集部訳（2001）：『ネットワーク戦略論』ダイヤモンド社.
17] 朴容寛（2003）：『ネットワーク組織論』ミネルヴァ書房.
18] Berry, L.L. and A. Parasuraman (1991): Marketing Services: Competing through quality, The Free Press.
19] 深川博史（2002）：『市場開放下の韓国農業―農地問題と環境農業への取り組み―』九州大学出版会.
20] 八木宏典（1997）：『協同農業研究会会報』第39号.
21] 山倉健嗣（1993）：『組織間関係論』有斐閣.

第6章
流通型農業法人における協調戦略

1. はじめに

　第4章では韓国の稲作における農業法人の類型化を試み，組織的に運営されている法人として「作業受託型」法人と「ミニ農協型」法人などに区分した．このうち，第5章では作業受託型法人の中で長期運営を達成した先進事例を取り上げて，その経営実態と作業受託者と委託者間の関係性について分析した．

　本章では，第4章で区分されたミニ農協型法人の中で長期運営（経営成長）を達成した先進事例を取り上げ，その主体間関係の特徴について解明を試みる．このミニ農協型法人は，親環境農業を実施する農家を組織化し，共同出荷・販売する流通型農業法人であるが，親環境農産物の生産から加工・流通・消費までの各段階における生産組織と加工組織，消費者団体が連携関係を構築することで，地域農業の組織化を達成している．こうした農業法人の取り組みについて，主として協調戦略のアプローチから，長期運営および経営成長を可能にした要因と相互の関係性について明らかにする．

2. 調査対象事例と調査方法

　生産から加工・流通・販売・消費という垂直的な主体間の関係においては，買い手の交渉力が強くなることによって支配力（パワー）が発生する可能性

が高い．そのため，農業経営あるいはその組織の経営成長のためには，生産・加工・流通・販売・消費という多様な主体との良好かつ持続的な関係を形成することが不可欠である．

本章で取り上げる2つの事例は，地域生産組織として注目を浴びた農業経営組織であり，「大統領による表彰」や「地域農民賞」などを受賞した実績のある優秀事例である．この2事例のうち1事例は，2007年から2011年まで定期的に聞き取り調査を実施したものであり，組織の運営状況，管理・運営方針の克明な記録に基づき，5年間の経営方針・経営戦略の変化を分析する．もう1つの事例では，生産から消費まで関連主体が垂直的な連携関係を構築していることに着目し，その主体間関係の特徴について分析する．

以上の分析に基づき，組織と組織を取り巻く関連主体（生産者，流通・販売業者，消費者）をめぐる各主体間の関係がいかに形成，維持されるかについて明らかにする．

3. 親環境米の生産・流通・販売事業における協調戦略

(1) 対象事例の地域概要

舟山サラン営農組合法人（以下，JS法人と略記）が所在する全羅北道扶安郡舟山面は郡中心部の扶安邑から南東方面に8km離れた純農村地域にある．舟山面の農地面積1,513haのうち，水田が1,269ha（84%），畑244ha（16%）で水田率が極めて高く，主に農家の経営形態は稲作単作である．舟山面は全農家696戸のうち専業農家が579戸（83%），第1種兼業農家が54戸（8%）で，専業農家の割合が圧倒的に多く，農家の農業所得に対する依存度の高い地域である．

(2) JS法人設立と事業拡大のプロセス

JS法人は，2000年に代表取締役であるKSE氏（以下，K氏と略記）の主導により設立された．K氏は，1988年に病気で倒れた父の看病のため，ソ

ウルから舟山面に戻ってきたことを契機に就農した．就農以前は，ソウルのミネラルウォーター製造企業に勤務していたため，米の栽培技術については全くの素人であったが，父の水田経営面積7.9haを継承し，就農後3年間は父の指導の下で米作りを習得した．その後，K氏は米作りに慣れてきたものの，販売先が政府買上と農協に限定されているとともに，いずれの農家も一律の価格で販売しなければならない点に疑問を抱き，「自ら作った良質米を納得のいく価格で販売したい」という意識を持つようになった．これに加えて，WTOによって韓国の米市場の開放が進み，米価下落による農業所得の減少が免れないと判断した．そこで，K氏は1998年からこれまでの慣行栽培から脱皮し，親環境米（有機米）を生産することで付加価値を高め，食品企業や小売業者に直販する取り組みを始めた．しかし，親環境米の出荷量が少量であったことからこうした企業との取引は当初は成立しなかった．

その後，K氏は水田の面的拡大が容易に実現される条件であれば，耕作面積の拡大と生産量の増加が可能であると考え，規模拡大を試みた．ところが，地域内では農地市場に出まわる借地が少なく，しかも農地の借り手が多いため，借地料が生産量の49％と極めて高い水準にあった．このことからK氏は，借地による面的規模拡大を断念し，既存の水田農家を組織化して農地を団地化することで親環境米の出荷量を増やす方向を模索した．まず，K氏は地域内の米生産農家の仲間と協力し，大規模親環境米の生産団地造成に取り組むと同時に，親環境米の加工による付加価値化を目指した．幸いマウル内の精米所を買い上げることができ，親環境米の生産・加工・販売の一貫体制を整えることができた．しかし，精米所の施設が老朽化していたため，新たな施設導入のために，2001年に米生産者の仲間4人でJS法人を設立した（表6-1）．

法人設立後，政府補助金を活用して米加工施設（RPC）を導入し，さらに親環境米の加工能力の向上に伴う生産団地の規模拡大を推進するために，団地内に所在する稲作農家を法人の会員農家として勧誘した．そして，新たな会員農家と親環境米生産の契約（親環境農業用資材の供給，営農技術指導）

を結び，会員農家が生産した親環境米を，食品会社，小売り，学校給食，個人消費者等へ独自の販路を形成して，販売している．その際に，JS法人自体は米の貯蔵施設を有していないこと，また，秋季の米の買上げの時期に，精算代金が不足することから，農協に買上げの業務を委託している．

現在のJS法人と会員農家，農協，販売先諸主体の関係は，図6-1に示した通りである．以下では，JS法人と各関連諸主体の組織間関係に焦点を当て，JS法人がこれらの諸主体に対していかなる戦略的な取り組みを行ってきたかについて分析する．

表6-1 JS法人の出資者の特徴

氏名	年齢	性別	役職	社長との関係	担当業務	法人と個別経営の関係	兼業有・無	兼業職種	出資金（ウォン）	最終学歴	他産業経験有無
KSE	45	男	代表	本人	経営全般の総括，販売先開拓	別経営	無	−	3,000万	小卒	有
KIT	48	男	理事	地縁	販売先開拓，広報	別経営	無	−	1,750万	中卒	無
BSS	47	男	理事	地縁	栽培管理，事務	別経営	有	−	1,750万	高卒	有
KHS	44	男	理事	地縁	栽培管理，事務	別経営	有	−	1,750万	小卒	有
KYP	41	男	監査	地縁	親環境農業用資材の生産・管理	別経営	無	−	1,750万	高卒	無

出所：JS法人の聞き取り調査により作成（調査は2007年2回，2009年2回，2011年8月1回 合計5回実施）．

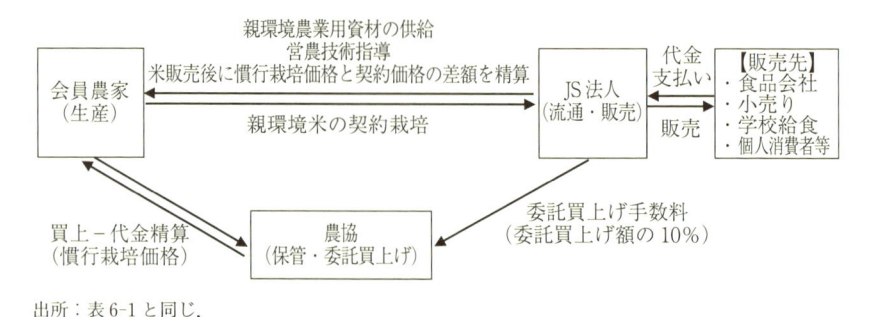

図6-1 JS法人と会員農家・農協・販売先諸主体の関係

出所：表6-1と同じ．

(3) JS法人と会員農家の関係

　親環境農業の導入当初は，若手を含むマウル内の農家仲間を中心に，3カ所の団地を舟山面内に造成して生産活動を行ったが，2001年に加工施設を新たに導入したことで，加工処理能力が格段と上がったため，団地規模のさらなる拡大を推進することになった．その際に，主として既存生産団地に隣接する農地の地主を対象に，JS法人への参加と親環境米生産を進めた．その結果，2008年にはJS法人の会員農家数61戸，面積102haにまで拡大したが，会員農家によって生産された米の品質に格差が生じたことにより，トラブルが発生した．

　この理由としては，生産団地造成にあたってJS法人の会員勧誘が一方的であり，団地内に所在する農家の親環境農法に対する意欲や考えがJS法人のそれと合致しなかったため，新たな会員農家のなかにJS法人が指定する親環境農業用資材の使用や農法を遵守しない農家が出現したためである．また，販売においても会員農家から買い上げた米の全量販売が実現できず，会員農家に対し米代金支払いが遅延したこと等がある．すなわち，JS法人の団地内農地に対する依存度が高い一方で，新会員農家の意欲と帰属意識が低いことから，JS法人と団地内農家の関係はパワーアンバランスな状態にあったといえよう（表6-2）．

　そのため，2010年にはJS法人が目指す「良質の親環境米の安定的生産」という目標に対して理解を示し，親環境米生産に対する意識が高く，技術水

表6-2　JS法人と会員農家の関係

区分	～2009年	2010年～
会員農家数	61戸	36戸
面積	102ha	40ha
会員農家管理・対応	親環境農業団地拡大と団地内の農家に対する参加誘導	積極的な参加意志のある農家のみ会員契約
関係（農家―JS法人）	I, II, III	III

出所：表6-1と同じ．
注：Type-I：JS法人に対する一方的依存関係，II：参加農家に対する一方的依存関係，III：参加農家―JS法人相互依存関係．

準が高い精鋭農家メンバーのみを選抜する組織再編を実施し，会員農家戸数36戸，面積42haへ規模を縮小した．この結果，JS法人と会員農家など，参加主体間の相互トラブルが解消，会員農家との合意形成も迅速に行われるようになった．会員農家からも理解が得られたことでJS法人には強い責任感と連帯感が生まれ，強固な競争力を有する販売先を確保し，利益を農家に還元する取り組みが強化された．

　現在では，親環境農業の徹底と平準化を促進するため，会員農家にはJS法人が作成した親環境米生産マニュアル（図6-2）を配布するとともに，親環境農業用の農薬や肥料などの生産資材をJS法人が一括購買して会員農家へ配分し，現場での栽培指導・管理を積極的に実施している．

　JS法人と会員農家の契約においては，会員農家から親環境米を購入する価格を，農協が設定する購入価格より高くすることを基本原則としている．2010年は1kg当たり300ウォンを上乗せして買い上げたため，会員農家の粗収入は慣行栽培のそれよりも1筆当たり84万ウォン高くなっている（1筆（1,200坪）当たり生産量2,800kg）．単収は慣行栽培より平均10～15%減少，1筆当たり280～420kgの減収となるが，農協に販売するよりも親環境米を生産しJS法人と取引した方が，1筆当たり42～56万ウォンと高い条件となっている．

　JS法人が親環境農業用の資材を一括購入する際に，扶安郡より50%の補助が受けられるため，米生産費に関しては10a当たり5万315ウォンが農家の自己負担金となる．2010年の農薬費と肥料費を含む米生産費（慣行栽培の全国平均）は7万7,039ウォンであり，それと比較するとJS法人の会員農家の負担は35%ほど安い．なお，畔畦管理や除草作業が手作業であるため，労働費が慣行栽培に比べて約2倍かかるが，会員農家では親環境米を生産する面積を家族労働力で賄える規模に設定するケースが多い．そのため，JS法人と栽培契約を結び親環境米を生産した方が農家の所得は高くなる．こうした経済的メリットが会員農家のJS法人への参加誘因となっている．

1. 地力強化
   ①耕うんの前に珪酸肥料散布．
   ②「有機質肥料」を 10a 当たり 4 袋散布．
   ③基肥は完熟性複肥を使用―量は 10a 当たり 1 袋程度．土壌によって調節する．
2. 種子の消毒および管理
   ①種子の品種はシンドンジン，ホプム，ウングァンにする．
   ②種を発芽機に入れて種子を 2 日経過した後，1 筆（1,200 坪）当たり微生物剤 100ml を混合して発芽する直前の 24 時間沈漬する．
   ③苗代の土入りは，1 筆当たりもみ殻炭 1 袋と真土を混ぜて入れる．
   ④田植え前に，苗箱上で虫剤（親環境薬剤）と菌剤を処理し，苗が伸びすぎたものは，木草液 500 倍液を混ぜて散布する．
3. 田植えおよび除草作業
   ①本田田植えの際に，70 株とし，やせ地の場合は 80 株とする．
   ②除草用タニシを代掻き後 10 日以内に 1 筆致当たり 20kg を放射する．
   ③放たず排水口にタニシの逃げ防止網を設置する．
4. 病害虫の防除
   ①1 次防除―共用新環境剤（虫剤＋菌剤＋微生物財）を散布．
   ②2 次防除―共用新環境剤（虫剤＋菌剤＋微生物財）を散布．
   ③3 次防除―共用新環境剤（虫剤＋菌剤＋微生物財＋液肥）を散布．
   ④広域防除は作目班長と協議したうえ，専担班が行うが費用は自己負担とする．
   ⑤気象異変による追加防除が必要な場合は，個別負担となる．
5. 収穫および乾燥
   ・水分 15% 基準でもみ専用バック（1t）で保管する．
6. 自己負担金
   ・無農薬生産団地の 1 筆当たりタニシ代金は 100,000 ウォン．

図 6-2　JS 法人の親環境米栽培（無農薬団地）のマニュアル（2011 年）

(4) JS 法人と農協の関係

　JS 法人では，会員農家が収穫した親環境米の安全検査を実施した後，代金精算と貯蔵を扶安農協 RPC へ委託している．会員農家は収穫後の買上げ時に代金支払いを望んでいるが，JS 法人では精算資金が不足するため，代金精算の立替払いを農協に委託しているのである．会員農家は，まず，農協が設定した米価（慣行栽培基準）で精算してもらい（2010 年では 1kg 当たり 1,000 ウォン），親環境栽培の契約米価 1kg 当たり 1,350 ウォンとの差額は，JS 法人が米の販売後に農家へ支払うことになっている．そのため，JS

法人は農協に買上げ委託手数料（保管料も含む）として年間委託買上金額の10%を支払っている．2009年までは年間委託買上金額が10億ウォンとなり，年間1億ウォンの手数料が発生して大きな負担であったが，2010年からは会員農家数と面積規模を縮小したことで，手数料の負担も少なくなった．

(5) 法人の導入設備と政府補助金実績

JS法人設立後，2002年度に親環境農業生産基盤施設支援事業に選定され，政府補助金8億ウォンの支払いを受けた．これに自己資金3億3,000万ウォンを投資して，最新精米施設や堆肥施設，広域防除機（大型SS式）などの機械・施設を整備した．現在のJS法人の保有機械および設備は，精米施設，微生物培養施設，有機堆肥製造施設，タニシ養殖場，広域防除機などである．

精米施設では，国内に6台しかない米の食味を高める電子活性化システムが装備されている．また，微生物培養施設では，化学農薬に代替する生物農薬を培養しており，堆肥施設では循環農業の実践のため，化学肥料に代替できる畜産糞尿を資源化している．養殖場では除草剤の代わりに利用するタニシを養殖している．なお，大型SS機の一種である広域防除機は大規模稲作のためのもので，1回の噴射で100mの防除性能があり，1日当たり30haに散布可能な機械である．

(6) JS法人と販売先の関係

5年間で最も大きな変化を遂げたのは販売先確保に関する戦略である．先述したように，JS法人は親環境米の販売事業をメインとしており，玄米65%，白米30%，加工用米2%，その他（麦，小麦等）4%で玄米を中心に販売している．白米より玄米に注目した理由は，一般の大型RPCが参入しないため玄米市場への出回り量が少なく，白米より販売単価が30%ほど高いからである．JS法人は会員農家から買い上げた米をいかに売るかが課題であったため，販売先の開拓や商品開発に積極的に取り組んできた．現在，「ベメ米」や有機米の「タニシ嫁，鴨郎君」という自社ブランドを販売して

いる．こうしたJS法人の販売先への取り組み内容や，JS法人と販売先とのパワー関係を4つの時期に区分して示したものが表6-3である．

　まず，米の流通事業を本格的に開始した時期（2001-05年）は，多数の販路確保に取り組んだ時期であり，主として大型量販店を中心とする販売を目指していた．このため，K氏は大型量販店と取引関係にある食品企業や問屋を中心に営業活動を行った．しかし，販売数が限られる大型量販店に対し，そこでの販売を目指す業者が多く競争は激しいものであった．また，中間流通業者との取引においては，相手が要求する条件（規格，包装，ブランド名，物量確保等）をすべてクリアしない限り，取引が成立しないという厳しい側面もあった．すなわち，米販売において，JS法人は大型量販店や中間流通業者（食品企業等）に対して依存度の高いパワーアンバランス状態であった．そのため，上記の条件を満たすために要する包装費，運送費，仲介手数料などを差し引くと収益が少なく，場合によっては赤字となるケースもあった．それにもかかわらず，取引が大量であるというメリットに加え，大型量販店での販売による消費者認知の向上，そして将来は固定的な販売先となることを目指し取引を維持した．さらに，大型量販店との契約を維持することに努めながら，取引で知り合いとなった食品会社の担当者から同種の食品会社を紹介してもらい，次々と新たな取引先を確保することに努めてきた．

　次に，2005年から2007年には，これまでと同様に大型量販店への販売を維持しながら，親環境米の加工品開発と販売に力を注いだ．2005年に「全北米産学研協力団」と共同で開発した生食「美人（＝米人）づくり」を販売すべく，ホームショッピングへ進出するなど新たな販路を開拓した．しかし，加工食品の中間手数料の高さが原因で損失を出し，加工品の販売事業は間もなく中止した．具体的には，加工品原価が1kg当たり100ウォンの場合，小売価格が1万ウォンにならないと中間業者や小売りが取り扱わない状況であった．このため取引先との交渉で原価の値下げを要求されたが，この要求に対応するとさらなる赤字が懸念されるという判断から加工品事業への進出を断念した．

表6-3 JS法人の経営戦略の変化過程

区分	2001-05年	2005-07年	2008-09年	2010年～
取扱商品	慣行栽培米＋親環境米	慣行栽培米＋親環境米＋玄米加工品	慣行栽培米＋親環境米	親環境米のみ
取扱商品量	大量 (年間約1,000t)	大量 (年間約1,200t)	大量 (年間約1,200t)	少量 (年間約400t)
販売先確保における戦略	大型量販店への販売に集中 多数の販売先確保に集中	大型量販店への販売に集中 米の加工品開発・販売先確保に集中	玄米加工メーカーと提携し，加工品開発に集中 学校給食先の確保に集中	個人消費者向けのネット販売に集中 既存販売先との長期的契約関係維持に集中
主な販売先	①大型量販店に納品する食品会社 ②有機農産物専門店 ③小口の米穀販売店	①大型量販店に納品する食品会社 ②ホームショッピング（加工品販売） ③有機農産物専門店 ④食料加工メーカー	①大型量販店に納品する食品会社（15社） ②学校給食 ③玄米スナック加工メーカー	①玄米スナック加工メーカー ②学校給食 ③大型量販店に納品する食品会社（7社） ④個人消費者
販売先との交渉力	・販路開拓のために販売先の要求に無理してでも対応する	・販路開拓のために上記販売先の要求に無理してでも対応する	・玄米加工メーカーとは，対等な協力関係を構築 ・学校給食：親環境農業の取組み実績により，入札の有無が決まることから，対等な取引関係	・玄米加工メーカーとは，対等な協力関係を構築 ・学校給食：親環境農業の取り組み実績により，入札の有無が決まることから，対等な取引関係 ・リピーターとなった個人消費者とコミュニケーションによる対等な取引関係 ・大型量販店向けに無理な対応はしない
関係（販売先―JS法人）	II	II	II, III	III

出所：JS法人の聞き取り調査により作成（調査は2007年，2009年，2011年8月に実施）．
注：Type I：JS法人に対する一方的依存関係，II：販売先に対する一方的依存関係，III：販売先とJS法人の相互依存関係．

2008年から2009年には，「全北米特化事業団」に参加することで構築したネットワークを利用して，菓子製造機械の開発企業と知り合いになった．当時，当該企業では穀物を原料とするポン菓子製造機械を開発したが，この機械を利用した新しい商品作りを模索しており，ポン菓子製造機に最も適す

第 6 章　流通型農業法人における協調戦略

表 6-4　JS 法人の事業運営の沿革

年度	事業および内容
1999	大規模親環境農業の開始
2000	舟山サラン営農組合法人設立 　―自社ブランド「ベメ米」を発売
2001	精米工場の設備導入および大型スーパー'ウォルマート'に納品開始
2002	親環境大規模事業団地と選定（農林部） 　―自社ブランド「ベメ米」,「タニシ嫁　鴨郎君」発売 　―親環境地域祭り 　春：館内小中高校の学生によるタニシと鴨の放流体験 　秋：秋の童話　飾り祭
2003	資源循環型堆肥の生産施設を新築，タニシ養殖場を新築，微生物培養施設の新築，広域微生物散布機の購入，白米活性化システムの導入
2004	法人代表の親環境農業分野における産業表彰受賞 地域祭　第 4 回開催（祭名：～タニシ嫁　鴨郎君　お嫁に行く日～） 大型流通業者と納品協力契約締結：「韓一農産」 　―'黄米', 'ベメ米ゴールド' をウォルマートに納品開始
2005	大型流通業者と納品協力契約締結：「Doo－bo 食品」 　―'無農薬玄米ごはん' ブランドを開発し，イーマート全店で販売開始 地域祭　第 5 回開催（祭名：～レンゲ油で走る耕耘機乗り～） 　―バイオディーゼル用のレンゲの栽培開始
2006	大型流通業者と納品協力契約締結：「南洋食品」,「南洋農産」 　―ホームエバー，ホームプラス，イーランド，ソウォン流通へ小包装　納品 事務局長 '緑色市民賞' 受賞 全国レンゲネットワーク発起人大会を開催：大規模団地内にて 「全北米特化事業団」兼任研究官（代表理事）委嘱 機能性米 '高芽米（ゴアミ）' を使った加工食品開発 　―スナック 'ザングミ', 日常の代用食 '米人作り（＝美人作り）'
2007	親環境総合モデル団地として選定（農村振興庁） 　―GAP 精米システムの構築予定，独立栄養農法の体系化を確立 扶安郡　親環境農業連合事業団を構成 　―舟山面，下西面が大規模団地として参加
2008	地域の学校給食へ納品
2009	玄米加工メーカーと協力して加工食品開発成功
2010	インターネットを通じた個人消費者向け販売の本格的実施

出所：表 6-3 と同じ．

る原料（玄米）を探していた．その情報を入手したK氏は，当該機械の設置と商品開発の場を企業に提供することを提案し，6ヵ月間一緒に商品開発に取り組み，ついにその機械に適合する玄米の精米分度を発見した．K氏らは，米は品種によって油脂肪分が異なり，それに合わせて"玄米の膜をむく"強度や角度を合わせることが最も重要であることをつきとめた．こうした玄米加工技術に適合する原料（玄米）は，JS法人のみが独自で生産しているものであるため，ポン菓子製造機の販売量が多いほど，JS法人の玄米の売上高も必然的に増加するという協力関係が構築された．この取引経験からK氏は取引相手と協力関係を築くことで無理な販路拡大をせずとも継続的に米とその加工品の販売が可能であることを認識するようになった．

そして，2010年からJS法人のリーダーは消費者ニーズを把握するために，個人のブログ活動に力を注いだ．インターネットで育児する母親たちの情報交換カフェや，余裕のある消費者として考えられる写真や絵を趣味とする人たちのカフェとブログに向けてブロガーとして活動した．その中で，知り合いになった人に米を販売したことを契機に，徐々に米の販売が増加し，2009年には年間顧客数4,000人にまで上った．ブログには米生産の全工程の写真を公開しており，栽培方法，米価，宅配方法，米の炊き方などの情報も掲載している．

カフェとブログは消費者と直接コミュニケーションを取ることができるため，消費者ニーズのキャッチには非常に有効であると評価しており，信頼構築においても有利であると認識している．こうしたソーシャルマーケティングに関しては，現在農業技術センターなどで研修も受けており（全羅北道サイバー農業者会長），積極的にその活用方法などを工夫している．現在はネットカフェやブログの管理は日常生活の話から育児の話まで消費者と親密なコミュニケーションが取りやすい妻が担当している．

ネットワーク販売による売上高は2010年の上半期で約5,000万ウォンで，SNS（ツイッターやフェイスブック）を利用したマーケティングも今後活用していく計画である．ネット販売に積極的に取り組んでいる理由は，中間

流通業者を通さないことで，自分が設定した価格で消費者に買ってもらえるためである．また，インターネットを通じた継続的な対応により，固定顧客が確保でき，消費者情報を管理しながら，それに合わせて対応することで，さらに消費者からの信頼を高められると考えている．こうした信頼関係を構築することが，安定的な直販確保に有効であると評価している．

JS法人のネット販売のもう1つの特徴は，消費者グループがオルタナティブ・スクール[1]の保護者会であるということである．この保護者会は共同注文をしており，全国の6カ所（ソウル，大田，釜山等）に管理者がいて，会員の注文を集め，JS法人に定期的に米を注文している．また，注文1件当たり2,000ウォンを積み立てている．注文から発送までの体制は，保護者会の注文管理者が注文書を出して，それを基にJS法人が各自の家庭に商品（米）を送る体制となっている．この顧客グループは個別に管理・対応しなくても定期的に取引が行われるという利点がある．そのために，JS法人では自宅への宅配料金の半分（2,000ウォン）を負担している．

以上，JS法人は事業開始から間もない時には，大型量販店をめざして利益率が少なくても販路確保に力を入れてきたが，生産面での会員農家の管理体制の難しさと信頼問題を契機に，相互に信頼関係の構築が可能な会員だけで組織再編を行い，販売面においても互いに共生できるパートナーを発掘することと，既存の取引先とのパートナーシップ構築に力を注ぎ，相互のWin-Win関係構築を重視している．こうした関係構築によって取引が維持されており，さらに良品質やニーズに合わせた商品提供に努めている．

(7) JS法人の長期運営における経営戦略と成長要因

まず，JS法人の経営戦略についてみると，事業開始当初は会員農家の中には親環境農業の実施に対して，それほど強い意志を持っていない農家も含まれ，農法を守らない農家が出るなどの問題が発生した．その後，組織管理の再編により，互いの信頼に基づく補完関係を構築した．また，販売先との関係においても，事業開始の当初は，大型量販店への販売を目指して，食品

会社と取引を行ったが，中間マージンの大きさが負担となった．そのため，加工食品メーカーとの協力による玄米加工事業やネット販売を通じた消費者との取引におけるパートナーシップの構築により，互いが共生できる体制の構築に取り組んでいる．

次に，事業成長の重要な要因として，以下の2点が挙げられる．

第1に，リーダーK氏のネットワーク構築能力が挙げられる．K氏はミネラルウォーターの流通関連の事業経験もあり，自分で生産した米の独自の販路確保に努めてきた．そのために，周囲の農家にも親環境農業を広め，共同販売している．液肥製造や新しい栽培方法に関しても日頃から情報収集を行い，それをもとに自ら工夫しており，農業技術センターや郡の農業者会などが主催する勉強会や研修などにもリーダーとして積極的に参加している．加工部門の導入や現在取引しているポン菓子メーカーの玄米加工技術の開発などは，全北米産学特化事業団への参加がきっかけとなっている．

第2に，政府補助金の活用や農協との連携により施設導入や受託買上体制を成立させたことである．農協の場合，同じ米の流通業という立場上，競争・対立関係になりがちであるが，事業開始の当初からJS法人は農協との協力体制を構築した．こうしたリーダーK氏のパートナーシップの構築能力も，JS法人の成長要因の1つである．

4. 流通型法人のサプライチェーンにおける協調戦略

(1) 各主体の連携関係の形成プロセス

忠清南道牙山市に位置するプルンドル営農組合法人（以下，P営農組合法人）は地域の生産者が生産した親環境農産物の加工・流通販売事業を専門的に担当している組織である．P営農組合法人は地域農家によって設立されたもので，生産者団体，消費者団体と緊密な連携関係を構築しながら，長期間にわたり経営成長を遂げてきた．まず，経営成長において重要な要因であった各主体との連携関係の形成プロセスについて分析する．

1) 単独直販期：H生産者連合会の前身と初期の活動展開

　ハンサリム牙山市生産者連合会（以下，H生産者連合会）の前身組織は「山頂里営農会」である．「山頂里営農会」は，芽山市陰峰面山頂里で有機農産物の直販事業を行う山頂里マウルの農家組織である．H生産者連合会とP営農組合法人のリーダーであるL氏が有機農法をマウルに普及し，生産された農産物の直販事業をマウル単位の直販組織（山頂里営農会）で行うようになったことがきっかけである（表6-5）．当該組織が直販を開始した契機は，陰峰教会の牧師よりソウルの教会の信者を紹介してもらい，配達を開始したことにある．しかし，注文量に対する送料負担と代金未回収等の問題が発生し，この事業は失敗に終わった．山頂里営農会は同様の直販事業の2度にわたる失敗を経験した．こうした事業失敗の結果，それまで山頂里営農会に参加していた山頂里マウルの農家からは再び事業参加が得られず，直販事業に参加したマウルの若手農家10戸のみで「ハンマウム共同体」を組織することとなった（1984年）．しかし，やがて，当該共同体も山頂里営農会と同じ失敗を繰り返すこととなる．

2) 消費者連合との連携期：H生産者連合会の設立とH消費者連合の連携

　こうした状況は「ハンサリム消費者連合（以下，H消費者連合）」と連携関係を構築することで転機を迎える．1987年に江原道原州市を中心に有機農産物の生産者と消費者を結ぶ連帯運動を展開していたH消費者連合が，牙山市で講演会を開いた際，L氏と農民運動の仲間であった当該連合会の知人が出会った．L氏はこの知人に山頂里営農会における有機栽培の実態と直販の失敗について相談した．その事情を重く受け止めた知人は，L氏に対してH消費者連合とハンマウム共同体の連携関係を結ぶことを提案した．

　こうして有機農産物の安定的販路の確保が実現したことにより，ハンマウム共同体へ参加する生産農家が徐々に増加していった．販路問題は解決されたが，ここで残された課題は収量変動克服のための有機農産物の安定生産技術であった．そこで，L氏を含むリーダーグループ（4人）は1990年に

表 6-5　H 生産者連合会，H 消費者連合，

年度	期	H 生産者連合会
1975 年	単独直販期	有機農業の教育を契機にマウルでの導入と普及（現在のリーダー L 氏主導）
1979 年		糧穀組合運動[2]開始
1980 年		陰峰教会を通して糧穀運動の一環として直販開始→赤字，経験不足により失敗
1981 年		直販事業が「山頂里営農会」へ移管
1984 年		山頂里営農会を「山頂里 H 会」へ名称変更
1985 年		代金未回収の増加や流通費用の負担により直販の経営悪化
1986 年		直販事業の失敗により「山頂里 H 会」の解散
1987 年	消費者連合との連携期	「山頂里 H 共同体」として H 消費者連合との連携による直販開始 ←
1989 年		山頂里マウルで消費者と収穫体験イベント開始
1990 年		「芽山微生物研究会」結成→施設（野菜）ハウスの導入， 日本の島本農法を導入・普及
1996 年		H 生産者連合会の創立 （山頂里 H 共同体，ガラム共同体など 4 組織を統合）
1998 年		もやし工場設立
1999 年	消費者連合・流通組織との連携期	
2000 年		芽山市親環境地域農業の宣言式（1 月 20 日） ―有機農業を地域で推進していくための行政の支援を要求→承認 日本の「綾町」を青写真として事業構想，有機農業の体験農場の造成，芽山地域の農業 3 カ年計画樹立
2001 年		各面単位地域へ枝部を結成
2002 年		地域の消費者と生産者のふれあい交流会イベントを開始 以後，親環境農産物の生産，消費者交流会を担当
2003 年		
2005 年		
2006 年		
2007 年		
2008 年		
2009 年		
2010 年		

出所：H 生産者連合会，P 営農組合法人の総会資料と聞き取り調査により作成．

P営農組合法人の沿革と連携関係

H消費者連合	P営農組合法人
⟶ 連携開始 (全国単位のH消費者連合)	
⟹	(もやし工場をP営農組合法人に移管) H生産者連合会の出資により流通法人設立
全国単位の他に「天安・牙山生活協同組合」を独自に結成	H10品目の中間物流事業を開始 もやし栽培施設の増設
	食品工場完工, 豆腐生産開始 低温貯蔵庫, 選別場, 販売場, 国産麦加工施設完工
	親環境農業クラスター事業へ選定
	親環境総合支援センター着工, 豆腐工場のHACCP基準リモデリング施設導入 RPC施設, 豆油の搾油機を設置
	親環境総合支援センターの竣工完了 (RPC精米施設, 有機農畜産物貯蔵庫, 乾燥室, 冷凍倉庫, 物流倉庫) 有機畜産体制構築への構想案の発表 「農業会社法人㈱P畜産」を設立
	㈱P食品(肉加工会社)設立
	海外農業開発支援事業へ選定 社会連帯活動(奨学金支給, 海外研修生支援, 生産支援金, 寄付金)
	直営農場(有機畜産)の完工 海外(モンゴル・フィリピン等)農場設立事業へ着手 韓国の伝統牛(品種)の保全プロジェクト開始

「牙山微生物研究会」を結成し，地域の農地に適合する有機農法の研究に尽力した．その中で，日本で先駆的に実践されていた有機農法である「島本農法」の情報を得て，さっそく日本へ見学に行き，土壌の重要性を学んだ．そして，地元の山頂里の農地を克明に調査し，その地域に合った有機農法に適合する土づくりに励んだ．これにより，有機農産物の安定的生産体制が整ったことから，有機農産物の直販事業拡大の推進に着手することとなった．

1996年6月に陰峰面の「ハンマウム共同体」や近隣で有機農法に取り組んでいた零仁面の「ガラム共同体」，無農薬米栽培に取り組む「作目班」，それに「ハンサリム後援会」の4つの団体の計19農家が連携し，「ハンサリム牙山市生産者連合会（H生産者連合会）」を設立した．H消費者連合の組合員（消費者）からのニーズが多様化してきたことで，元々は地域の農家の多くは稲作専業であったが，こうしたニーズの動向を受け，有機のキュウリやトマト等の施設栽培を導入するようになった．この結果，農家の農業所得が増加するとともにH生産者連合会へ参加を希望する農家も徐々に増加した．

3）加工・流通組織と消費者連合との連携期

直販事業が軌道に乗ってきたところでH生産者連合会のリーダーグループ（上述の団体の4名）は，直販による農業所得の増大には限界があると判断し，「加工・流通」部門への進出の必要性について会員農家と相談した．この結果，1998年に豆もやし工場施設を導入することになった．そこで，会員農家1人当たり100万ウォンずつ出資し，豆もやし工場を建設し，生産された豆もやしは全量をH消費者連合に販売した．豆もやし工場を設立した理由としては，リーダーL氏は有機農産物の生産に不可決である有機堆肥を調達するために，まず，生産者連合会の農家に豆もやしの原料となる大豆生産を推奨したことである．その大豆を利用し，もやしと豆腐，豆乳を製造し，製造過程で生成された副産物の大豆殻を飼料として畜産農家に無償で提供し，排出された牛糞を有機堆肥として親環境農業農家に供給するという循環型農業を確立する目的があった．工場導入による豆もやし生産の収益性

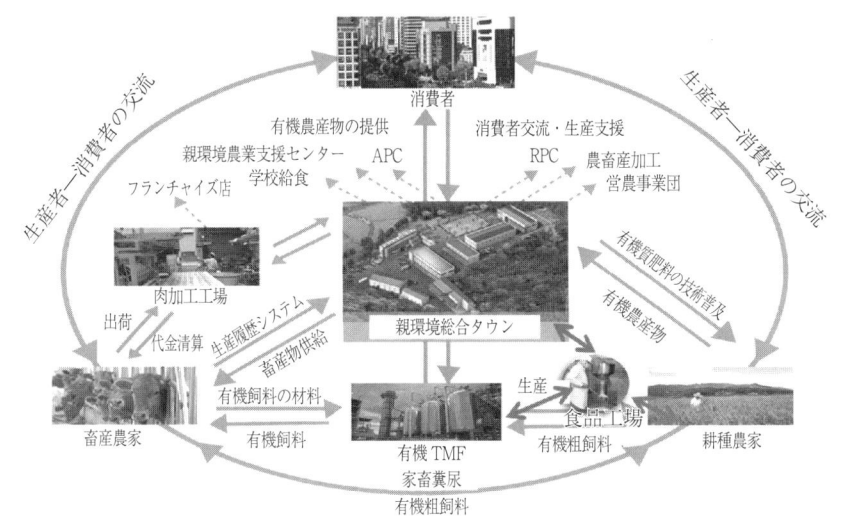

図6-3 P営農組合法人を核とする親環境資源循環型地域農業モデル

出所：P営農組合法人の提供資料をもとに作成.

が良好なことから，加工部門の収益確保の可能性を確信したH生産者連合会は，さらに1999年に参加農家の共同出資により加工・流通販売組織である「P営農組合法人」を設立した．これによって，生産・加工・流通販売・消費の各部門の連携関係が構築された．H消費者連合の急速な成長をみて，それに合致した親環境農産物の貯蔵・加工が可能な独自の物流センターが必要と判断したリーダーグループ（4名）は，貯蔵・加工施設導入と設備強化を図るための膨大な資金を集めるために，生産者連合会のメンバー19名とともに，市長を含む自治体と農協の役員を集め「地域農業宣言式」を開催した．この宣言式では，市長と自治体に積極的な補助金の支援を求めるため，彼らのビジネスプランを提示した（図6-3）．その結果，牙山市による補助金支援が決定され，政府補助金8億ウォン，自己負担金2億ウォン（出資者1人当たり1,000万ウォン／20名）の資金で，有機質肥料の生産施設，BMW処理施設，親環境農産物の集荷・貯蔵施設を建設した．

こうした中で，全国の消費者連携を推進するとともに，特に地域の市民と

の連携関係を深める目的で，2002年に天安・牙山生活協同組合（天安・牙山ハンサリム）を設立させた．この生活協同組合の大きな特徴は，他地域の生協と異なり，生産者が自ら生協を組織化したことにある．生産者自らが消費者となり，市民や農家に消費者協同組合の加入を勧めたのである．そして消費者会員数が500名に到達し，出資金総額が2,000万ウォン（会員1人当たり3万3,000ウォン出資）に達した時点で，実務者を雇用してH生産者連合会から独立させた．もっとも，独立はしたものの，定期的に消費者が組合の工場や生産現場（水田や畑）を訪問して，見学や有機農事体験を通じた交流を継続している．特に，稲作と関連した有機農業体験団を募集し，播種から田植，除草作業，収穫の一連の作業を，生産者が消費者会員とともに行うことで，消費者の農業理解を啓発している．また，会員同士の地域コミュニティを編成し，情報交流や地域ボランティア活動も積極的に行っている．現在では牙山市内の消費者だけで会員数3,000名以上にまで到達し，天安・牙山市内に直売店を8カ所設置して運営している．

さらに，2005年には政府が公募する「地域農業クラスター事業」に選定された．生産者組織のみでは資源循環型親環境農業システムの構築と新しい生産および加工技術の開発，中長期的な地域農業発展には限界があるという問題意識から，生産者組織（H生産者連合会，P営農組合法人）を中心に自治体（牙山市），大学（地域内4大学），忠南農業テクノパーク，H消費者連合，フクサリム，牙山微生物研究会など，多様な組織間関係を構築することにより，新たな地域農業の確立を目指したものである．これにより，50億ウォンもの政府補助金が配分され，親環境農業に要する施設を増設・導入することができた．特に，親環境農業支援センターや親環境米専用のRPC，農産物成分分析室（Hi-QC品質管理）を新たに開設し，農産物のGMO検査や農薬残留検査等を実施し，農産物の安全・安定性を確保できるシステムを構築した．また，農産物の生産履歴追跡システムを確立するため，会員農家の農地面積，営農規模，負債，家族関係，消費特性など農家特性記録の電子化を図った．

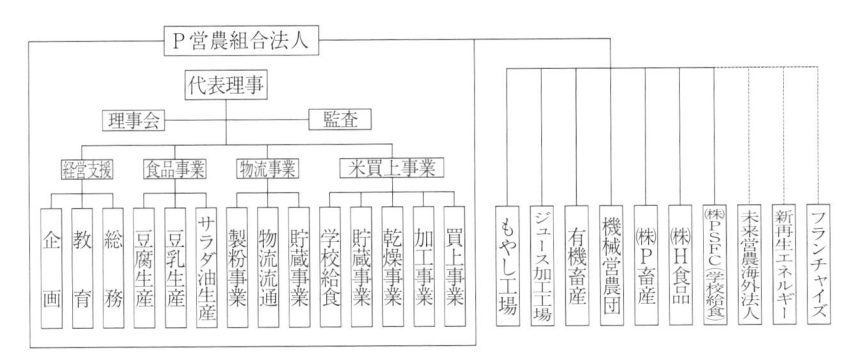

図 6-4　P営農組合法人の組織体制と事業部門

出所：図6-3と同じ．

表 6-6　P営農組合法人の子会社

区分	形態	生産現況	
P畜産	農業会社法人	有機飼料の生産	2007年設立，資本金14億7,800万ウォン，2010年売上高16億4,700万ウォン
H食品	農業会社法人㈱	肉類加工品の生産	
未来営農海外法人	営農組合法人	海外農業法人(予定)	
フランチャイズ	農業会社法人	高級韓牛レストラン(予定)	屠畜量―30頭/月，資本金13億ウォン，年間売上高373万5,516ウォン

出所：図6-3と同じ．

　P営農組合法人の現在の事業部門は，図6-4ならびに表6-6に示されているが，単独では農産物の買上事業（米，小麦，大豆，ジャガイモ等），そして食品事業（豆腐と豆乳生産）と物流事業を行っており，その他にも子会社を設立して，学校給食事業（㈱PSFC），有機肥料と飼料の製造事業（㈱P畜産，有機畜産），梨・玉ねぎジュースや小麦製粉，肉加工などの食品加工事業を行っている．なお，2006年から地域の会員農家の高齢化に対応した「地域営農団」を育成，運営してきたが，経営収支の悪化によって2011年をもって事業廃止となった．また2009年から有機畜産の飼料費を節減するため，海外農場開発事業にも参入した．この事業は，政策的に推進されている「海外農業開発事業」の対象となっており，3年間の現地調査を実施してい

る．特にモンゴル，タジキスタン，フィリピンを中心に飼料用の現地トウモロコシ生産農場の設立を進めている．

　今後は，生産している農産物と畜産加工品を調理した直営レストランを地域内のフランチャイズ事業として進める予定である．さらに，P営農組合法人では「福祉型農業タウン」の造成を計画している．定年（55歳）を迎えた職員がその農場で生産活動を続け，生産物をP営農組合法人が安定的に買い上げることで，彼らの老後も収入が保証されるとともに，日々の生活の中で労働の喜びを感じられる農業システムを構築するという構想である．

(2) 関連主体間における役割と機能
1) 関連組織間の役割と機能の特徴

　H生産者連合会とH消費者連合およびP営農組合法人における組織間の連携関係の形成プロセスについて整理しておこう．上記3組織間の関係と役割を図6-5に整理して示した．

　まず，3者の役割では，H生産者連合会が生産・生産管理部門を専門的に行い，P営農組合法人が農産物の買上げと加工販売を専門とし，H消費者連合が農産物と加工品の購入を専門とする分業化が確立されている．その結果，生産者連合会の会員農家が生産した農産物は，P営農組合法人の物流センターへ送られ，P組合が農産物の安全検査や管理，販売を行っている．そして，消費者からの商品に対するクレーム等の問題が発生した場合にはP

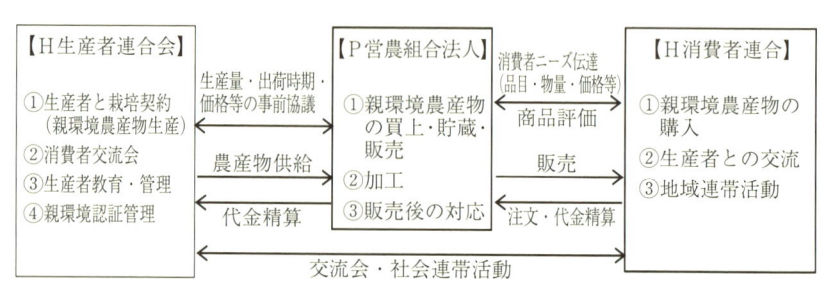

図6-5　H生産者連合会・P営農組合法人・H消費者連合間の組織間関係と役割

営農組合法人が迅速に対応している．P営農組合法人の販売先は，販売量の95％がH消費者連合で，残り5％が地域の学校給食である．

　これらの組織は，単独で機能するのではなく相互依存関係にある．例えば，P営農組合法人とH消費者連合の間では消費者の多様なニーズ（品目・物量・価格等）に関する情報が迅速に交換され，こうした情報を受けてH生産者連合会とP営農組合法人の間では，消費者のニーズに合った生産物の出荷時期・価格等に関する事前協議が入念に行われる．また，H生産者連合会とH消費者連合では定期的に交流会を開催している．牙山地域の消費者と生産者組合員の継続的な交流を通じて，消費者には農産物の安全性に対する意識と農家に対する信頼を高めるとともに，生産農家には消費者のニーズや関心などを認知させることで親環境農産物生産に対する意識向上を図っている．交流会は2010年には45回も開かれており，相互のコミュニケーションから組織間の連帯意識を高めている．

2）H生産者連合会・P営農組合法人・H消費者連合の共生・成長

　2004年から実施されている週5日勤務制の導入やwell-beingブーム（健康重視）という社会的背景，そして中国のメラミン牛乳や輸入魚の鉛入り事件等の影響に伴い，食品の安全性に対する消費者の意識が高まった結果，H消費者連合の組合員数が急増した．こうした需要急増に対応するためP営農組合法人も生産拡充による供給量増加を進め，その結果2010年の売上高は240億ウォンへ急増した（図6-6）．

　P営農組合法人がこうした消費者の需要急増に対応できた要因は，事前に加工・流通部門の施設を整備することで，親環境農産物の生産・加工・流通体系を確立したことにある．また，2009年以降から，親環境農産物の偽装問題が取り上げられてきたが，これに対応して事前に組織内で認証システムを確立したことによって，消費者からの「信頼」を維持することができた．こうした結果，H消費者連合は2000年の組合員数3万人，売上高185億ウォンから2010年には組合員数28万人，売上高1,600億ウォンへと急成長を

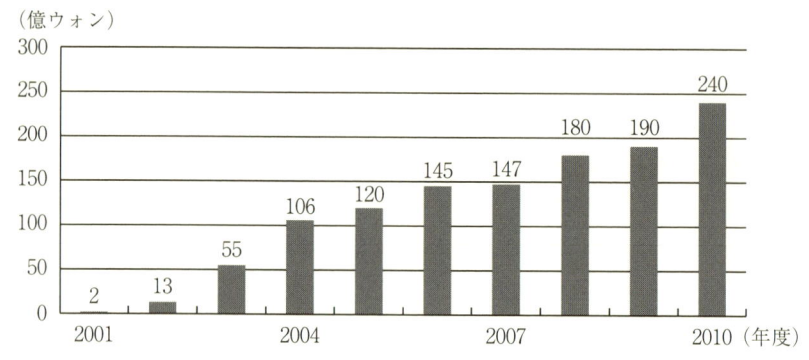

出所：P営農組合法人の総会資料をもとに作成．

図6-6 P営農組合法人の売上高の推移（2001-10年度）

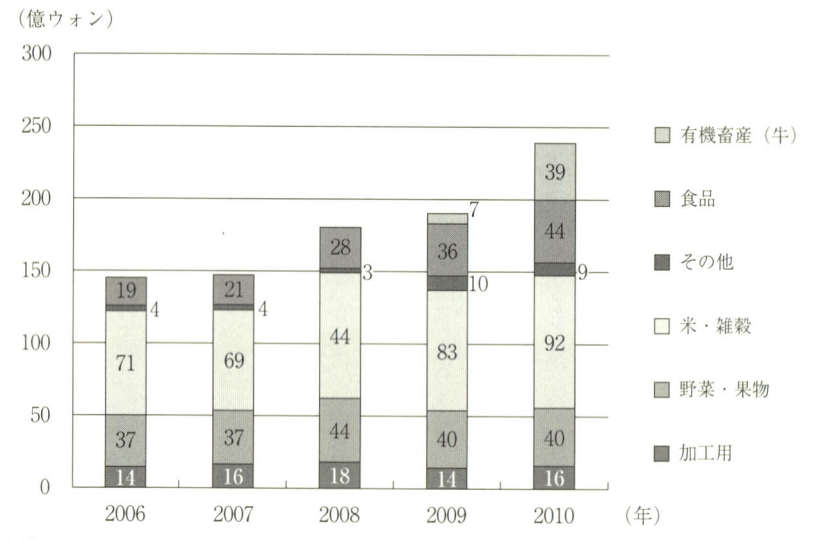

出所：図6-6と同じ．

図6-7 P営農組合法人の品目別の売上高（2006-10年）

遂げるとともに（図6-8），これと同時に，P営農組合法人の売上高も240億ウォンへ，H生産者連合会の会員数も358人へと共に急成長している（表6-8）．すなわち，生産，加工・流通，消費段階の組織が連携関係を構築

表6-7 P営農組合法人の経営成果 (2008-10年) (単位:%)

年度	経営資本利益率	売上高総利益率	売上高営業利益率	固定長期適合率	流動比率
2008	5.2	15.5	2.8	197	93
2009	6.9	17.8	5.2	97	101
2010	14.6	16.4	7.6	135	119

出所:P営農組合法人の提供資料をもとに作成.

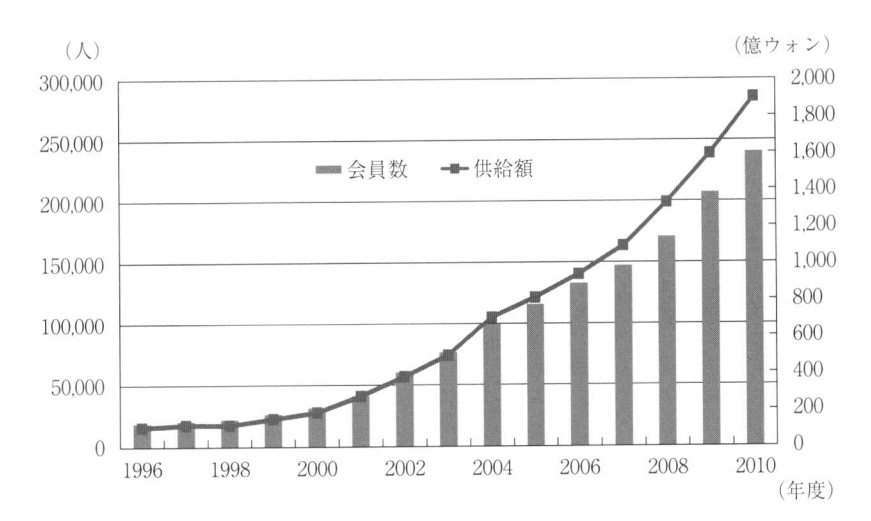

出所:H消費者連合のホームページを参考に作成.

図6-8 H消費者連合の組合人数および供給額の推移 (1996-2010年)

表6-8 H生産者連合会の会員数 (1999-2011年) (単位:戸)

年度	1999	2000	2001	2002	2003	2004	2005	2006	2007	2008	2009	2010	2011
会員数	19	63	85	150	250	301	451	485	381	355	345	333	358

出所:H消費者連合会の総会資料をもとに作成.

したことによって共生・成長することができたのである.

(3) 生産者連合会の管理体制と会員農家の動向

1) 管理体制

以上のように,H生産者連合会とP営農組合法人,H消費者連合の間に

は親環境農産物への消費者からの信頼を基盤とした有機的な組織間関係が結ばれており，各組織における役割分担や組織間の相互依存関係が明らかとなった．しかし，このような組織間関係のなかでとりわけ生産者連合会の責任は大きく，H生産者連合会の生産・管理体制の不備が発生すれば，P営農組合法人とH消費者連合に影響を及ぼすことはいうまでもない．そこで，ここではH生産者連合会がどのような生産管理体制を構築しているかについて分析する．

H生産者連合会では，安心・安全の親環境農産物の生産のために，作目の選択・配分，農家管理・営農指導，親環境認証事業を実施している．農産物の生産量や品目，出荷時期に関してはH生産者連合会とP営農組合法人の会議で決定しており，全量が計画的に生産されている．

H生産者連合会の組織構成を見ると，各面支会に班（グループ）が設けられており，生産品目によって有機畜産班（5班），P野菜班（1班），親環境果樹班（2班），米班が1年間の作目や生産量，播種時期など生産計画を立て，会長を含む7名の実務者（果樹，畜産，稲作）が農家に対する技術指導，生産管理や認証確認を担当している（図6-9）．また，面支会単位の責任者が各面の会員を管理するとともに，会員同士には「5人組制」が義務づけられており，生産工程においてルール（農法や資材使用等の制限）に違反すると，5戸の農家の連帯責任となる．

会員農家への作物の配分は農家の農業所得と直結する事案であるため，農家間の合意形成が最も難しい．しかし，現在は会員農家の特性（技術水準，面積など）を詳細に把握しているため，合意形成がスムーズに行われるようになった．生産作目は会員農家が平等に作付けできるようローテーション方式を採用しているが，栽培技術に差が生じているため，野菜や果樹など比較的高度な生産技術が求められる作目は，主に若い農家が担当し，高齢農家は米生産を担当している．なお，単価の高い作物を生産する農家は，他の農家より高い農業所得を得るため，利益の一部を社会貢献（社会奉仕活動や基金に寄付）するよう提案しているが，この決定に対する反対は皆無であった．

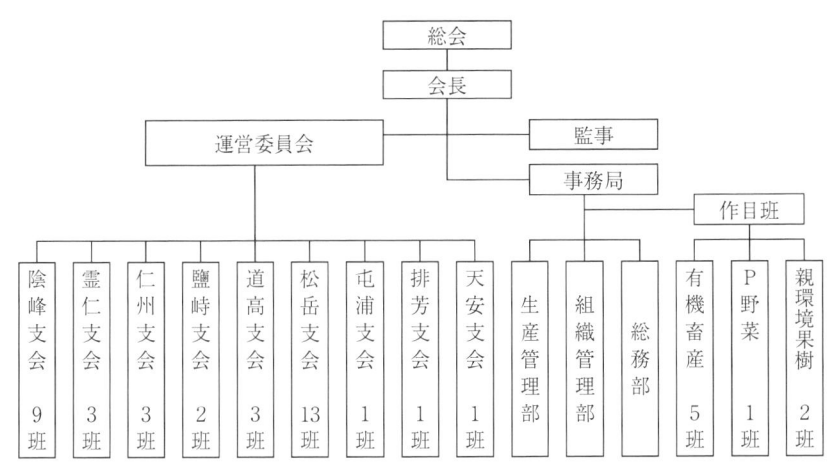

第6章 流通型農業法人における協調戦略

出所：H生産者連合会の総会資料より作成．

図6-9 H生産者連合会の組織体制

表6-9 H生産者連合会の会議・教育業務の実績（2010年）

H生産者連合会の担当事業	回数	実績
運営委員会の会議	9回	参加率70%（前年の56%から向上）
生産者対象の教育	41回	ハンサリム全国単位の教育，組織構成員の教育 主に生産物の生産・出荷基準に対する教育
消費者交流会	45回	約2,000人の参加
親環境農産物認証事業		会員農家の全農地面積（100%）の認証取得

出所：図6-9と同じ．

　参加農家は会員間の結束力を高めるために，有機農産物の生産に必要な資材の共同購入，堆肥投入の共同作業を行い，その一方でH消費者連合の消費者としての消費運動も行っている．また，月2回の定例会を開催し，意見が自由に交換できる雰囲気と場を設け，生産技術の共有と向上に努めている（表6-9）．さらに，農業技術教育への集団参加，見学も推進している．特に，農家の親環境農業に対する意識改革と栽培方法の教育を重点的に行っており，2010年には年間41回の教育活動を実施した．参加農家数が急速に増加していることもあり，親環境農業とH消費者連合の方針や体制について理解度が低い農家が発生するのを防止するため，徹底的な農家教育を行っている．

加えて，親環境農産物の生産履歴追跡システムに基づいた営農記録の作成を義務づけている．

　H生産者連合会への会員加入の手順は厳しく，入会希望の農家に対しては，各マウルの責任者が共同体の会員として適切であると判断した場合のみ，面単位の支会長を経由し，運営委員会の会議で決定される．そのため，誰もが入会できるわけではなく，農地の状態や地域での評判などによる「信頼」を基に加入が決定される．新規加入農家は約定書を交わすとともに，マンツーマンで栽培方法や管理が指導され，農法，資材の使用基準のマニュアルに基づき作業を進める．こうした入会制度の仕組みが会員農家間の高い結束力と信頼形成を促す重要な要因となっている．

2）会員農家の動向

　次に生産者連合会における会員農家の動向について見てみよう（表6-10）．2003年は，流通施設が導入された時期で，加工・流通における施設基盤が整った影響を受け，250戸までに会員数が増加した．その後も会員は増加し続け2006年には485戸にまで到達した．しかし，地域の貯水池の水質問題が発生したことと牙山市全域で航空防除（空中農薬散布）が実施された影響により親環境米の認証が取り消される農家が続出，2007年には381戸へと約100戸減少した．2010年の会員農家の加入と脱退について見ると，主に高齢農家の引退によるものが多いが，中には親環境農法の難しさにより離脱する農家も存在する（前掲表6-8および表6-10参照）．

　また，品目別の生産農家数の動向について見ると，1999年に19戸，耕作面積18ha（稲作11ha，野菜7ha）で作目10品目であったものが，2011年には358戸，耕作面積470ha（稲作383ha，野菜87ha），作目55品目へと大幅に増加した（表6-11）．主要野菜としては，ナス，シシトウ，カボチャ，キュウリ，完熟トマト，エゴマ，ニラ，ジャガイモ，生姜，タマネギなどがある．こうした増加傾向は，H消費者連合が急成長したことを受け生産農家を増やしてきたためであるが，近年では一般栽培の農産物の価格下落によ

第6章 流通型農業法人における協調戦略

表6-10 H生産者連合会員の脱退と加入状況（2010年）
(単位：戸)

地域別	2009年	2010年	脱退	加入	増減	会員変動要因
陰峰面	95	109	4	18	14	小洞地域の団地化による新規生産者増加
霊仁面	18	19	4	5	1	生産者死亡による承継，団地化過程での新規会員の加入
仁州面	23	24	0	4	1	既存農地（筆地）の元地主の加入
鹽峙面	10	11	1	2	1	稲作生産農家の新規会員加入
道高面	61	62	0	1	1	親環境農業放棄，椎茸作目班に分離
松岳面	104	97	7	0	−7	天安支会の独立による排芳への編入
排芳面	6	9	26	0	3	
天安市	26	0	0	0	−26	天安支会の独立（天安学校給食）
その他	2	2	0	0	0	
合計	345	333	42	30	−12	

出所：図6-9と同じ．

表6-11 H生産者連合会の会員農家数と面積の比較（1999年，2011年）

年度	会員数	面積 稲作	面積 野菜	品目数	総面積
1999年	19戸	11ha	7ha	10品目	18ha
2011年	358戸	383ha	87ha	55品目	470ha

出所：図6-9と同じ．

る農業所得減少に対応するために，親環境農業を導入する農家が増加したことも要因である．

次に稲作について見ると，有機栽培面積が全面積の78％にものぼる（表6-12）．2010年の稲作会員は，272戸で前年（2009年）に比べて新規会員農家が24戸増加した．表で示していないが，面積も34.5ha（無農薬栽培）増加したが，一方で，高齢による引退，死亡，および親環境農業の難しさにより脱退した農家が5戸発生したことで，13haが減少し，差し引き21.5haの増加となった．

表6-12に示されている松岳面と霊仁面の減少は高齢農家の死亡によるもので，これを除くと，すべての面地域でH生産者連合会に参加する農家数と面積が増加している．この結果，牙山市親環境農業クラスターに参加して

表 6-12　H 生産者連合会の地域別稲作会員数と面積（2010 年）

地域別	会員数（戸）	面積（ha）	面積の前年対比増減率（%）
道高面	57（3）	67	4.9
排芳面	6	5	0.0
松岳面	54（1）	44	-1.8
鹽峙面	11（2）	25	5.7
霊仁面	18（1）	23	-1.1
陰峰面	103（16）	145	12.0
仁州面	23（1）	36	2.6
合計	272（24）	345	6.5
栽培方法別		面積（ha）	割合
有機栽培		276	78.0
転換期有機栽培		34	9.6
無農薬栽培		35	9.9
合計		345	100.0

出所：図 6-9 と同じ．
注：1）括弧の中の数値は新規会員数を示す．
　　2）転換期有機とは，農薬と肥料を使用しない有機栽培を開始してから，1 年以上～3 年以下の農産物である（親環境育成法の基準）．

いる会員農家および面積は牙山市全体の 9 割を占めるようになり，有機転換期認証比率も 95% にまで達している．

(4) H 生産者連合会・P 営農組合法人・H 消費者連合における組織間関係
1) リーダーの存在と役割

リーダーが自ら有機農法を追求し続けるとともに，地域内の農家に普及，組織化することによって地域の農業を確立してきた．また，親環境農産物の販路確保においては L 氏の人的ネットワークが基となり H 消費者連合との連携関係が構築された．

また，地域農業宣言式で中長期的な地域農業に対する具体的なビジョンを提示し，高額な施設補助金を確保できたように，説得力のあるビジョンを組み立て，提示する能力が備わっていたことが挙げられる．さらに，L 氏は自

らが犠牲になってまでも，農家と消費者が相互に満足できるような仕組みづくりに尽力してきた．例えば，給与や配当金を参加農家に配分し，自らは残高のみを受け取った．また，会計帳簿や会議の議事録，討論内容等を必ず組織構成員全員に公開しており，運営における透明性を徹底してきた．

こうしたことから，リーダーの信頼をベースとした仲間との強いネットワークの構築能力や，組織の目標達成のためのビジョン提示能力など，強いリーダーシップが重要であることが示唆される．

2）農協や行政，農業技術センター，地域大学等との連携関係

陰峰農協（地域農協）は事業の立ち上げの時期から資金の貸出し，親環境米の買上げ，農産物の運送などで協力関係を築いてきた．現在でも米の買上げの際に，買上げ資金のおおよそ30億ウォンを低利子で貸し出している．

Ｐ営農組合法人の物流や貯蔵施設などが整備されたために施設利用部門の協力関係はなくなったが，農産物の買上げの際の資金調達では協力関係を維持している．現在はむしろ地域農協の流通事業を活性化するために，農場や水田などの産地からＰ営農組合法人までの農産物の運搬を担当している．

また，牙山市の援助や国の地域農業クラスター支援金など行政の支援により，加工に係わる設備が導入され，農産物の加工・販売における付加価値を創出することができた．すなわち，こうした行政の支援がＰ営農組合法人の経営成長における下支えになってきたといえる．地域の大学との連携関係は，地域農業クラスター事業が終了してからは，頻繁な交流はないものの，クラスター事業を契機に構築されたネットワークを通じて，必要に応じて大学や研究機関の支援を得ている．

3）関係維持・発展の仕組み

Ｐ営農組合法人はＨ生産者連合会とともに，生産者数と面積を拡大しながら共に成長してきた．しかし，垂直的な連携では買い手側が消費・購買の決定権を持つためパワーが強くなりがちであるため，これらを調整する仕組

みを設けている．その仕組みは，以下の通りである．
①基金造成（生産者安定基金ー消費者安定基金）

　生産者連合会の会員から手数料（野菜は出荷金額の7％，米は4.5％，麦と大豆は1％）を徴収し，生産者連合会の運営費，全国生産者連合会費，新規出資のほかに，運送安定基金，生産者安定基金を設けて割り振っている．また，消費者会員からも商品価格の3％を徴収し，生産者安定基金へ積み上げている．こうした生産者安定金は年間約2億ウォンである．この基金は，生産者と消費者の安定的な生産・消費活動を支援するものであり，気候・台風などの災害により作況が悪い時でも生産農家の平均収入の約80％を補填する一方，農産物の販売価格を維持することで消費者の購買を安定させる仕組みとなっている．この基金が使われたのは，2004年の白菜価格暴落と2003年の米価格の下落に対する会員農家の支援であった．また，技術開発資金もここから充当されている．

②意思決定機構の設定

　流通・加工組織のウェイトが高くなることで，中心軸が生産者サイドから加工・流通組織中心になりがちであるが，これを防ぐために，P営農組合法人の代議員（意思決定権）の資格を生産者連合会の組合員に限定しており，また，P営農組合法人の代表選出権も生産者連合会の代議員に限定することに定款を変更した．これはあくまでもこうした連携組織において，組合農家の誰もが意思決定主体となれるための「仕組み」である．この結果，組織の方向性に関連した案件は，生産者連合会が中心となり決定するようになっている．

③コミュニケーションによる意見調整

　これら3つの組織は主体間の意思疎通の円滑化を通じて，互いの信頼関係を高めるための努力をしている．2010年には低温ならびに夏の開花期から出穂期にかけた20日間を超える雨と日照不足により，害虫被害が大量に発生した．さらに，台風の影響により多くの水田で倒伏の被害が発生した．このため，単収が前年比25％も減少し，農家所得も30％減少する事態となっ

た．こうした危機を打開するために，定例会（月毎）の開催数を増やすとともに，団結会，共同作業などを積極的に開催し，危機だからこそ会員間の信頼を高めるよう努力した．また，事件・事故は予期せぬ状況で発生するケースが多いが，事務局ではこうした事態への対応として，実務者間の報告および協議を通した迅速な対処や事前防止のできる体制を整えるために，朝礼を新設して迅速な情報交換に努めている．

　また，ハンサリムの出荷基準では，動物虐待を固く禁じており，当然ながら家畜の去勢も禁じられているため，肉質等級が低く，学校給食にも提供できない問題（学校給食には1等級以上のみ扱える）と，飼育農家にとっても動物の気性の荒さなど飼育に問題を抱えていた．これについて消費者との話し合いをした結果，農家とP営農組合法人の意見が反映され，出荷基準が変更された．相互のコミュニケーションを通じて，こうした相互の立場を理解し合いながら関係を維持・発展させている．

注
1) 公教育制度の問題点を補完するために従来の学校教育とは異なる教育を実施する学校を意味するもので，学習者を対象に独自の教育方法やプログラム等を運営している．韓国教育部によれば，2013年6月現在，54校のオルタナティブ・スクールが認可・運営されている（無認可校は185校）．
2) 糧穀協同組合運動は農村社会に蔓延していた50％の高利米の問題を解決するための現物協同組合運動であり，都市市民が基金を造成して低金利で貸し出しすることで高利子の問題を解決する試みだった．

引用文献
1] 高橋明宏（2003）:『多様な農家・組織間の連携と集落営農の発展―重層的主体間関係構築の視点から―』農林統計協会．
2] 斉藤修（2011）:『農商工連携の戦略―連携の深化によるフードシステムの革新―』農山漁村文化協会．

参考ウェブページ
1] H消費者連合ホームページ（www.hansalim.or.kr）．

終章
韓国における稲作経営の協調戦略と今後の課題

1. 稲作経営の協調戦略

　土地地用型農業の中心である稲作経営における事業拡大，とりわけ面的拡大のためには，土地という資源を他の農家主体から調達することが不可欠である．また，加工・流通事業を導入する場合でも，他の農家からの原料確保や栽培契約など，他の農家主体との関係づくりを通じて諸資源を調達しなければならない．こうした観点から，稲作経営の事業拡大においては，内部はもちろんのこと外部の関連主体との良好な関係（水平的・垂直的パートナーシップ）構築が重要である．すなわち，多様な主体（組織）といかに連携関係を構築し，維持できるかが稲作経営の経営成長のための不可欠な条件となる．本書では，こうしたアプローチから韓国における稲作経営の経営成長の諸条件について経営内部のみならず，外部主体との関係性から解明を試みた．また，組織経営体である稲作農業法人の成長要因についても関連主体との関係性の視点から分析した．
　分析に当たっては，まず韓国における水田農業の構造分析を行い，水田農業がいかなる状況下に置かれ，どのように変化しつつあるのか，その特徴について農業センサスなど統計資料と個票分析により解明した．
　その結果，第1に韓国の水田農業においては，多数の小規模農家と少数の大規模農家および機械所有農家（作業受託農家）が相互補完関係にあり，そうした相互関係の上に成り立つ大規模経営の成長が韓国農業の存続にとって

も重要不可欠であることが明らかになった．第2に，韓国消費者の安心・安全な農産物に対するニーズの高まりの中で，親環境米の需要が高まるなど市場への対応が求められていることがわかった．そうした動きを背景に，親環境米生産に対応した農地の団地化や栽培技術の均一化，資材の共同購入等を図るため，個別農家がマウル内で営農組合法人等を結成する動きが見られるようになった．しかし，かかる生産者組織に参加する稲作農家は全体稲作農家のわずか15％（2010年）に過ぎず，韓国の多数の稲作農家はまだ経営の単独下に置かれている．

第2章では，韓国における個別農家がいかなる主体から経営に不可欠な諸資源を調達しているか，すなわち個別農家の農地等の諸資源や情報等に関わる関連主体（農家，行政，農協等）との連携関係を社会的ネットワークの視点から解明を試みた．具体的には，稲作農家の社会的ネットワークの関係分類を行い，農業経営活動別のネットワークをその構築時期である2000年前後に区分するとともに，ネットワークが「所与」による関係か，「選択」による関係かを区分して分析した．また，そうした連携関係を構築する能力が農業経営にいかなる効果をもたらすものであるかについてその関係性を分析した．

その結果，第1に稲作農家は農業経営において周囲の農家，農協，農民相談所，農業技術センターなどといった外部関連主体から必要な諸資源や情報を調達しており，地域農業における一種の連携関係の下で営まれていることが明らかになった．第2に，農地や労働力調達面においては近隣関係によるものが圧倒的に多いことから，マウルや周囲農家との友好な関係づくりが規模拡大において重要であることが示唆された．第3に，販売先や経営に関する相談に関連してはマウルや地域の範囲を超えるネットワークが優先していることから，新しい農業経営の情報や技術取得，さらに新事業導入などにおいては，農業技術センターや卸売先など既存とは異なる広域的なネットワークから情報や経営資源を獲得していることが明らかになった．

また，ネットワークと経営との関係性については，第1に，ネットワーク

の種類により農家を4つに類型化して経営の特徴を比較した結果，小範囲・ネットワーク閉鎖型農家と広範囲・ネットワーク開放型の農家の経営形態には明確な差が存在していることが確認できた．第2に，ネットワーク規模が小さい農家はマウル内の小範囲でのネットワークを重視している農家で，高齢農家，小規模農家が多く該当しており，一方で，ネットワーク規模が大きく，多様なネットワークを構築している農家は地域のリーダー（里長，作目班長，農業法人の代表など）が多く該当していることがわかった．さらに，こうした地域のリーダーは，自分が取り組んでいる親環境農法による農産物のバーゲニングパワーを得るために，地域の農家に親環境農法など新しい栽培方法を伝授・普及して共同販売（出荷）しており，両者は相互連携関係を構築していることが確認された．ネットワークの規模の大きい農家では，新作物の栽培方法の導入や加工，販売事業を導入する際に，既存のネットワークに代えて新たなネットワーク（販売先や業者）を形成していることが示されているが，そのネットワークへのコンタクトは農家（経営主）の自発性によるもので，その自発性から新しいネットワークを構築していることが明らかになった．以上から，農業経営におけるネットワーク，すなわちソーシャル・ネットワーク（関係性，ネットワーク構築能力）が重要な経営要素となっており，その管理・維持が経営において重要であることが明らかになった．

　第3章では，大規模稲作農家の存立条件を解明するため，農家の規模拡大のタイプ別に類型化し，各類型の事例分析を通じて規模拡大の過程と農地提供者の特徴を明らかにするとともに，耕作者と農地提供者における土地の賃貸借と作業受託に関する経済的条件について分析した．調査は韓国慶尚北道の慶州市安康邑と江東面にかけて広がっている安康平野で稲作を営んでいる農家のうち，7ha以上の大規模農家を対象にヒアリング調査を実施した．

　その結果，第1に大規模農家の存続によって農地を提供している高齢農家や引退農家，複合農家などの農家所得が確保される一方で，耕作者である大規模農家も農地が確保されることによって経営が存続する状況となっており，両者の相互依存関係が水田農業の展開に欠かせない条件であることが明らか

になった．第2に大規模化を達成した農家では，「自作型」「借地型」の大規模化の前段階において作業受託地を多数耕作しており，そうした作業受託農地が重要な役割を果たしている．また，大規模稲作農家の借地提供者は，主に高齢・引退農家と不在地主であり，作業受託地の提供者は，高齢農家と複合経営農家など集落に在村する農家であった．農地提供者と農地受給者の関係は，借地ならびに作業受託地ともに知り合い関係が最も多いことから，規模拡大において人間関係が重要な役割を果たしている点が明らかになった．

第3に農地の購入地，借地，作業受託地別にみた規模拡大の経済的条件については，近年の農地価格の上昇により，農地購入による規模拡大は現時点では採算が取れない水準となっている．一方，借地による規模拡大は経済性が存在することが確認でき，農地提供者の条件によっては今後も借地による規模拡大が増加する可能性がある．第4に作業受託地の場合，収益は借地の31％に過ぎず，借地の方の収益性が高い．しかし，作業受託は作業面積を大規模に受託することにより経営全体の所得を確保することが可能であり，さらに，高齢農家の作業受託地は将来的には借地への転換可能性が高い．このような理由から両者の作業受委託関係が成立していることが解明された．

第4章では，韓国における農家同士の協力（連携）による組織経営として代表的な存在である農業法人を取り上げ，その現状と課題について解明した．具体的には，これまでの農業法人をめぐる制度の変貌および，センサス個票分析を通じて全農業法人の現状と課題を考察するとともに，稲作農業法人を対象とした事例調査に基づき，法人の設立動機，経営形態，経営内容等について分析し，当該農業法人を3つのタイプに類型化し，各類型別の経営実態と課題を解明した．

その結果，第1に韓国では，農業法人のライフサイクルが短く，加工・流通部門における農業法人の設立数が増加している．これは，加工・流通部門においては，収益性や生産性が高いため，解散する法人が少なく，新たに設立される農業法人の数が増加しているためである．一方，収益性と生産性が低い営農代行事業では農業法人の減少率が高く，新しく設立される法人の数

も少ないことが明らかになった．

　第2に稲作地帯における農家構成は8割以上が専業農家で占められており，しかも借地農家の割合が高く，不在地主の農地の割合が高い状況にある．また，現在設立されている農業法人の形態としては，主に地域に密着した集落ぐるみ組織の「ミニ農協型」，地域の大型農業機械運用者で構成され，農作業代行をメインとする「作業受託型」，個人の事業を拡張する中で法人化した「個人事業拡張型」の3タイプがあることが明らかになった．第3に共同運営を行っている法人の多くは，特別な米を生産する個別農家を組織化した集落ぐるみの組織である．これらは，生産は個別農家が行い，加工・販売部門を共同で行う生産者組織のような形態となっているものが多い．

　第5章，第6章では，第4章で類型化された2タイプの組織経営体である「作業受託型組織経営体」と「流通型組織経営体」の事例を取り上げ，各事例組織経営の経営成長プロセスにおける関連主体間の関係をパートナーシップ形成理論と組織間関係理論の視点から分析し，組織経営における長期成長の要因を分析した．

　この結果，第1に，事業拡大においてリーダーのネットワーク力やビジョン提示能力など中心となる人物の経営者能力が重要であることが明らかになった．第2に，各事例では経営成長における経営戦略として，関連主体との信頼に基づいた相互依存関係を維持するために，相互のパワー関係の調整など，主体間の状況を考慮した経営マネジメント（連携関係の調整）を実施していることが解明された．その結果，経営に関わる関連主体が共生できる関係が構築され，長期に運営されていることが明らかになった．なお，作業受託型では，作業委託者とのパートナーシップ関係を維持・発展していくことが，次の新たな関係（賃借関係）へステップ・アップする重要な要因であることが解明された．また，流通型では長期に経営を維持・発展させていくために戦略的に販売先とのパワー関係を規範（組織メンバー間のルールづくり），共同開発（加工機械に適合する玄米精米技術の開発），役員の受け入れ（生産者連合会の出資者を加工組織の代議員として資格付与，生産安定基金

の設置等) などを通じて調整することで，関連主体間に相互補完性の高い共生関係を構築していることが明らかになった．

2. 稲作経営の今後の課題

以上の分析結果から，韓国における今後の稲作経営の展開方向について課題をまとめると以下の通りである．

第1に，多数の零細農家と少数の大規模農家が相互依存関係に置かれている韓国の水田農業では，地域農業の維持のためにも，零細農家と大規模農家が互いに容認できる水準の作業料金や借地料の合意を形成し，地域で共存・共生できる関係を構築する必要がある．そのためには適正な水準を提言できる第三者機関の設立など，政策的な対応が必要とされる．

第2に，韓国農村ではリーダーとなる農家群が農業経営の成長のために外部から得られた情報やネットワークをマウルの農家に伝授する傾向があることから，これらの農家群を今後の稲作経営の担い手とみなし，リーダー層をターゲットにした経営指導や支援を行うことで，担い手の育成を通じた地域農業の発展を促すことが必要である．

第3に，大学や研究機関，あるいは農家組織などの外部主体との連携関係が経営成長において重要な要因であることから，これらの多様な分野の主体と交流できるシステムづくりが必要である．

第4に，行政機関の最末端単位である農民相談所は稲作農家の情報源やサポーターとしての役割を果たしてきた．しかし，2011年をもって各面邑単位に設置されていた農民相談所は廃止となった．稲作農家の相談先としてそれに代わる新たなサポーターの設置が求められる．

第5に，組織経営の経営成長において，農業生産・加工・流通販売・消費などまでの各段階において相互の連携関係が構築されているケースが多い．このような連携関係構築に関するさらなる支援の充実が必要である．

第6に，事例として取り上げた経営では，政府補助金を獲得するため自ら

が積極的に取り組んでおり，政府補助金による施設導入が経営成長の起爆剤として作用していることから，今後ともボトムアップ型を重視した政府の適切な支援策を導入することが必要である．

あとがき

　本書は，東京農業大学大学院農学研究科に提出した学位請求論文「韓国の稲作経営の経営成長における協調戦略（2012年3月認定）」に加筆・修正を施したものである．各章のベースとなった公表論文及び収録誌名は以下の通りである．

　序章　書き下ろし．
　第1章　李裕敬（2011）：「韓国農業の構造分析」，柳京熙・吉田成雄編著『韓国のFTA戦略と日本農業への示唆』第4章，筑波書房．
　第2章　李裕敬（2011）：「韓国における稲作農家のネットワークの構造と特徴」，『農業経営研究』第49巻第1号，日本農業経営学会，pp. 111-116．
　第3章　李裕敬・八木宏典（2010）：「韓国における大規模稲作農家の存立条件─慶尚北道慶州市安康平野を事例に─」，2009年度日本農業経済学会論文集，日本農業経済学会，pp. 456-463．
　第4章　李裕敬・八木宏典（2008）：「韓国における農業法人の現状と課題」，『農業経営研究』第47巻第2号，日本農業経営学会，pp. 185-190．
　　　　李裕敬・八木宏典（2009）：「韓国の稲作における農業法人の実態と課題」，『食農と環境』No. 7，実践総合農学会，pp. 93-98．
　第5章　李裕敬（2012）：「韓国の作業受託型稲作経営におけるパートナーシップの形成条件」，『農業経営研究』第50巻第2号，日本農業経営学会，pp. 43-48．
　第6章　書き下ろし．
　終章　書き下ろし．

　本書の完成に至るまでには，多くの方々のお世話になった．恩師である八木宏典教授（東京農業大学国際食料情報学部）には，学位論文についてはもちろん，筆者の大学院入学時より5年間，絶え間ない御配慮と御指導を賜った．

特に，研究者としての姿勢と研究方法について，時には厳しく，時には優しい眼差しで御教授いただいた．また，国内外の調査に同行させていただくなかで，先駆的な稲作経営の現状と一流研究者による調査活動を目の当たりにする等，大変貴重な経験もさせていただいた．今日まで八木先生に御指導いただいたことは御礼の申しあげようもないほどである．土田志郎教授（東京農業大学），板垣啓四郎教授（東京農業大学），李哉泫准教授（鹿児島大学）には，学位論文の副査としてご多忙中にもかかわらず懇切丁寧に御指導いただいただけでなく，筆の遅い筆者を優しく応援していただいた．また，学位論文の審査をお引き受けいただいた東京農業大学大学院国際バイオビジネス学専攻の諸先生方には，審査において数々のご助言をいただいた．さらに，成耆政准教授（松本大学），柳京熙准教授（酪農学園大学）には，公私にわたり有益なアドバイスを賜った．

　無論，現地調査を遂行するに当たり，訪問先である農業者，関係機関各位に大変お世話になったことはいうまでもない．

　稲作農家のネットワーク調査に当たっては，韓国の母校である慶北大学校農業経済学科の後輩ならびに全羅北道金堤市の各面農民相談所所長，調査に応じて下さった農業者の皆様には，多大な御支援・御協力を賜った．後輩たちとともに実施した長期間にわたる農家調査は，お互いに韓国の農村・農家の実情について実感する機会にもなり，非常に有意義な時間となった．データの整理・分析に長い時間がかかるなか，その時の思い出がこうした作業に励む上で大きな支えとなった．

　農業法人調査の際には，地元で最も大きい規模で作業受託事業を行っている江東委託営農会社のイ・チャヒョン代表に作業受託法人の経営状況や委託者を対象にした調査に多大な御支援・ご協力を頂いた．農繁期で忙しい時でも，いつも時間を割いて対応して下さった．また，データ整理中の疑問点や質問に関して電話でも対応して下さるなど多大な協力を頂いた．

　また，5年間にわたり調査にご協力いただいた下西未来営農組合法人のユ・ゼフム代表，舟山サラン営農組合法人のキム・サンウム代表からは稲作

農家の組織化の現状や運営における問題点と解決方策，さらに，今後の方向性について大変親身にご教示いただいた．農業経営について無知の若者であったが，たび重なる調査訪問でも温かく迎えていただいた思い出は忘れられない．

　まだ残されている課題は山積しているが，本書が，韓国における水田農業の発展に少しでもお役に立てればこの上ない喜びである．

　博士課程修了後よりお世話になっている農林水産省農林水産政策研究所では，韓国農業研究だけでなく，国内外における農業の6次産業化や東日本大震災からの農業復興に関する研究プロジェクトへ参加させていただく等，充実した研究環境を与えていただいている．これまで私を育ててくださった多くの先生方や関係者の方々，お世話になった方々に，この場をお借りして心から感謝申し上げたい．

　そして，日本経済評論社の清達二氏のご理解がなければ，本書の刊行はなかったと思われる．この機会に心より御礼申し上げたい．

　最後に，私事にわたり恐縮ではあるが，日本への留学と長きにわたる研究生活を快諾し，精神面・生活面で支えてくれた母国の父母と家族，そして日本での生活と仕事の両面を支えてくれている夫・山田崇裕に本書を捧げたい．

　なお，本書は日本学術振興会の平成25年度科学研究費補助金（研究成果公開促進費〔学術図書，課題番号255239〕）の助成を得て出版されたものである．

2013年10月

李　裕　敬

索引

[欧文]

FTA　21
iCOOP生協　74-5
Win-Win関係　211

[あ行]

アウトソーシング　13
アグリビジネス経営体　34
新しい情報　185
安定性　149

1世帯高齢農家　26
意思決定機構　230
依存関係　16, 75
依存度　16
委託営農会社　4, 34
移転所得　31, 47
イノベーション　12
イントラクティブな関係　81

埋め込まれた資源　15, 80

営農組合法人　4, 34-5, 65, 70, 142-68
営農後継者　32-4
営農代行　35-7
　　組織——　35, 142
エゴ　96

大型流通業者　70

[か行]

外部経済主体　14
外部主体　10
学習効果　174
家計費充足率　32

ガット・ウルグアイラウンド　23, 25, 34
合併　175
関係維持　138, 173, 187
関係構造　9, 80-1, 96
関係者集団　173
関係性　9, 13, 173, 197, 233-5
　　——マーケティング　173-4
慣行栽培　62-4

キーパーソン　183
機械化営農団　4, 144
機会主義　173-4, 187
機能性米　71-2
規範　175, 237
規模拡大　17, 121-3, 126-8, 131-7, 235-6
規模の経済性　50-1
休耕地　25
協業化　34, 37
協業経営体　35, 142
協業体制　175
共生　211-2, 223, 238
　　——関係　197, 238
競争　12, 171, 185
協調　12, 185
　　——関係　65
　　——戦略　9, 16, 171, 173-5, 186
共同営農組織　142
共同購入　4, 76, 225
共同利用組織　4
協力関係　186-7, 196-7, 210, 229
挙家離村型　26
拠点開発　26
　　——方式　28
近接性　97
近隣集団　3

索引

空隙理論　97
クラスター理論　12
クリーク　96

経営
　　──維持　171, 173, 175
　　──資源　79, 94, 105
　　──成長　10-1, 171, 233, 237
　　──戦略　10, 171, 200, 211
　　──要素　94, 114
経営委譲直接支払制度　30
経営者能力　11
経済的メリット　184-5, 204
経常利益率　149
継続的取引　174
形態論　9
契約栽培　11
血縁関係　130
血縁集団　4
兼業農家　29
　　第1種──　34
　　第2種──　29, 34

合意形成　204, 224
好意の信頼　⇨信頼
構造的な溝　97
広範囲・ネットワーク
　　──開放型　98, 100-1, 108, 113
　　──閉鎖型　98-9, 101, 105
高齢化　28, 37
顧客　173-4, 184, 194
　　──ニーズ　182
　　固定──　211
国内総生産（GDP）　23
個人事業拡張型　157, 163, 166-8
コミュニケーション　174, 185, 194, 210, 221, 231
コミュニティ　80
米生産費　49-50
米直接支払金　48
米ブランド　71
コラボレーション　12
コンタクト　113, 235

[さ行]

サービス事業体　142
作業委託　30, 42, 52-3, 58-9
　　全面──　133
　　部分──　130, 133
作業委託者　173, 176, 182, 185-6, 188-94
作業受委託市場　52
作業受託　172-3, 175-6, 186, 188
作業受託型　157, 164, 167-8
作業受託者　183, 185-6, 188, 194, 196-7
作業受託地　171-3, 176, 181, 192, 194, 196
作目班　4, 65, 70, 76, 144, 161
サプライチェーン　212
差別化　65
参加誘因　204
産業構造　21
産地流通組織　69

事業拡大　11-2, 171, 182-4
事業多角化　65-8, 179, 185
資源依存パースペクティブ　15
資源調達　14
自己完結的　1
自作型農家　128
支配力　199
自発性　235
社会関係資本　80
社会貢献　224
社会的紐帯　80
借地　30
　　──型農家　128
　　──料　53, 135, 137
収益性　148-9, 151, 167-8
集姓村　131
集落　3
　　──営農組織　9
主体間関係　199-200
出資者個別型　157, 160
純収益率　49
小範囲・ネットワーク
　　──開放型　98-9, 101, 104
　　──閉鎖型　98, 101, 103, 113

消費者安定基金　230
消費者ニーズ　210
商品開発　206, 210
情報　13, 79-82, 90, 96, 103-13
　――交流　185
食の安全性　74
食料自給率　22
所得問題　31
所与　17, 81, 84, 89, 94-5
自律化戦略　16, 175
親環境直接支払金　48
親環境農業　60-4, 153, 161-3, 199, 201, 203-4, 206, 216-8, 227
親環境米　60, 62-5, 72-3, 76, 201, 203-7, 229
人口流出　26
親戚関係　130
信用　93, 95
信頼　93, 95, 186-9, 191, 221, 229
　契約への――　187, 192
　好意的――　187, 194, 195
　――関係　211, 230
　――構築　210
　能力への――　187, 194

垂直的　199-200
　――統合関係　8
水田保有農家　37
水田率　23
水稲作付率　23

生活協同組合　73-4
成功要因　171
生産者安定基金　230
生産性　148-9, 151
政治戦略　16
成長性　167
成長プロセス　10
成長要因　10, 232
選択関係　17, 84-7

相互依存　175, 184
　――関係　14, 76, 138, 173-5, 221, 235, 237
　――度　174, 197

相互作用性　174
相互扶助　3, 50
相互補完関係　186, 197, 233
相互補完性　187, 193-4, 196-7, 238
相互補完的　10
相互理解　174
ソーシャル・キャピタル　80-1, 97
ソーシャルマーケティング　210
双方依存的関係　173
組織化　1, 65, 76
組織間関係　202, 224, 228
　――理論　15, 173-4
組織経営　141, 175-6, 184-5

［た行］

ダイアド・トライアド　81
大規模農家　41, 46, 55, 57, 76
対境担当者　185
代替財　16
対等　173, 184, 187, 197
多角化　11, 65
　斜行的――　11
　垂直的――　11
　水平的――　11
単身高齢農家　28
団地化　76, 155, 201

地域資源　2, 10
地域生産組織　200
地域農業クラスター　8, 229
地縁　3, 130
　――集団　3
知人関係　130, 133
紐帯　80, 96
長期運営法人　149-51
調整　174, 178, 185, 187-8, 192, 195, 197, 230
　――機構　175
直接取引　73
賃貸借　41, 59
　農地――　41

適正稼働率　41

索引　247

導入プロセス　179-82
ドゥレ　4, 144
土地用役費　49-52
土地利用型農業　10, 233
取引継続性　174

[な行]

人間関係　15, 80, 130, 236
認知度　71-2

ネットワーキング　9
ネットワーク　10, 13, 79-82, 183, 210, 229, 23-5, 237
　社会的――　14, 80-1, 83-4, 95-6
　人的――　185, 228
　ソーシャル――　235
　――規模　96, 235
　――構築能力　93, 95, 97, 212, 229, 235
　――密度　96
　パーソナル――　81, 96
　有機的――　10

農外所得　28, 31-2
　――源　29, 34
農家集団　64
農家人口率　26
農家組織　65
農業会社法人　4, 34-5, 66, 142-6, 171
農業機械化事業　4
農業機械化政策　41, 55
農業機械半額供給事業　41, 55
農業経営費　32
農業サービス　37
　――型　145, 147-8, 151
　――事業体　143
農業収益性　32
農業収益率　47
農業生産
　――組織　13
　――比重　23
農業法人　3, 5, 17, 34-7, 65-6, 69, 76, 141-168
　営農代行型――　147-8, 151
　加工型――　148, 150

作業受託型――　171, 175
農業生産型――　147-8, 150
流通型――　147-8, 150
――制度　34-5, 142-144
農漁業法人事業体統計　35, 141, 147, 152
農漁村発展特別措置法　142
農地集積　41, 55
農地提供者　17, 122, 128, 137
農地法　43
農地流動化　2, 155
――政策　56
農林業就業者率　26

[は行]

バーゲニングパワー　92, 235
パートナー　174, 185, 187, 211
パートナーシップ　12, 16, 173, 186-8, 191, 193-7, 211-2, 237
　水平的・垂直的――　12
　――成熟期　194
　――生成期　191
　――発展期　193
　――理論　174, 186
媒介性　97
　――理論　96
パワー　187, 197, 229
　――アンバランス　188, 203, 207
　――関係　174, 192, 194, 197, 207, 237
　――状態　192, 194
　――バランス　187, 195, 197
　――不均衡　187
　――優位　16, 45
　――劣位　16
ハンサリム　74-5

ヒエラルキー　80
ビジョン　228
評判　93, 95, 186-8, 193-4
非流動性　10

付加価値創出性　168
不確実性　16, 175, 129
不在地主　25, 44, 59, 129, 137

プマシ 4, 144
ブリッジ 96
ブリッジング 97
プロセス 13, 200, 212, 220

ペティ=クラークの法則 1

貿易依存度 21
貿易自由化 21
補完 14
　──関係 211
ボトムアップ 239

[ま行]

マイケル・ポーター 12
マニュアル 204, 226

ミニ農協型 157, 161, 166-8, 199
　──法人 157, 199
民間RPC 70

メンバー 175-9, 184-5, 193
　組織── 177-9, 184

目的別任意団体 3
モチベーション 177, 185

[や行]

役員の受入れ 175, 237

有機農産物 213, 216, 225
優秀経営法人 149-51
輸出主導型 26

弱い紐帯 96
　──理論 96

[ら行]

ライフサイクル 145, 150

リーダー 81, 113, 175-6, 185, 212, 228
　──シップ 229
利益集団 4
リスク 172-3, 192, 194-5
流通型 146, 148, 150
　──組織経営 10
　──法人 212
リレーションシップ 16
　──・マネジメント 16
リワイヤリング能力 97
リンク 183, 90
リンケージ能力 185

ルール 224, 237

連携 1, 10-1, 14
　──関係 77, 199-200, 212-3, 217-8, 220, 222, 228-9, 233-5, 237-8
連帯感 204

著者紹介

李　裕　敬（イ・ユギョン）

農林水産省農林水産政策研究所非常勤職員，(財)農政調査委員会専門調査員．
1981年韓国慶尚北道慶州市生まれ．2005年国立慶北大学校農業生命科学大学農業経済学科卒．2012年東京農業大学大学院農学研究科国際バイオビジネス学専攻博士後期課程修了．日本学術振興会特別研究員（農林水産省農林水産政策研究所）を経て現職．博士（国際バイオビジネス学）．

韓国水田農業の競争・協調戦略

2014年2月25日　第1刷発行

定価（本体5600円＋税）

著　者　李　　裕　　敬
発行者　栗　原　哲　也
発行所　株式会社 日本経済評論社
〒101-0051 東京都千代田区神田神保町3-2
電話 03-3230-1661／FAX 03-3265-2993
E-mail: info8188@nikkeihyo.co.jp
振替 00130-3-157198

装丁＊渡辺美知子　　太平印刷社／高地製本

落丁本・乱丁本はお取替いたします　Printed in Japan
© Lee You Kyung 2014
ISBN978-4-8188-2322-8

・本書の複製権・翻訳権・上映権・譲渡権・公衆送信権（送信可能化権を含む）は、㈱日本経済評論社が保有します。
・JCOPY 〈(社)出版者著作権管理機構 委託出版物〉
本書の無断複写は著作権法上での例外を除き禁じられています。複写される場合は、そのつど事前に、(社)出版者著作権管理機構（電話 03-3513-6969，FAX 03-3513-6979，e-mail: info@jcopy.or.jp）の許諾を得てください。